国家自然科学基金项目资助(41161029)
新疆师范大学校级文科基地丝绸之路
城市发展研究中心招标课题资助(　　　062017B04)

天山北坡绿洲城市空间扩展 与生态环境效应研究

陈学刚　魏　疆　韩　炜　著

东南大学出版社
SOUTHEAST UNIVERSITY PRESS
·南京·

内 容 提 要

　　本书是一本系统研究干旱区绿洲城市化与生态环境的专著,全书共分九章。以天山北坡典型绿洲城市为研究区域,首先,采用遥感技术监测了乌鲁木齐市、石河子市和克拉玛依市不透水面的时空变化特征;其次,应用环境磁学、土壤学、水文学、环境科学的方法研究了城市空间变化引起的土壤、大气、雨水地表径流水质以及植被生长特性的生态环境效应;再次,从非空间角度分析了克拉玛依市和石河子市的城市化过程与生态环境间的协调关系;最后,分析了影响城市空间变化的自然和社会因素。

　　本书适合地理学、环境科学和城市规划等学科有关专业人员阅读。

图书在版编目(CIP)数据

　　天山北坡绿洲城市空间扩展与生态环境效应研究/陈学刚,魏疆,韩炜著. —南京:东南大学出版社,2021.1
　　ISBN 978-7-5641-9376-8

　　Ⅰ. ①天… Ⅱ. ①陈… ②魏… ③韩… Ⅲ. ①绿洲—城市空间—研究—新疆②绿洲—城市环境—生态环境—研究—新疆 Ⅳ. ①TU984.245②X321.245

　　中国版本图书馆 CIP 数据核字(2020)第 269673 号

天山北坡绿洲城市空间扩展与生态环境效应研究

著　　者:	陈学刚　魏　疆　韩　炜
出版发行:	东南大学出版社
出 版 人:	江建中
社　　址:	南京市四牌楼 2 号(邮编:210096)
网　　址:	http://www.seupress.com
责任编辑:	马　伟
经　　销:	全国各地新华书店
印　　刷:	广东虎彩云印刷有限公司
开　　本:	700 mm×1000 mm　1/16
印　　张:	16.75
字　　数:	317 千字
版　　次:	2021 年 1 月第 1 版
印　　次:	2021 年 1 月第 1 次印刷
书　　号:	ISBN 978-7-5641-9376-8
定　　价:	78.00 元

　　本社图书若有印装质量问题,请直接与营销部联系。电话(传真):025-83791830

前　　言

　　城市化可能是几个世纪以来人类社会最重要的变化之一。据统计,截止到 2012 年,世界城市人口占总人口的比重已达到了 55％,全球 394 个城市的人口超过 100 万。预计到 2030 年,83％的发达国家人口和 53％的发展中国家人口将居住在城市。经过 40 多年的改革开放,中国的城市化水平显著提高,城市化水平每年以 1.4％的速度增长。2016 年底,中国城市化率已达到 57.35％,而且今后 20 年仍然处于城市化的快速发展时期。城市作为一个复杂的适应性巨系统,它与外界环境以及系统内各组成要素之间的相互关系在每个组成要素或系统整体内可能产生有意义的变化,使其处于不断的动态变化之中,在时空维度上表现为城市空间扩展和结构的不断变化。

　　生态系统是城市地区主要的消费场所,但由于城市化的无节制发展,最终导致城市化对生态系统产生胁迫作用。其主要表现有:首先,城市化通过人口集散过程、经济发展过程和空间扩张过程,改变城市用水总量、区域用水结构、城区和下游水质及地下水位,造成城市水资源短缺、污染和影响其空间分布等。其次,城市化改变了土壤生物、化学、物理性质,由于城市化过程中建设用地不断扩大,造成植被的减少、雨水渗透量的下降、过多的水分流失、土壤侵蚀和工业活动及其交通活动等造成重金属物质堆积在城市土壤之中,进而导致土壤质量退化。再次,随着城市化的发展,人类通过燃料燃烧活动向大气排放碳、氢、氧、氮、硫及金属化合物,工业生产过程排放废气以及交通运输过程中尾气的排放等造成大气污染。最后,随着城市化进程中经济的发展以及城市空间的不断扩张,污染源也逐渐增多,新的污染形式如噪声污染、光污染、电磁污染、危险废物污染、医疗废物污染以及城市绿地缩小的问题比较突出,且呈加速态势,威胁着区域和全球的可持续发展。

　　西北干旱区由于水资源短缺,植被覆盖率较低,生态稳定性较差,环境的自我调节功能低,人为的不合理干预极易造成对生态环境的破坏。而绿洲城市又是人们在高强度的社会经济活动中开发利用自然环境而创造出来的高级人工生态环境,大量的物质和能量在城市生态系统中循环和流动,每时每刻都有大量废弃物被输送到环境中,对生态环境产生各种胁迫和影响。近年来,绿洲城市也正处于快速的城市化过程中,其生态环境正面临着现实或潜在的威胁。为此开展城市化对生态环境的影响研究,能够有效揭示干旱区人地系统相互作用的内在机制,帮助我们了解绿洲城市化所引起的独特生态环境问题,具有极其重要的意义。

本书以城市生态系统的 DPSIR 模型构建为理论基础,探索基于城市不透水面的监测城市空间扩展变化的方法,并用来研究天山北坡典型绿洲城市乌鲁木齐市、石河子市及克拉玛依市 30 年来城市空间扩展的过程、空间分异特征;以乌鲁木齐市、石河子市、克拉玛依市为主要研究对象,研究其城市化对土壤理化性质的影响,以期能为新疆绿洲城市生态环境优化、土壤研究及防治与改良提供科学依据;采用乌鲁木齐市大气环境质量监测数据,结合城市的发展过程,讨论分析乌鲁木齐市大气环境中污染物浓度的变化趋势;监测乌鲁木齐市雨水径流重金属元素的含量,研究城市不透水面雨水径流的重金属污染特征;选取交通流量最大的道路两旁绿化带中的植物和没有车辆干扰区(校园)的植被进行对比研究,分析植被对 CO_2 吸收的差异,进而探讨城市化发展带来交通流量的增加以及造成城市植被污染的问题;阐述绿洲城市化与生态环境之间的交互耦合关系,从宏观上分析城市空间扩展与生态环境间的协调性。本书的创新之处体现在以下几方面:①研究方法创新。采用遥感、GIS、环境磁学、环境工程、数理统计等多种方法开展研究,拓展了绿洲城市生态环境的研究视野。②成果创新。从微观、宏观以及时间、空间角度研究绿洲城市空间扩展与生态环境效应分析,是对干旱区城市综合研究的深化。③研究对象创新。从研究内容的全面性、研究方法的新颖性、研究区的特殊性看,是对绿洲城市扩展的综合研究,将为今后干旱区绿洲城市相关研究提供重要参考。

本书以著者主持的国家自然科学基金项目的相关成果为依托,除了主要著者外,还要特别感谢杨涵老师和杨小华、全婷婷、邓海英等研究生所做的研究工作。

目　　录

第1章　绪　论

1.1　研究背景及意义

　　城市这个术语最初"发明"的确切原因,必须更多地在投机领域寻找,而不是从可观察到的事实中推断出来。当然,早期一个重要的步骤必须是发展定居农业,其中谷物的种植是一个重要因素。不仅可以生产足够多的可储存的剩余粮食,而且乡村人口密度的提高和农业生产效率的提高也使剩余的粮食更容易积累,为城市人口提供所必需的食物。因此,总人口中的少部分人可以摆脱生产粮食的烦恼,并能够生活在比以往任何时候都要大的定居点中,从而使专家群体得以集中工匠和其他非农业工人,使他们在第一个真正的城市社区中形成了一个基本要素。

　　众所周知,至少到公元前5 500年,或许更早,在东南亚的村庄里,混合农业社区已经牢固地建立起来。在接下来的1 500年里,这种生活方式从最初成熟的山丘和山前地区蔓延到中东的大河谷。在这一时期,技术也有了某些相关的发展。牛拉犁、轮式手推车、帆船和冶金术都被发明出来了。同时,人类改进了灌溉技术,并在社区资源中增加了一些新作物,从而提高了粮食的生产效率。冲积平原的河流和河口提供了鱼和水。公元前4 000年之后的千年里,底格里斯河和幼发拉底河之间冲积平原上的一些村庄规模增大,功能发生变化。这些村庄逐渐成为行政中心,并被用来交换、储存和再分配货物。地方交通条件的改善使剩余的粮食能够集中到城镇。底格里斯河和幼发拉底河流域的独立城邦在公元前3 000年到公元前2 500年间全面开花,考古学家称之为早期王朝时期。

　　城市生活可能起源于许多中心。例如,在土著的中美洲,这里的城市可能是一支独立的文明。但真正的城市发展最早的例子出现在美索不达米亚,这个中心对人类社会的发展影响最大。从这里开始,城市化蔓延到古埃及和印度河流域。尽管经常缺乏具体的证据,但有理由认为,有利于城市生活发展的条件最终也从这一来源扩散到东地中海、内亚、中国和东南亚。似乎看来,中美洲城市生活的起源是一个完全独立的发展。然而,尽管在时间、地点和城市形态上存在差异,但是新旧世界不断演变的城市社会之间有着显著的相似之处。这两个地区的城市机构的发展可能都受到宗教的影响。独立的军事、宗教和政治机构的演变也遵循着类似的顺序。两个城市起源中心在贸易组织上也有相似之处——朝贡与政治霸权。这些平行发展的意义仍然是一个学术争论的问题,但显而易见的是,城市生活的起源要求在不断增长的城市聚落本身和周围农村进行社会的全面重组。大概最了解的是欧洲城市生活的扩展。这种扩散成为城市历史上最重要的分支,因为在欧洲发生了许多事态的发展,后来这些事态改变了城市地理。最终在西欧发展起来的城市生活品牌并没有阻碍商业和工业的发展,该地区的人口迁移导致城市生活向世界上许多还未城市化的地区传播。西欧人在其本国和北美的经济成功,意味着“西方”城市成为 20 世纪主要的城市形式。

中国是人类文明发祥地之一,也是世界上城市起源最早的国家之一。世界城市起源最早的地区有中国的黄河中下游流域、埃及的尼罗河流域、印度的印度河流域、美索不达米亚的两河流域。中国城市史有着极其丰富的内涵和广袤的外延,蕴涵着无数政治、经济、文化、军事和自然科学的奥秘。上下 5 000 多年,在中国的黄河流域、长江流域、沿海和内陆的周边地区产生过国家统一和分裂过程中的 60 多座重要都城、几十座重要省城和 2 000 多座县城。很早以前在中国古籍文献中就有了关于“城”和“市”的记述。据有关文献对传说的记载,鲧、禹时代就已开始造“城”。作为防御设施的这种“城”,是城市产生的因素之一;并不是区分乡村与城市的标志,也不是产生城市的根本原因和条件,更与城市的本质不相关。城市的前身是“市”。神农氏时代的“日中为市”的“市”,最初是固定居民点的劳动者交换产品的地方,随后成为手工业者逐渐聚集、商人逐渐集中的场所。由此可见,早在古代城市就是人流、物流的主要集聚中心,而随着社会经济的发展,城市也成为资金流、能量流和信息流的集聚中心,并借助其规模优势和核心地位不断地吸引二、三产业的集中,进而导致城市人口的集聚和城市规模的扩大。

几个世纪以来最重要的变化之一是城市化,或者说从农村地区向大城市的转变。城市化对社会、政治和经济生活的许多方面产生了重要影响。据统计,截至2012 年,世界城市人口占总人口的比重已达到了 55%,全球 394 个城市的人口超过 100 万。预计到 2030 年,83％的发达国家人口和 53％的发展中国家人口将居住在城市。近代,西方国家城市化过程可分为集中化和分散化两个阶段。集中化阶段主要是从工业革命开始到 20 世纪 50 年代,其表现出工业和人口持续大规模的集聚、城市数目不断增加、规模不断扩大、大城市不断增多的特点。从 20 世纪 60 年代以来,西方发达国家城市化进入了分散化阶段,出现了城市郊区化现象。在发达国家的城市化走过高速发展阶段并相对停滞后,发展中国家包括中国在内正迎来城市化的高速成长期。

经过 40 多年的改革开放,中国的城市化水平显著提高,城市化水平每年在以 1.4％的速度增长,到 2015 年我国城市化水平已提高到 52％左右。我国城市化主要分为两个发展阶段,一是新中国成立到改革开放之前,二是改革开放至今。在第一阶段,由于国家处于百废待兴期,城市化处于缓慢增长阶段,甚至在"上山下乡"期间出现了城市化逆流现象。在第二个阶段,改革开放以来,随着我国社会经济的发展,以及在相关政策的推动下,我国的城市化处于快速发展时期。就城市化纵向发展而言,我国的城市面貌在城市化过程中得到了极大的改造,不仅提高了水力、电力、交通、通信、环保、市政、居住、休闲娱乐等各城市的硬件水平,且城市依仗其自身优势(经济、基础设施、各项优惠政策、就业机会和消费市场等)吸引我国农业人口不断向城市转移。就城市化横向发展而言,我国的东西部城市化发展速度的差距正在逐渐缩小。尤其在我国实施西部大开发战略的过程中,以减轻西部生态压力、克服生态脆弱劣势和高效利用资源为原则推进西部城市化进程,使西部城市的空间不断拓展、城市人口持续聚集、城市产业辐射等效应持续扩张,对城市的生态系统产生了深刻的影响。

城市是人类社会进步的主要展现方式之一,同时也是反映人类与自然生态系统是否和谐相处的一面镜子。城市作为一个复杂的适应性巨系统,它与外界环境以及系统内各组成要素之间的相互关系在每个组成要素或系统整体内可能产生有意义的变化,使其处于不断的动态变化之中,在时空维度上表现为城市空间扩展和结构的不断变化。这种变化是城市化现象在空间上的直接表现,是衡量城市化水平的重要测度指标。随着全球人口持续快速增长,城市面积的扩大继续对自然动态、资源可利用性和环境质量构成重大威胁。

生态系统是城市地区主要的消费场所,但由于不受控制的城市化,城市化对生态系统产生胁迫作用(如土地不安全,水质恶化,过多的空气污染,噪音和废物处理)。其主要表现在:首先,城市化通过人口集散过程、经济发展过程和空间扩张过程,改变城市用水总量、区域用水结构、城区和下游水质及地下水位,造成城市水资源短缺、污染和影响其空间分布等。其次,城市化改变了土壤生物、化学、物理性质。由于城市化过程中建设用地不断扩大,使植被减少、雨水渗透量下降、过多的水分流失、土壤侵蚀和工业活动及其交通活动等造成重金属物质堆积在城市土壤之中,进而导致土壤质量退化。再次,随着城市化的发展,人类通过燃料燃烧活动向大气排放碳、氢、氧、氮、硫及金属化合物,工业生产过程排放废气,以及交通运输过程中尾气的排放等造成大气污染。伴随着住房发展扩张的道路、公共建设造成野生动物的损失、栖息地的退化和破碎。最后,随着城市化进程中经济的发展以及城市空间的不断扩张,污染源也逐渐增多。新的污染形式如噪声污染、光污染、电磁污染、危险废物污染、医疗废物污染以及城市绿地缩小的问题比较突出,且呈加速态势,威胁着区域和全球的可持续发展。

西北干旱区由于水资源短缺,植被覆盖率较低,生态稳定性较差,环境的自我调节功能低,人为的不合理干预极易造成对生态环境的破坏。而绿洲城市又是人们在高强度的社会经济活动中开发利用自然环境而创造出来的高级人工生态环境,大量的物质和能量在城市生态系统中循环和流动,每时每刻都有大量废弃物被输送到环境中,对生态环境产生各种胁迫和影响。为此开展城市化对生态环境的影响研究,能够有效揭示干旱区人地系统相互作用的内在机制,帮助我们了解绿洲城市扩展所引起的独特生态环境问题,而且也为采取相应的土地利用管理对策提供依据,具有极其重要的意义。

对地理学而言,在独特的自然地理区域展开对特定问题的综合自然地理研究,有"地利"之便。绿洲作为干旱区内部的地域分异产物,是一个复杂的景观系统,也是干旱区最为精华的部分。在绿洲系统中,绿洲城市是干旱区人类活动最为集中、生态问题最为突出的区域。目前在我国城市扩展研究中,学者们在实例的选取方面多集中在东部沿海城市及少数内陆大城市,对于形成于新疆干旱区、生态环境极端脆弱的"大分散、小集聚"的绿洲城市研究相对欠缺。天山北麓是新疆重要的绿洲城市分布区,而在奇台县至乌苏市之间的冲洪积扇上的城镇分布最为密集。这里是新疆经济最为发达,也是国家启动西部大开发战略的重点地区,主要包括乌鲁木齐、昌吉、石河子、克拉玛依等典型绿洲城市。近年来随着经济的快速增长、人口的持续增加,城市化进程明显,迅速的城市空间扩展对城市及其周边脆弱生态环境产生了重要影响。本书以城市化对绿洲城市生态环境的影响为视角,研究城市化对土壤、水资源、植被、大气等的影响;不但能够丰富干旱区城市科学理论,而且能够为当地部门提供有效的决策依据,以期构建人与人、人与社会、人与自然的和谐社会。

城市系统作为社会-经济-自然复合系统,其子系统在资源维、环境维、空间维等跨尺度域的交汇和相互作用异常剧烈。2016 年底,中国城市化率已达到 57.35%,而且今后 20 年仍然处于城市化的快速发展时期。同年,联合国人居署发布的《2016 世界城市状况报告》中指出全球城市人口达 39 亿,这一数目在未来几十年会持续增长,到 2050 年将达到约 64 亿。城市人口的膨胀进一步促进城市的空间不断向外扩展、人口持续聚集、城市产业辐射等效应将持续扩张,城市的基础硬件设施得到了提升以及面貌得到了改善。与此同时,城市也依靠本身的优势条件,比如优越的基础设施、良好的就业机会等不断引来了农业人口向城市人口集聚。但城市不仅是人类社会进步的主要展现方式之一,也是反映人类与自然生态系统是否和谐相处的一面镜子。1950 年至 2005 年间,全球城市化水平从 29% 跃升至 49%,同期由焚烧化石燃料产生的 CO_2 排放量增加了至少 500%。目前,城市的能源消费占到全球总量的 60%~80%,因能源供应和交通产生的温室气体排放量占总量的 70%。生态服务系统作为城市地区主要的消费场所,由于不受控制的城市化,城市化对生态系统产生的胁迫作用,突出表现为城市对其支撑子系统的土地占用、资源剥夺、环境污染转移、发展机会争夺等,导致城市拓展区域土地利用类型复杂多变,资源能源流失速度加快、生态退化严重、社会文化变动剧烈。城市系统已成为各种矛盾的交互面和集中域,城市拓展区与跨域支撑区域则成为城市危机转移区。因此,面对城市系统中各种复杂的矛盾,如何优化城市空间与资源配置,协调城市系统内部关系,成为快速城市化与全球变化过程中决策者与研究者面临的关键问题。

1.2 研究目的

城市处于其生存的自然环境的各组成要素的变化和运动中,主要受到人类活动的影响。认识城市化过程中自然环境与人类活动之间的矛盾运动和规律,要在基本完成环境污染普查、摸清本底值的基础上,深入研究污染物在大气、水体、土壤等城市生态系统中的运动规律及其反应转化机制,建立各种模拟实验和数学模式进行分析并呈现城市环境质量状态,以及对城市生态环境质量进行较为综合的评价,预测预报环境污染趋势。为了利于人类健康、舒适地生活与昌盛繁荣地发展下去以及造福子孙万代,就要掌握和运用环境规律,保护和改善环境,综合运用科学技术原理和方法制定严密的科学计划,控制环境质量及其演化,使环境演化朝着有利于人类的方向发展,这是环境科学研究的任务。

本书以城市生态系统的 DPSIR 模型构建为理论基础,探索基于城市不透水面的监测城市空间扩展变化的方法,并用来研究天山北坡典型绿洲城市乌鲁木齐市、石河子市及克拉玛依市 30 年来城市空间扩展过程、空间分异特征;以乌鲁木齐市、石河子市、克拉玛依市为主要研究对象,研究其城市化对土壤理化性质的影响,以期能为新疆绿洲城市生态环境优化、土壤研究及防治与改良提供科学依据;采用乌鲁木齐市大气环境质量监测数据,结合城市的发展过程,讨论分析乌鲁木齐市大气环境中污染物浓度的变化趋势;监测乌鲁木齐市雨水径流重金属元素的含量,研究城市不透水面雨水径流的重金属污染特征;选取交通流量最大的道路两旁绿化带中的植物和没有车辆干扰区(校园)的植被进行对比研究,分析植被对 CO_2 的吸收的差异,进而探讨城市化发展带来交通流量的增加对城市植被污染的问题;阐述绿洲城市化与生态环境之间的交互耦合关系,从宏观上分析城市空间扩展与生态环境间的协调性。

1.3 主要研究内容

1.3.1 城市生态系统中的 DPSIR 模型应用

详细回顾了 DPSIR 模型的产生和发展,并对其组成要素和形成机理,及在城市生态安全、水资源、土地承载力方面的应用进行介绍。利用其具有的系统性、综合性、整体性、灵活性等特点,进一步探讨城市生态系统中应用该模型的可行性,并整合资源、发展、环境与人类健康等要素,来表现复杂城市生态系统中各因素之间的因果关系。

1.3.2 绿洲城市不透面的空间扩展研究

采用乌鲁木齐市、克拉玛依市和石河子市城市的三期 TM/ETM 影像图,利用线性光谱分解模型对建成区不透水面进行提取,并分析不透水面时空变化特征,探讨了变化的驱动因素、机制和规律,其结果对合理进行城市规划,促进城市可持续发展有着重要的意义。

1.3.3 绿洲城市化对土壤理化性质的影响(Ⅰ)

从城市化对土壤理化性质的影响这一视角进行综合研究,采用磁测方法分析乌鲁木齐市、石河子市、克拉玛依市建成区和郊区表层土壤磁性矿物含量、组成和粒度特征,研究磁性参数的差异性、空间分布规律及其环境意义。研究发现,环境磁学方法具有大范围监测景区土壤环境、判别污染物来源和圈定土壤污染范围的能力。

1.3.4　绿洲城市化对土壤理化性质的影响(Ⅱ)

首先分析乌鲁木齐市市区,郊区表层不同用地类型土壤样品的粒度组成,研究土壤粒度参数变化特征及典型土样的粒径分布规律和颗粒形状结构,为进一步认识干旱区绿洲城市水土资源,提高城市土壤肥力,改善城市绿化景观,创建良好城市生态环境提供定量参考。其次,运用土壤地理学、统计学、分析化学等研究手段,对乌鲁木齐城市土壤的盐渍化程度、土壤全盐和各离子的空间分布及可溶性离子构成进行分析,以期能为新疆绿洲城市生态环境优化、土壤研究及防治与改良提供科学依据。

1.3.5　绿洲城市空间变化的大气环境效应

城市的形成和发展过程原本是人与物等各种“流”在一定地域空间上不断聚集的过程,也是人类从事生产和生活活动的特定区域。当人类生产生活排放到大气环境中的污染物的浓度超过该区域大气环境容量的阈值时,就产生了大气环境污染问题。研究依托 2004—2009 年的乌鲁木齐市大气环境质量监测数据,结合城市的发展过程,讨论分析乌鲁木齐市大气环境中污染物浓度的变化趋势。同时,选取通常污染最严重的 1 月为研究时段,对 2009 年和 2013 年相同时段大气污染物的日均浓度进行对比分析。从城市总体的大气环境质量变化分析,能源结构的改变对大气环境的改善有着积极的作用,但机动车保有量增加带来的污染也日趋严重。

1.3.6　绿洲城市化进程对水环境的影响

以乌鲁木齐市为例,选取了不同等级的道路路面和不同不透水面类型,重点研究了降雨径流中重金属污染物的动态变化、初期冲刷效应,雨水径流中污染物的累积迁移过程、污染负荷规律;并对重金属污染的时空变化特征进行了分析讨论,分析了重金属污染物之间的相关关系,以及利用人工实验方式进一步解析了重金属污染物的来源,为城市水环境建设提供有效的管理建议。同时,对于预测污染物的冲刷规律,控制和减少水体非点源污染源污染的方面有着重要的意义。

1.3.7　绿洲城市交通与植被光合特性研究

选取乌鲁木齐交通密集区——河滩路旁绿化带的紫丁香和爬山虎为研究对象,通过春季野外控制实验,设置不同 CO_2 浓度的实验样地,测定爬山虎和紫丁香叶片光合特性对不同 CO_2 浓度的响应变化差异,比较光合参数,以此探讨城市绿化带植被对交通尾气的响应,对于城市交通污染诊断和防治、园林绿地功能多样性保护以及城市绿化具有重要意义。

1.3.8　绿洲城市化与生态环境协调发展研究

从非空间的角度运用数理方法、协调度分析等揭示天山北坡典型绿洲城市空间扩展变化与生态环境效应的耦合关系,并选取天山北坡典型绿洲城市克拉玛依市和石河子市作为实证研究对象,系统地阐述城市化与生态环境之间的交互耦合关系,对于总体把握城市空间扩展与生态环境间的协调性具有重要意义。

1.4　研究方法

1.4.1　文献综述法

首先,搜集大量与本研究相关的学术期刊、图书和年鉴,对已有的研究成果及最新的研究动态进行深入的分析,汲取其优秀的研究思想和方法。其次,通过各种相关渠道从城市、统计、科研院所等相关部门广泛搜集关于城市化发展,以及当前城市及其周边环境问题状况的最新资料、权威资料,并对这些资料进行综合、分析、归纳、整理、比较,以期达到新疆绿洲城市化对生态环境系统影响现状的全面了解的目的。

1.4.2　遥感和地理信息系统方法

采用遥感提取城市不透水面和城市热环境参数,然后应用 GIS 技术分析城市空间模式,监测城市化过程,测量城市增长和土地利用变化。同时,采用 GIS 空间分析方法对土壤磁性、养分等理化参数进行空间的呈现和地统计分析,发现土壤理化性质的空间变异结构。

1.4.3 数理统计法

对本书所收集的二手数据和实验所得数据,依据需要录入到 Microsoft Excel、SPSS 计算机统计软件中,对各类数据进行描述性统计和相关性、主成分等统计分析等。

1.4.4 物理和化学分析法

主要的实验方法包括磁学测量、元素化学分析和大气主要污染物的检测,通过这些方法来获得土壤的磁性参数,pH 值,重金属含量,盐分和 NO_2、SO_2 与 $PM_{2.5}$ 的监测数据等。

第2章　城市生态系统中的 DPSIR 模型应用

2.1　引言

　　城市是人类社会经济、政治、科学文化发展到一定阶段的产物。它以空间与环境利用为基础,以聚集经济效益为特点,以人类社会进步为目的,是一个集约人口、集约经济、集约科学文化的空间地域系统,也是一个典型的受自然-经济-社会因素共同作用的地域综合体,在现代化建设中起着主导作用。城市系统是一个结构和功能比较复杂,受人为因素影响比较大的开放系统,它包括生态系统、社会功能系统、经济系统、文化系统等。城市生态系统是以人为核心的社会-经济-自然的复合体,每个系统中又包含若干个子系统,并且,每个系统都相互联系,进行着物质、能量、信息的流通。尤其是城市生态系统中的自然环境系统为人类提供无限的珍贵的服务,比如:维持人类生命不可缺少的大气、水资源,可供人类所支配的土壤资源,为人类间接服务的生物等。虽然,生态系统为人类提供了各种各样的服务功能,创造了人类可利用价值,并且对人类文明的延续起着极其重要的作用,但是,人类在快速的城市化过程中对自然生态系统的影响越来越严重。近年来,随着城市化过程在全球范围内的迅速发展,众多城市问题出现,破坏了城市的生态系统,造成城市环境污染、城市自然生态环境功能衰退、生态环境质量严重下降等。面对这一态势,寻求城市可持续发展途径变得十分迫切,并已成为研究焦点。

　　DPSIR 模型在环境系统研究中得到广泛使用,它从系统分析的角度看待人和环境系统的相互作用。DPSIR 模型将表征一个自然系统的要素研究分成驱动力 (Driving force)、压力(Pressure)、状态(State)、影响(Impact)和响应(Response)等

5 种要素,每一个要素是由若干个子因素构成,比如压力要素在城市化对城市环境影响研究中主要由社会(人口、文化)、经济(经济增长、产业布局)等构成。该模型兼具 DSR(驱动力-状态-响应)和 PSR(压力-状态-响应)的特点,同时又具有系统性、综合性、灵活性的优势。为城市化对环境的影响研究提供了一个基本框架。

　　本章在参考国内外运用 DPSIR 模型在城市生态安全、水资源、土地承载力方面的应用基础上,对应用此框架来系统理解城市化与城市生态环境之间的相互依存关系进行了深入分析,目的是系统地厘清系统各要素的相互作用关系,为后续章节研究提供理论框架。

2.2　DPSIR 模型框架

2.2.1　DPSIR 模型的产生和发展过程

　　研究环境影响问题有不同的方法。1993 年,经济合作与发展组织与联合国环境规划署合作开发了一个用于环境评估的 PSR 概念模型,它几乎是所有环境指标研究体系的基础,适用范围较广。PSR 模型以环境问题为变量,以显示对环境施加压力(P)的人类活动,环境状态(S)的变化,以及对环境条件变化的响应(R)之间的因果关系,能够清晰地表征系统中的因果链。但是 PSR 模型不能把握系统的结构和决策过程,而且指标的选择带有主观性,因而很难反映指标之间的相互作用,不能提供解决问题的具体方法。1996 年,联合国可持续发展委员会鉴于 PSR 模型的缺陷,用驱动力因素代替 PSR 模型中的压力因素,形成了 DSR 概念模型。该模型是针对环境问题建立的,强调环境问题产生的原因、环境质量或环境状态的变化,及对变化所做的选择和反应,突出了对生态系统受到影响的宏观理解。其环境指标因素较多,但从中找到造成环境问题的根本原因指标很难,更难的是有些指标无法进行量化,在实际中应用较少。鉴于 PSR 模型和 DSR 模型在实际应用中的缺陷,1999 年,经济合作与发展组织与欧洲环境机构进一步发展了 PSR 模型,提出了 DPSIR 的概念模型,提供了一种分析环境问题更全面的方法。DPSIR 模型作为一种解决环境问题的管理模型,弥补了前两种模型在实际应用中的不足,在驱动力、压力、状态、响应因素基础上增加了影响因素。它是一种在环境系统中广泛使用的研究指标体系概念模型,从系统分析的角度看待人和环境系统的相互作用。它将表征一个自然系统的研究指标分成驱动力、压力、状态、影响和响应等 5 种类型,每种类型中又分成若干种指标。该模型兼具 DSR 和 PSR 的特点,结构清晰、简单明了,为环境指标体系的建立提供了一个基本框架,能有效地反映系统的因果关系并整合资源、发展、环境与人类健康等要素,在表现复杂系统中各因素之间的关系方向上有比较明显的优势;再加上其具有系统性、综合性、整体性、灵活性等特点,因而广泛应用于环境资源、生态安全、城市问题等方面,逐渐成了判断和研究人为活动与环境状态之间因果关系的一种有效工具。

2.2.2 DPSIR 模型结构(组成)及因素分析

DPSIR 模型的应用涉及大量信息收集以制定指标,这些指标可以反映人类活动、环境后果和对环境变化的响应之间的因果关系。DPSIR 概念模型由 5 种类型的研究指标组成,分别是驱动力、压力、状态、影响和响应,每种类型中又可分成若干种指标。5 种类型指标之间紧密相连,层层递进,可以清晰明了地反映和揭示各个指标要素之间的因果关系,从而为政策制定者提供理论依据(图 2-1)。以下对各个要素进行逐一分析。

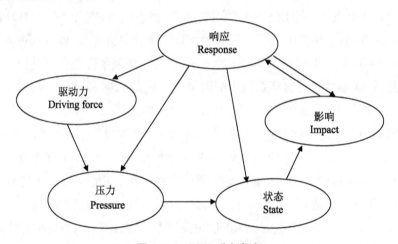

图 2-1 DPSIR 分析框架

1) 驱动力

在 DPSIR 概念模型中,驱动力代表某个事件逻辑关系的初始起因。即引起环境变化的潜在原因,如区域的社会经济活动、产业发展、文化因子等,由"原始驱动力"的潜在力量推动。人口规模、经济发展水平、社会观念、文化背景、科学技术、城镇发展速度等都属于驱动力指标的范畴。其中社会观念、经济发展水平、人口规模等是典型的驱动力指标,在这些因素影响下的人类生产和消费模式以及生活方式会产生相应变化,这些变化会对环境施加影响。然而,在早期实际应用中,不同学者对驱动力范畴的划分也不一致。但总体来说,对驱动力划分介于自然驱动力、人为驱动力、直接驱动力、间接驱动力之间。欧洲环境机构(European Environment Agency,MEA)将人为驱动力定为驱动力因素,包括社会人口、经济发展、生活方式等。MEA 认为驱动力因素既包括人为因素,也包括自然因素,并且将驱动力分为直接驱动力和间接驱动力。一些学者将驱动力分为两类,第一类是技术与社会因素(人口增长、社会结构、文化内涵、个人需求),第二类是人类活动触发的压力和影响(土地使用变化、城市扩大化、工业和农业发展)。而在目前的研究中,驱动力越来越指向社会、经济、政策等人为因素。驱动力的常用指标包括社会的经济,社会和人口变化,例如生产和消费方式的变化,以及人们的生活方式。集约化生产和消费施加压力,因为这些过程需要改变土地和资源的使用以及释放物质或排放物。在某些情况下,针对驱动力,通过改变消费和生产方式的流行趋势来指导响应。

2)压力

压力指标代表造成某个事件的直接原因,即人类的生存活动对生存环境产生的影响,是环境的直接压力因子。由压力因素引起的环境变化通常是不受欢迎的,以负面信息出现。主要表现为工业、农业、牧业、交通、旅游等生产生活活动对生态系统造成的压力与影响,具体而言,包括资源能源的消耗、物质消费,以及各种产业运作过程所产生的物质排放对环境造成的破坏、扰动和废物排放强度。但是不同的研究对压力的定义也不同。主要表现在 4 个方面:① 变化的主体。一些定义侧重压力对环境状况的影响,是环境在人类活动的影响下发生的具有破坏性的变化。其他学者认为环境自身具有一定的修复功能,即生态承载力,因此他们定义压力是超过生态承载力部分的影响。② 压力与其指标的关系。每个压力因素都会产生不同的影响,其中有些具有短期效应(土地使用,滥伐森林),而有些具有长期效应(气候变化)。因此压力指标代表着一种可能性(例如化学品的危险)。③ 压力的特点。压力可以指排放量(人口,废物或者污染物)、资源利用,也可以指人类活动的强度或效能,也可以是生活方式的变化,甚至可以是社会经济的特征。④ 定义的细节。压力可以定义为宏观概念,也可以根据特定案例研究的需要而定义得很具体。

3)状态

状态指标代表生态环境系统在受到压力的情况下产生的变化趋势,即人类社会经济活动影响下生态安全系统质量、自然资源状况、人类生活质量和健康状况等所处的状态。具体而言,这一指标用以描述压力要素下区域环境污染水平,环境质量,以及不同地域的物理现象、生物现象和化学现象的数量和质量等,如土地利用的多样性、水土流失情况、生物多样性、森林覆盖度、大气浓度、温度变化等。在模型的文献中,状态可以仅仅指自然系统,也可以指自然和社会经济系统。在不同的研究领域,选取的具体指标会有很大区别:从生态安全系统的物理化学特征、资源的数量和质量、生态可承载力,到濒危物种、人类生活环境、压力因素对人类的影响,甚至到更大的社会经济问题。

4)影响

影响指标指人类活动前后生态安全系统状态的变化情况,即系统所处的状态反过来对人类健康、社会经济结构,以及环境的影响,代表可观测的正面或反面的影响,如人类健康影响或植被破坏等。人类的各种活动通过不同的方式对环境施加压力时,环境会做出一定的变化,这一状态变化反过来对社会和经济会产生一定的影响。大气、水等的污染情况,资源有效性以及生态系统的改变,人类健康、经济社会改变等都属于影响范畴。而通常根据选取的原则和方法不同,影响因素关注的指标可能也不同。生物科学通常关注基因、物种和生态安全系统,然而社会科学侧重的是社会经济系统和人道主义。社会经济领域趋于选取与人类系统有关联的影响指标,例如资源储备、水和空气质量、土地肥沃程度、身体精神健康和社会凝聚力。欧洲环境机构发布的报告中强调了影响因素包含指标的多样性:土地利用、自然资源的获取、排放物的吸收、生态安全系统的稳定性和修护性、物种的多样性、气候的稳定性、经济社会指标的可行性、人类健康和社会政策间的问题、丰富的文化财富、当地的雇佣情况等由于生态安全系统变化的复杂性和相关知识的欠缺,很难精准地定义和量化影响因素。

5)响应

响应指标代表为了减少生态安全系统的压力和改善人类的生存环境,社会各界采取的反馈行为;代表为了恢复生态安全系统的初始状态,维持人类的正常生活而采取的积极措施,如提高资源利用效率、减少污染、增加投资、控制耕地保有量、增加城市绿化度等措施。响应因素是对驱动力和压力因素的反馈,以维持或保护环境的健康状态。欧洲环境机构认为响应指标除了指社会中的群体和个体之外,也包括预防、改善或适应环境状态变化的政府。多数建立的响应指标选取的是一系列以保护为宗旨的政策行为。不同的响应措施取决于如何感知、评估和理解状态或环境问题。最初的响应措施主要是针对影响,因为后果很容易理解,后期应花更多的时间来了解环境问题的压力和根本原因。无论是实现长期目标还是短期利益,不同的应对措施在时间上都具有不同的含义,实施成本也各不相同,应对措施的优先顺序将取决于政府和社会解决这些问题的能力。对压力的响应通常是在对问题有更深入的了解之后。针对驱动力的响应(例如生产和消费模式的变化)具有长期影响,但是这种响应的成本也很高。由于研究领域的背景不同,分析的目的不同,不同学者在应用模型时响应指标的出入很大。

2.2.3　DPSIR 模型的形成机理

DPSIR 是基于因果关系组织信息及相关指数的一个基本框架,其目的在于建立驱动力-压力-状态-影响-响应的因果关系链。根据这一模型框架,社会、经济、人口的发展和增长作为一种驱动力作用于环境,对环境产生压力,如人类对自然资源与环境的利益、物质消费,以及各种产业运作过程所产生的物质排放等对环境造成破坏和干扰,导致生态环境状态的变化,从而对人体健康、生态环境系统、社会等产生各种影响。这些影响导致人类对生态环境状态变化做出一定的预防性、适应性或治愈性的响应或反应,这种响应或反应又作用于社会、经济和人口所构成的复合系统或直接作用于压力、环境状态和影响。如通过环境、经济、土地等政策减缓人类活动对生态环境造成的影响,从而维持环境系统的可持续性。DPSIR 框架较好地反映了人类与环境系统之间的相互关系及作用。

2.2.4　DPSIR 概念模型的应用

DPSIR 概念模型作为衡量环境及可持续发展的一种指标体系,涵盖了经济、社会、资源、环境四大要素,不仅表明了社会、经济发展和人类行为对环境的影响,也表明了人类行为及其最终导致的环境状态对社会的反馈。该模型不仅能提供环境现状的信息,还能明确环境压力的关键因子和环境管理中应首先控制的因素以及监测政策的响应效果,在表现复杂系统中各因素之间的关系方向上有比较明显的优势,能揭示环境与人类活动的因果联系,具有综合性、系统性、整体性、灵活性等特点,因而其应用领域非常广泛,逐渐成了判断和研究环境状态和人为活动之间因果关系的一种有效工具。纵观国内外应用进展,DPSIR 模型在国外主要应用于生物多样性的风险分析、转基因有机物对农业和环境的影响分析、生物管理与保护、水资源分析、气候变化对生物多样性的影响风险分析、海洋环境监测,以及城市地表环境变化的起因分析、资源可持续发展、土地利用研究、生态安全研究等领域。

具体研究实例如：Kohsaka 选取名古屋等城市将"驱动力-压力-状态-影响-响应" DPSIR 模型应用于研究本地的生物多样性状况。A Borja 发布了欧洲水资源框架指导用书,阐明了如何更有效地运用 DPSIR 模型。Jago-on 等应用 DPSIR 方法作为分析框架,描述了东京等亚洲城市中常见的主要地下水环境问题,对关键阶段的地下工程提出了补充指标建议,以提高对未来城市发展阶段的描述。

DPSIR 模型在我国的研究虽然相对起步较晚,但发展较快。近年来,该模型由于在研究环境和人类社会经济活动因果关系上的优点,被我国诸多学者广泛引用,并且应用领域逐渐拓宽。DPSIR 模型在我国的研究领域涉及以下方面:水资源可持续利用、环境管理能力分析、水土保持效益、农业可持续发展、城市可持续发展、土地集约利用、土地生态安全分析和区域生态安全分析等领域,并取得了诸多成果。在研究方法上:运用层次分析法、TOPSIS 法进行指标权重分析,采用熵权法、AHM 属性层次模型确定各指标权重系数,采用多级灰色关联分析法进行综合研究,采用模糊数学法构建研究模型,此外线性加权法、专家访谈法、理论层次法、综合指数研究法等也被广泛应用。具体研究实例如下:

(1) 城市可持续发展方面。张小平、朱霞分别基于 DPSIR 模型,运用低碳经济、低碳城市等相关理论,并以兰州市和江苏省 13 个地级市为例,构建了低碳城市研究指标体系,对城市低碳经济发展现状进行了综合研究,确定低碳城市发展类型。安虎贲等基于 DPSIR 模型,从驱动力、压力、状态、影响和响应 5 个方面构建林业资源型城市可持续发展的指标体系,并以伊春市为例,对可持续发展能力进行研究。此外,秦志琴、魏军仙、张建坤、张平宇等根据 DPSIR 模型的原理,从驱动力、压力、状态、影响、响应 5 个方面分别构建了成都、南京、沈阳等城市的可持续研究指标体系。

(2) 环境管理能力方面。张燕锋用自建研究综合指数法对广州、上海、宁波、南京等地进行了环境友好型建设的研究。郑茂坤、张红红、郭红连、范红兵和许玉等借助 DPSIR 框架模型分别研究长江三角洲、珠江三角洲地区,黑土区的环境问题,以及城市总体规划、流域规划等规划区环境影响研究指标体系。此外,熊鸿斌等以 DPSIR 模型为原理基础,从驱动力、压力、状态、影响、响应 5 个方面来构建 36 个指标,并采用层次分析法对指标权重进行确定和多级灰色关联分析法对指标进行综合研究,对合肥市城市总体规划环境影响进行了研究。

(3) 区域生态安全研究方面。在区域生态安全研究方面,国内学者也倾向于以城市为研究区域。邹君、张继权、王兵、刘世栋等以 DPSIR 模型为依据,从驱动力、压力、状态、影响及响应各方面分别构建了衡阳、白山、延安、滨海等地区的生态安全系统健康研究指标体系。孙晓蓉和邵超峰考虑区域环境污染事件的形成机制，根据 DPSIR 模型框架，提出系统度量区域环境风险变化趋势的指标体系和研究模型，并对天津滨海新区工业化进程中突发性环境污染事件引发的环境风险变化趋势进行了评估。艾云璐、李玉照等将 DPSIR 模型分别应用于旅游城市生态安全、流域城市生态安全研究中，构建了完整的旅游城市生态安全和流域城市生态安全研究指标体系，对该类市的可持续发展提供理论依据。邵超峰等以 DPSIR 模型为基础，建立了一套系统的指标体系和综合研究方法用来度量区域生态安全水平，并以天津滨海新区为例验证了这一套指标体系和方法的可行性。

（4）土地利用规划环境影响研究。曲长祥等运用 DPSIR 概念框架模型结合天津、郑州具体情况构建指标体系，对天津、郑州的土地利用规划进行了环境影响方面的研究。徐美利用 DPSIR 模型，选取了人口自然增长率、人口密度、第三产业比重等 34 项指标，构建了湖南省土地生态安全研究指标体系。卞正富、路云阁初步构建了中国土地利用规划的空间体系，建立了基于 PSR 框架的地市级土地利用规划环境研究指标体系。韦杰、贺秀斌将 DPSIR 框架应用到区域水土保持效益研究当中，构建了水土保持效益研究的 DPSIR 框架，并对其研究方法做了探讨。

（5）水资源应用。董四方基于 DPSIR 概念模型，构建了水资源系统脆弱性研究指标体系，根据各个指标的权重值分析河北省南水北调受水区水资源系统的脆弱性。王哲、张兵基于 DPSIR 模型构建了海河流域水环境安全和以广东省水安全研究指标体系为例的区域水安全研究指标体系。陈洋波、马慧敏等采用驱动力-压力-状态影响反应模型提出了水资源承载能力综合研究指标体系和水资源可持续研究体系分析区域水资源的利用，最后提出了水资源保障区域可持续发展的建议。

（6）农业发展方面应用。于伯华、吕昌河将 DPSIR 模型应用到农业发展的生态安全研究中，深入分析了农业发展过程中起主要作用的驱动力和压力因素，并提出了相应的政策措施和农业资源优化配置方案。其研究结果显示出 DPSIR 概念模型在分析复杂系统因果关系方面的优势。纵观不同学者应用 DPSIR 模型的研究，都是从 5 个维度的概念出发，选取相应的指标，然后计算各个指标的权重，最后应用该模型对研究的事物进行客观分析。

2.3 城市生态系统的 DPSIR 模型构建

城市生态系统是一个极其复杂的以人类为核心的社会-经济-自然的复合生态系统,城市生态系统中的人类与自然环境系统(大气、土壤、水、生物等)有着密切的联系。然而,随着城市化的快速发展,人类对自然环境的影响越来越大,为了更好、更全面地研究城市化对城市生态环境的影响,构建 DPSIR 模型显得非常有必要。

2.3.1 城市生态系统

1) 城市生态系统的含义及特征

"生态系统"(Ecosystem)概念是 1935 年首次由英国植物生态学家 A. G. Tansley 提出来的。他根据前人和他本人对森林动态的研究,把物理学中的"系统"引入生态学,提出了生态系统的概念。他认为:整个系统,不仅包括生物复合体,而且还包括了人们称之为环境的各种自然因素的复合体。人们不能把生物与其特定的自然环境分开,生物与环境形成一个自然系统。正是这种系统构成了地球表面上的基本单位,它们有不同的大小和类型,这就是生态系统。随后,经过学者们的不断完善,普遍认为生态系统是指在一定的时间和空间内,生物和非生物成分之间通过物质循环、能量流动和信息传递而相互作用、相互依存所构成的统一体,是生态学的功能单位。生态系统也就是生命系统与环境系统在特定空间的组合。还有的学者把生态系统简明地概括为:生态系统=生命系统+环境条件。生态系统是一个广泛的概念,根据这一概念任何生命系统及其环境都可以看作生态系统。一个生态系统在空间边界上是模糊的,其空间范围在很大程度上是依据人们所研究的对象、研究内容、研究目的或地理条件等因素而确定的。

基于生态系统的概念,城市的主要生命体为人类,人类活动又具有复杂性,环境条件由资源、环境(包括自然环境、社会环境和经济环境)两方面组成。因此,马世骏、王如松基于生态系统总结出城市生态系统的含义:城市生态系统是一个以人为核心的,社会-经济-自然复合体。这个观点被人们普遍接受和应用,城市生态系统是特定区域内人类、资源、环境(包括自然环境、社会环境和经济环境)通过各种生态网络和社会经济网络机制而建立的人类聚集地或社会、经济、自然的复合体。可以看出城市作为一定地域,既具有与自然生态系统相应的生态过程和生态功能,又具有自己的特性。

城市生态系统和一般自然生态系统(如森林生态系统、草原生态系统等)或半自然生态系统(如农业生态系统等)具有不同的特征,主要表现在以下 5 个方面。

第一,城市生态系统是以人为主体的系统,同自然生态系统和农村生态系统相比,城市生态系统的生命系统的主体是人类,而不是各种植物、动物和微生物。次级生产者与消费者都是人。所以,城市生态系统最突出的特点是人口的发展代替或限制了其他生物的发展。在自然生态系统和农村生态系统中,能量在各营养级中的流动都是遵循"生态学金字塔"规律的。由于城市中人类的活动频繁、剧烈,大量的人工技术物质(建筑物、道路、公共设施)改变原有自然系统的结构,因此在城市生态系统中却表现出相反的规律——呈现出"倒生态学金字塔"规律(图 2-2)。

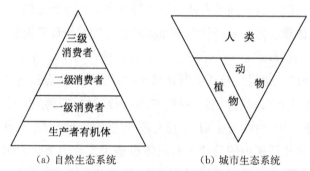

(a) 自然生态系统　　　　(b) 城市生态系统

图 2-2　城市生态系统与自然生态系统的生态金字塔比较

第二,城市生态系统具有多样性、复杂性。城市系统的环境主要部分变为人工的环境,城市居民为了生产、生活等的需要,在自然环境的基础上,建造了大量的建筑物、交通、通信、供排水、医疗、文教和体育等城市设施。这样,以人为主体的城市生态系统的生态环境,除具有阳光、空气、水、土地、地形地貌、地质、气候等自然环境条件外,还大量地加进了人工环境的成分,同时使上述各种城市自然环境条件都不同程度地受到了人工环境因素和人的活动的影响,使得城市生态系统的环境变化显得更加复杂和多样化。城市系统的复杂性更表现在系统的多层次性,城市的子系统仅仅以人为中心就可以分为 3 个子系统:生物(人)-自然(环境)系统,只考虑人的生物性活动,是人与生存环境的气候、食物、水资源等构成的一个子系统;工业经济系统,只考虑人的经济(生产、消费)活动,由于人与能源、原料、工业生产过程、交通运输、商品贸易、工业废气物等构成的子系统;文化-社会系统,由人的社会组织、政治活动、文化、教育、医疗、卫生、娱乐、服务等构成的子系统。各子系统之间也进行着能量、物质、信息的转换。

第三，城市生态系统是人工化的生态系统。城市生态系统的环境系统的主要部分变为人工的环境系统。城市居民为了生产、生活的需要，在自然环境的基础上，建造了大量的建构筑物、交通设施、通信设施、供水排水系统等城市基础设施，因而使城市的环境系统除具有阳光、空气、水、地形地貌等自然环境条件外，还大量加进了人工环境的成分。这些人工环境和自然环境因素结合成一体，成为一个城市环境系统的有机整体，使上述各种城市自然环境条件都不同程度地受到了人工环境因素的影响。物质流、能量流、信息流在"人类-经济社会活动-自然环境（包括生物）"复合系统中运动，物质、能量、信息的总量大大超过原自然生态系统，人类的经济社会活动起着决定性作用。城市生态系统的调节机能是否能保持生态系统的良性循环，主要取决于人类的经济社会活动与环境关系是否协调，生态规律与经济规律是否统一，体现在城市发展计划中经济社会结构的设计是否合理。

第四，城市生态系统是一个不完全的生态系统。由于城市生态系统大大改变了自然生态系统的生命组分与环境组分状况，因此，城市生态系统的功能同自然生态系统的功能相比有很大的区别。我们知道，在经过长期的生态演替处于顶级群落的自然生态系统中，生物与生物，生物与环境之间处于相对平衡状态。而城市生态系统则不然，由于系统内的消费者有机体也多是人类为美化绿化城市生态环境而种植的树木花草，不能作为营养物料供城市生态系统营养物质的消费者使用。就像上文所说的那样，维持城市生态系统所需要的大量营养物质和能量，需要从系统外的其他生态系统中输入。另外，城市生态系统所产生的各种废物，也不能靠城市生态系统的分解者有机体完全分解，而要靠人类通过各种环境保护措施来加以分解，所以城市生态系统是一个不完全、不独立的生态系统。如果从开放性和高度输入的性质来看，城市生态系统又是发展程度最高、反自然程度最强的人类生态系统。

第五，城市生态系统具有脆弱性。城市生态系统不是一个自律系统，自然生态系统中的能量和物质能够满足系统内生物生存的需要，有通过自动建造、自我修补、自我调节来维持其本身动态平衡的功能。而在城市生态系统中，能量和物质要依靠其他生态系统（农业和海洋生态系统等）人工地输入，城市生态系统不可能"自给自足"。同时城市的大量废弃物，远远超过城市生态系统自身的自然净化能力，也要依靠人工输送系统输送到其他生态系统。它必须要有一个人工管理完善的物质和能源的输送系统,以维持其正常机能。城市生态系统的结构和功能决定了它必须是一个开放的系统,它不可能自我封闭地独立存在,城市生态系统必须依赖其他生态系统才能存在和发展,从这个意义上讲,城市生态系统是一个十分脆弱的系统。

2) 城市生态系统的结构与功能

城市生态系统是地球表层人口集中地区,由城市居民和城市环境系统组成的具有一定结构和功能的有机整体。中国生态学家马世骏教授指出,"城市生态系统是一个以人为中心的自然界、经济与社会的复合人工生态系统"。城市生态系统包括自然、经济与社会 3 个子系统,是一个以人为中心的复合生态系统。

城市自然生态系统包括城市居民赖以生存的基本物质环境,如太阳、空气、淡水、林草、土壤、生物、气候、矿藏及自然景观等。城市经济生态系统以资源流动为核心,涉及生产、流能、消费各个环节,由工业、农业、建筑、交通、贸易、金融、科技、通信等系统所组成。它以物质从分散向高度集中的聚集,信息从低序向高序的连续积累为特征。城市社会生态系统以人为中心,以满足居民的就业、居住、交通、供应、医疗、教育及生活环境等需求为目标,还涉及文化、艺术、宗教、法律等上层建筑范畴,为城市生态系统提供劳力和智力支持。

以上各层次的子系统内部,都有自己的能量流、物质流和信息流的转换,而各层次之间又相互联系,构成一个不可分割的整体。并且城市生态系统要维持稳定和有序,必须有外部生态系统的物质、信息、能量的输入(图 2-3)。

城市生态系统的功能与结构是相对统一的,结构是功能的基础,功能是结构的表现,是贯穿在城市生态系统网络中各种事物运动过程的具体状态表现。城市生态系统的基本功能是指市生态系统在满足城市居民的生产、生活、游憩、交通,以及生态服务等活动中所发挥的作用,具体表现为 3 个方面:一是城市的生产功能;二是生活功能;三是还原功能。城市生态系统的功能通过物质循环、能量流动和信息的传递,以"生态流"的方式,将城市的生产与生活、资源与环境、时间与空间、结构与功能,以及与外部环境的关系以人为中心联系了起来。在城市中自然环境生态系统的功能主要是为人类提供服务。自然生态系统为包括人类在内的生物体提供各种服务。生态系统的服务是由太阳能所创造的条件和过程,能够生成复杂的自然生物,进行地球化学循环,如碳、氮、硫等。生态系统生成的资源,如土壤资源、水资源、动物和植物物种(生物多样性)(表 2-1),对人类的生存与发展有着极其重要的作用。

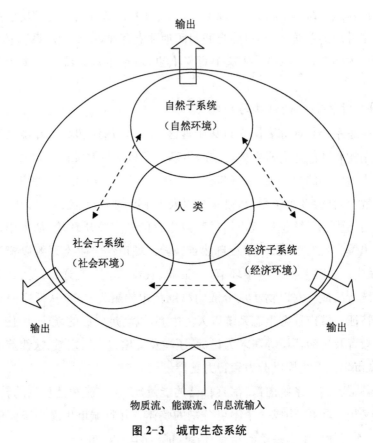

图 2-3 城市生态系统

表 2-1 生态系统的服务功能

生态系统提供的服务

◆ 维持稳定的气候条件,稳定的生态系统

◆ 确保生物多样性,缓和水循环,为植物的生存提供养分,分解有机质,恢复土壤肥力,确保土壤主要元素的循环

◆ 防治自然害虫和维持农业系统的稳定

◆ 维持全球物质循环,转换、降解和隔离污染物,保持生态旅游、娱乐和休闲,支持多样化的人类文化

◆ 为人类提供饮用水、海产品,如鱼类、虾等,提供娱乐场所,交通,防汛,为鸟和野生动物提供栖息地,稀释污染物

◆ 控制水土流失,调控降雨、调节气候、净化空气等

自然生态系统通过直接或间接的方式向人类提供各种各样的服务,人类的生存离不开自然生态系统。然而近 50 年来,人与自然的冲突在全球范围内呈迅猛扩大的态势。人类在现代社会已处于主动地位,但由于当代人的行为违背自然规律,资源消耗超过自然承载能力,污染物排放超过环境容量,人类活动在导致生态系统健康受损的同时,也威胁到了人类自身的健康生存。生态系统健康的受损成为人与环境的新冲突。协调人与自然的关系,追求健康的生态环境、健康的生活质量,已经成为当今社会高度关注的问题。

2.3.2 DPSIR 模型在城市生态系统中的适用性

DPSIR 模型具有很强的综合性、灵活性、适用性。DPSIR 模型能综合考虑城市人类活动和自然环境相关因素,抓住城市生态系统中"社会-环境-自然"相互关系的特点,从社会经济和环境的因果关系中反映出生态系统的整体健康现状、稳定性及发展趋势。城市生态系统是一种复合生态系统,且其具有动态性,而 DPSIR 模型具有易调整性,在实际生态研究中可以针对具体情况在时空的尺度上进行扩展。除此之外,DPSIR 模型还具有很强的逻辑关系,强调了城市发展、经济活动对生态系统的影响之间的联系。DPSIR 模型可以从推动城市生态发展的驱动力,通过压力、状态、影响和响应五方面把相互间的因果关系展示出来。基于 DPSIR 模型的优点与城市生态系统的复杂性,因此本书选择 DPSIR 模型来研究城市化与城市生态系统的影响。

2.4 城市生态系统的 DPSIR 模型因素分析

2.4.1 驱动力分析

根据 DPSIR 模型中对于驱动力的解释,在城市生态研究中"驱动力"是指造成城市环境变化的潜在原因,影响着城市环境演化过程,代表城市复合生态系统发生演化的动力,可分为自然驱动力和人为驱动力。自然驱动力相对较稳定,发挥着累积性效应;人为驱动力(也称"人类驱动力")则相对较活跃,是短时间尺度上影响城市生态健康的主要因素。城市发展的早期阶段被描述为人口、经济、城市边界和产业结构变化的密集增长阶段。人为驱动力包括城市的政治、社会、经济要素三方面。政治主要是指区域发展政策。社会要素主要从城市人口增长率、城市文化等方面分析。经济要素主要从经济的增长率、产业布局等方面研究。

(1)区域发展政策。区域发展政策在城市经济发展中具有导向作用,随着可持续、低碳、循环、绿色经济理念的深入人心,一味追求经济增长而忽视对环境影响的区域发展政策逐步向集约型经济方式转型,走可持续发展道路成为当今城市建设的主题。

(2)城市人口因素。城市人口增长过快对环境的影响表现在两大方面:一方面,适合于人类生存的环境空间是有限的,人口增长会对城市生存环境带来压力;另一方面,人口增长会消耗大量的自然资源,而大多数自然资源也是有限的、不可再生的,一旦消耗或破坏则无法恢复。随着人口数量的增加与科学技术的进步,在利用环境与开发利用资源方面取得很大发展,同时也带来一些生态环境问题。这些问题是由于人对自身的发展失去控制而使环境遭到破坏,破坏的严重程度已影响到人类自身的生存与发展,也威胁着生态系统中许多其他物种的生存。因此,认识到问题与危机的存在,实行自我控制,降低人口的增长速度,减轻对环境的压力,以维持自身与生态环境间的平衡。城市人口自然增长率是衡量城市生态系统的一项人口驱动力因素,反映了人口增长对城市生态系统的驱动力。城市生态系统所维持的人口数量的增减状况对城市生态系统的演进起着重要的推动作用。其所带来的外部压力将会影响城市生态健康状态。人是影响城市生态健康状况的活跃因素,人口增长过快,势必通过其生产、生活活动加重对城市生态系统的压力,该值与城市生态系统健康呈负相关。例如,根据第五、第六次全国人口普查资料,2000年,乌鲁木齐市人口达到208万人,而克拉玛依市、石河子市分别只有27万人和29万人。但是,在10年的时间里分别增加到了311万人、39万人和38万人。10年间,乌鲁木齐市增加103万人,增长49.52%,年平均增长率为4.10%。克拉玛依市增加12万人,增长44.44%,年平均增长率为3.76%。石河子市增加8万人,增长27.59%,年平均增长率为2.43%。这些增长除了自然增长外,大规模移民也是重要的原因。因为随着工业化和现代化进程的开始,这些城市地区提供了大量工作,吸引大量的人口聚集于此。

(3)城市文化。城市文化是城市社会成员在城市发展过程中所创造的物质财富和精神财富的总和。城市文化与乡村文化有很大的区别,城市文化具有地域性、聚集性、包容性与选择性、多元异质性、延续性和动态性等特征。城市文化是城市发展的内在驱动力量,这主要表现为:城市文化是城市经济发展的基础和支撑;城市文化为城市发展塑造形象和提高品位;城市文化是城市特色形成的条件;城市文化为城市发展增强辐射力和整合力;城市文化是城市核心竞争力的源泉。

(4) 城市经济。经济增长与环境和资源之间存在着对立统一关系:一方面,随着经济的发展,经济规模的扩大,必然会消耗更多的资源,产生更多的废弃物,会给环境带来压力,甚至破坏。另一方面,随着经济发展,人们收入水平的提高,会为环境治理投入更多的资金,通过对经济结构的调整和现有产业的升级,从根本上控制污染源,改善环境状况,达到经济与环境的协调发展。通过经济政策、环境政策和环境投资,人们可以对环境质量进行改善。社会经济因素在时间和空间上变化大、作用突出,应作为分析影响城市生态系统的主导驱动因子。从对城市生态系统可能的影响程度看,可以选用 GDP 增长率、区域发展政策、土地利用模式、城市产业结构与消费模式等来表示各种驱动力强度。GDP 增长率表征城市的经济发展水平,反映城市经济增长速度,是衡量经济发展水平的基本指标。GDP 增长率越高表示经济增长的速度越快,对资源和环境的需求越强。一个城市的产业布局与消费方式对城市环境有很大的影响。多年来,面对着我国第二产业一枝独秀、资源与环境不堪重负的局面,社会各界无不认同"转变经济增长方式、调整经济结构是我国经济持续稳定发展的必由之路"。当前我国城市产业总的趋势是:第一、第二产业产值比重逐渐下降,而以服务业为主的第三产业产和以通信、信息产业为主的第四产业值比重逐渐上升。例如,在大多数城市地区,高人口增长率时期伴随着经济的快速增长。乌鲁木齐市 2000 年人均 GDP 为 1.559 万元/人,2010 年增加到 3.670万元/人。克拉玛依市 2000 年人均 GDP 为 5.02 万元/人,2010 年增加到 12.14万元/人。石河子市人均 GDP 从 2000 年的 0.91 万元/人,增至 2010 年的 4.28 万元/人。

(5) 城市空间增长。城市与外界环境以及系统内各组成要素之间的相互关系在每个组成要素或系统整体内可能产生有意义的变化,使其处于不断的动态变化之中,在空间维度上表现为城市空间扩展和结构的不断变化。在快速的城市化进程中,显著的特征是农田、林地等非建设用地转化为城镇建设用地,自然状态下垫面被改作工业用地、居住用地等土地用途,以满足人口增长、产业发展的需要。Burak 等对地中海沿岸地区城市化发展的研究揭示,城市化会对生态环境造成一定的负面影响。据统计,中国每年将有近 2 000 万新增城市人口,中国城市化率预计 2030 年达到 74%。2010 年,乌鲁木齐市建成区面积快速增加,从 2000 年的 83 km² 增加至 343 km²,是 2000 年建成区面积的 4 倍多。2000 年,克拉玛依市建成区面积为 63 km²,2010 年建成区面积为 57 km²。石河子市为新疆生产建设兵团第一大城市,建成区面积从 2000 年的 25.6 km² 增加到 2010 年的 57 km²。城市化进程的非平衡性阻碍了城市的健康发展,在一些城市,快速城市化超出了其承载力,出现交通拥堵、水资源短缺、大气污染、生态破坏、房屋价格高和就业困难等问题。

2.4.2　压力分析

在城市生态系统中,DPSIR 模型的压力因素表示城市环境和自然资源受到人类活动的影响,遭受到不同程度的破坏,生态资本表现出经济负外部性。城市环境的恶化影响到人类自身的生存和发展。人口增长以及经济发展是造成城市生态系统改变的根本原因,人类活动对其紧邻的环境以及自然环境的影响,是环境的直接压力因子,因而各种形式的人类活动则是改变生态系统状态的直接原因。因此,城市生态系统研究的压力因素主要有人口密度、资源与能源利用状况、人类活动强度、废物排放、基础设施建设等方面。

(1)人口密度。随着城市的发展,城市的各种价值得到了不同程度的体现,人口不断地向城市聚集,人类各种开发活动强度和频率的加大造成城市生态系统的压力越来越大,资源和环境问题越来越严重。人口密度是指城市内单位面积的人口数量,它是表征城市内人口的密集程度的指标。它在一定程度上反映了城市人口对环境的静态和动态压力,因为人口密度越大,就意味着周围环境要提供越多的资源、粮食和生存空间,才能满足人类的某种水平上的需要。人是影响城市生态健康状况的活跃因素,人口密度过大,势必加重对城市生态系统的压力,该值与城市生态健康状况呈负相关。

(2)资源与能源利用状况。按能源的形式可分为:一次能源与二次能源。经过开采或收集后,未经任何改变或转换的能源称为一次能源,如原煤、水能。一次能源经过加工转换后获得的能源称为二次能源,如电力、氢能等。按能源是否再生可分为:可再生能源与非可再生能源。可再生能源是指具有自我恢复原有特性,并可持续利用的一次能源。包括太阳能、水能、生物质能、氢能、风能、波浪能,以及海洋表面与深层之间的热循环等,地热能也可算作可再生能源。非可再生能源是相对于可再生能源而言,意指经过长时期形成,短期内无法恢复的能源,称之为非可再生能源,如常规能源中的煤、石油、天然气等都是不可再生能源。众所周知,清洁能源具有不含碳或含碳量少的特点,这种特点决定了它对环境影响极小,有利于保护环境,维持绿色生态。清洁能源分布广泛,分布在我国各个地区,潜力巨大。

根据清洁能源的能源能量密度,对各地区的清洁能源进行因地制宜的开发利用,可以有效克服传统化石能源运输的困扰,降低供电成本。清洁能源主要是指污染环境少的可再生能源,包括太阳能、风能、水能、海洋能、生物能、地热能等等。我国城市化进程经过近 30 年的快速增长,为城市居民生活带来了诸多积极的影响。但是由此也带来了城市环境污染、人口拥挤、交通拥堵、贫富差距加大、人际关系冷漠、公共资源分配不公等一系列的"城市病",快节奏充满竞争的城市生活环境也给居住在城市中的人们带来极大的心理压力和情绪困扰。城市幸福指数的引入和测量,有助于促进城市管理者通过寻求与社会公众力量的合作来促进问题的解决,有助于提升城市社会管理水平。城市问题的解决仅仅靠政府单一的力量显然是不够的,必须有城市居民的积极支持和共同参与。通过城市幸福指数的测评和追踪,以有效地了解当前城市居民对环境的满意度,帮助政府管理者适时了解社会公众所关注的热点问题,寻求问题解决的途径及进程,从而为社会管理、城市建设提供科学参照。城市环境容量是城市资源空间承载量的研究内容,而城市环境容量饱和度则是衡量城市资源开发利用"度"的一个重要研究指标。城市环境容量饱和度=城市总人数/城市环境容量。城市环境容量饱和度过小,开发程度不够,城市资源和城市设施不能得到充分利用,则难以发挥城市资源的最大效益。城市环境容量饱和度过大,出现超载将会给生态系统造成较大压力,甚至是严重的破坏。

2.4.3　状态分析

城市生态系统中的"状态"是指在驱动力因素和压力因素的协同作用下,城市环境当前的特征。由于城市化加快导致的大气、水土资源污染、生物多样性减少、生态破坏、交通拥堵等问题越来越引起人们的关注。因此,在进行城市生态研究中,对城市生态系统的现状分析具有重要意义。城市生态的状态研究主要考虑从以下几个方面来分析:生态环境质量、土地退化程度、自然资源状态、人类生活水平等。

(1) 大气是人类生存的最重要的环境要素,人需要吸入空气中的氧气以维持生命。据估计,一个成年人每天呼吸大约 2 万次,吸入大约 15 kg 空气,这远比人每天所需 1.5 kg 食物和 2.5 kg 水多。离开空气,人几分钟就会死去。其他动物也一刻不能离开空气,植物离开空气就无法进行光合作用。随着城市化的快速发展,城市人流、车流的不断集聚,城市产业的布局不断扩展,造成了大气环境污染问题。大气污染一般对人们的影响时间长、范围广、危害大。大气的污染物主要有两种:

一种是颗粒污染物,包括尘埃、粉尘、烟尘、雾尘;另一种是气态污染物,主要包括碳氧化合物(CO、CO_2)、含硫化合物(SO_2、SO_3、H_2S)、有机废气等。

(2) 土壤是一个复杂的、动态的生态系统,保持物理环境,进行化学转换,对陆地上的生命起着至关重要的作用。土壤为所有的生命形式包括微生物、植物、动物和人类提供服务,除了生态和生物服务以外,土壤是人类文化、宗教、信念等文明扎根的基础。Montgomery 把土壤的重要性与人类文明的存在联系起来,他说"文明不会在一夜之间消失,土壤不会自己选择衰退,通常是人们的无知以至于一代代文明的衰退,导致土壤的损坏"。他声称土壤是悠久历史的见证。因此,我们必须尊重土壤作为物质财富的生活基础。然而,近年来随着城市的迅速发展,土壤的重要性和价值被忽视,土壤成了藏污纳垢、垃圾填埋的场所。

城市化对城市土壤的影响主要表现在对土壤原有理化性质的改变。城市化过程中机械压实、人为扰动、工业"三废"物质、生活垃圾、交通运输、大气降雨、降尘等是造成城市土壤理化性质改变的主要原因,主要表现在对城市土壤的污染方面。当前对城市土壤的研究主要集中在土壤理化性质和土壤重金属污染两方面。近年来磁化率测试除了具有简便、快速、可靠、经济、无破坏性的特点以外,在土壤质量方面的研究也越来越明显,已成为判断区域土壤污染源的重要指标之一。重金属污染主要有 Cu、Zn、Cd、Pb 的污染。除此之外,学者们通过分析城市土壤粒度、有机质、pH 值与重金属相互关系研究来印证土壤污染的问题。总体来说,城市化影响下的城市土壤具有以下特征:较大的时间和空间变异性;混乱的土壤剖面结构与发育形态;丰富的人为附加物;变性的土壤物理结构;受干扰的土壤养分循环与土壤生物活动;高度的污染特征。

(3) 水资源

水是最根本的自然资源,是可再生的,但是也是有限资源。美国在 2005 年度,每天约 41 百万加仑的水应用于国内农业、工业、娱乐等。大约 80% 的水都来自地表水,地表水主要来自河流、小溪、湖泊、湿地和海洋,这些水资源有的是内陆的,有的是外流的。因此,人类活动直接或间接影响水资源。水不仅为人类消费提供服务,并且它与整个地球的运行联系在一起,水本身也是一个生态系统(水生生态系统),为数十亿已知和未知物种提供栖息地。从浅滩、沼泽、湿地、河漫滩到深海,从一滴降水渗入到地球表面堆积形成极地冰盖,水循环源源不断,为我们的星球创造了生存环境,养育着这个美丽的星球。

水污染加剧及水资源短缺已经成为约束中国可持续发展的主要原因之一。

2013 年,我国的水资源研究显示,在 700 条研究河流中,水质良好的河长仅占研究河长的 32.2%,而受污染的河长竟达到研究河长的 46.5%。高密度的人类活动以及产业的不合理布局导致城市水安全的不安定因素增多,水安全事故频发。如2011 年 6 月,杭州苯酚槽罐车泄漏事故,使苯酚泄露并随雨水流进新安江,对城市居民饮水安全造成危害。2013 年 11 月,青岛中石化输油储运公司输油管线破裂,造成原油泄漏,污染海水和地下水。据资料显示,我国 131 个大中型湖泊中有 89个湖泊被污染,67 个湖泊水体达到富营养化程度;每年废水污染事故有 1 600 余起,其造成的经济损失约为 377 亿元;我国每年因缺水而损失的工业产值达 2 300亿元。2010 年,江西省峡江县 1 823 个装有甲苯等化学原料的原料桶被洪水冲入赣江,造成赣江河流污染,威胁下游 10 余个市县近 500 余万人的饮用水安全。根据 2014 年 2 月份的南昌市水资源质量公报显示,南昌市城区"九湖二河"9 个监测点,东湖为 Ⅴ 类水,水质未达标,主要超标项目为总磷;西湖、南湖、北湖、青山湖、艾溪湖、梅湖、瑶湖、玉带河为劣 Ⅴ 类水,水质未达标,主要超标项目为氨氮、总氮、总磷。城市水体的污染主要有点源污染和非点源污染。点源污染是指有固定排放点的污染源,如工业废水及城市生活污水造成的水体污染。非点源污染与点源污染相对应,又称面源污染,是指大气、地面或土壤中的污染物由于降雨冲刷作用随地表径流流入江河、湖泊、水库和海洋等水体而造成的水环境污染。

此外,地下水抽取量的增加会导致含水层中压力计水平的大幅下降。如果补给可以抵消所取水量,则地下水的开采量可能会达到平衡。但是,如上所述,城市土地覆盖和用途的变化极大地影响了含水层的补给能力。随着建筑物密度的增加和建筑面积比例的增加,防渗面积的范围也增加。由于径流的量随着发育的开始而变大,因此减少了土壤水分的补给量。因此,较少的水能渗入市区下面的任何含水层,从而影响地下水的补给率。人们相信地下水是干净的,因此首选使用地下水。但是,地下水不一定总是纯净状态。任何时候地下水系统都可能受到一定程度的污染,并且关注的是可测量的污染物量是否在地下水质量的可接受范围内。一些地下水还天然含有化学物质,例如砷和氟化物,可能对健康有害。地下水质量问题分为三类:人为污染,自然污染和井口污染。人口和工业活动的排放物包括病原体、氮化合物、氯化物、硫酸盐、硼、重金属、溶解的碳和其他污染物。尽管硝酸盐、氯和农药在城市地区受到限制,但在集约化农业实践中仍是令人关注的问题。地下水中的污染物也可能包括对健康有害的病原体和其他微生物。由于过度抽水导致的地下水位下降也可能导致盐水对地下水的污染。

（4）城市植被

城市植被是指城市里覆盖着的生活植物,它包括城市里的公园、校园、寺庙、广场、球场、庭院、街道、农田以及空闲地等场所拥有的森林、灌丛、绿篱、花坛、草地、树木、作物等所有植物的总和。作为城市生态系统的重要组成部分,城市植被对促进城市化的建设和发展有着不可替代的作用;同时在维系城市生态系统的安全和稳定性方面,以及满足居民物质和精神生活需求方面也起着不可替代的作用。如:城市植被能调节气象和气候条件,净化空气,降减尘埃,弱化噪声,维护生态平衡,以及其有美学、教育、养神修性等生态效应。然而,随着城市化进程的加快,城市人口增加,城市建筑面积扩展,对城市植被主要有三方面的影响:第一,人均植被面积的减少;第二,植被群落的改变;第三,城市植被的污染。城市绿化带是城市植被的主要组成部分,城市交通流的集聚,汽车尾气的排放,对城市绿化带的污染问题是不容忽视的。

2.4.4 影响分析

自然资源的短缺会影响到城市化进程,影响社会经济的发展。城市环境质量下降不仅影响人类的身体健康,而且会影响城市的可持续发展。城市生态系统状态变化所产生的影响主要表现在以下两个方面:一是城市生态系统状态变化对系统中各因素的影响,比如城市生态环境质量对人类健康和城市居民满意度的影响;二是城市生态系统状态的变化间接地对城市经济结构和效益产生的影响。主要考虑从以下几个方面选择研究:第一,对城市社会子系统的影响,如居民健康、居民生活与生产方式的影响;第二,对城市生态子系统的影响,如自然资源利用的有效性、城市环境的破坏、生态系统的结构与功能。最近几年来我国部分城市雾霾天气日益严重和频繁,影响范围也逐渐扩大。大范围连续性的严重雾霾天气危害着居民的健康和安全,对我国经济发展和社会生活均造成了巨大的影响。雾霾天气主要是由于工业生产排放的废气、燃煤排放的烟尘、交通工具排放的尾气,以及建筑工地的扬尘等因素,引起大气中的颗粒物含量增多,大量烟、尘等微粒悬浮所形成的浑浊气象。城市雾霾天气治理既是重大的民生问题,也是经济发展方式转变和经济结构升级的重要方面。以往雾霾极少的西北地区,如西安和乌鲁木齐等城市近年来雾霾天气明显增多,而且程度也日趋严重。城市化导致的不透水表面的增加通过增加雨水的渗透并增加了水的循环而改变了水循环。更令人吃惊的是,这些地表加剧了城市洪灾的发生。此外,由于表面不透水面导致的城市热岛效应导致温度升高,这与水质受损有关。

在地下,水占据了土壤和岩石颗粒之间的空间。当从含水层中抽水时,颗粒之间会形成空隙,然后堆积得更紧密。在没有足够的补给(置换)的情况下继续抽出地下水会使沉积物变得越来越压缩,使上表面沉降。地面沉降可能会由于地面沉降池的形成而损坏道路、下水道和管道等基础设施。地面沉降不仅会导致洪水和潮汐入侵,而且在某些情况下会引发轻微地震。城市发展和人口压力与水质和水生态系统退化有关。

空气污染是另一个主要由能源生产和使用,车辆交通和工业活动引起的严重环境问题。氮氧化物、硫氧化物、碳氧化物、挥发性有机化合物和悬浮颗粒物是主要的空气污染物,它们通过引起肺部疾病、心脏病、头痛、疲劳、死亡率增加和神经行为问题而影响人类健康。此外,过敏、哮喘、呼吸道感染,皮肤、鼻子或喉咙刺激与居民和其他非工业环境中的室内空气污染有关。

上面提到的这些局部环境影响导致两个具有全球意义的环境问题:气候变化和生物多样性丧失。由于不透水表面和太阳辐射的增加,温室气体和气溶胶的排放会引起被称为全球变暖的现象,从而改变地球气候系统的能量平衡。气候变化的主要影响是:① 温暖的地面导致水温升高,干旱,粮食短缺,水损失增加和灌溉需求增加;② 导致自然灾害如洪水,水土流失或山体滑坡的强烈降水率;③ 极地冰和冰川融化,海平面上升;④ 人类暴露于极端温度和破坏性天气事件中,例如风暴或飓风。气候变化也对生物多样性产生重大影响。城市经常位于河流、山顶和海岸线沿线,因此,城市地区存在着很大比例的地球生物多样性。不幸的是,城市住区的增长速度超过了生活在这些地区的人口数量。如此迅速的城市化与气候变化息息相关,二者都通过改变动植物群可利用的生境的质量和数量,大大改变了生物多样性的特征。此外,由于气候变化,还产生了风蚀等通过破坏土壤肥力、土壤深度和储水能力而对物种产生直接影响的其他问题。

2.4.5　响应分析

响应过程表明人类在促进城市可持续发展进程中所采取的对策和制定的积极政策。社会响应程度的大小能够反映城市对生态环境保护投入(包括人力、财力、物力)程度以及管理保护政策的制定与实施力度。它与压力构成了一对因果关系,通过改变响应手段来减轻压力的影响,进而改善城市生态系统健康状态。这些响应包括直接响应和间接响应。直接响应是针对驱动力指标、压力指标、状态指标和影响指标而做出的管理与政策的调整。这种直接响应带有一定强制性的倾向。间接响应是通过间接的手段和措施，如政策引导、体制创新、观念转变等方式达到间接影响城市生态系统的过程。主要考虑从以下几个方面选择响应研究指标：提高资源利用效率、能源有效利用、污染控制、环境容量控制、城市居民健康管理与维护、科技教育水平、政策法规的完善与管理制度的建设、基础设施建设与环境保护投入等方面。

2.5 城市生态系统的 DPSIR 模型形成机理

图 2-4 的 DPSIR 框架可用于描述城市生态系统问题。以城市发展的政策（区域发展政策）、社会（人口增长）、经济（经济增长率、产业结构）等因素为驱动力导致对城市生态系统干扰增加，产生的压力包括导致社会公共服务设施（医疗、卫生、教育、

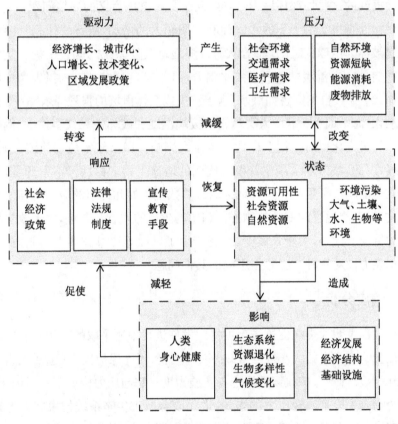

图 2-4 城市生态系统的 DPSIR 框架

交通)不足、资源短缺、能源消耗、废物排放等迫使城市生态系统状态包括大气环境、土壤质量、水质质量以及植被群落发生改变,城市生态系统状态的改变反过来对城市的社会经济活动、人类健康及生态系统结构与功能造成影响。为了实现城市的可持续发展,这种影响促使人类做出直接或间接响应,比如使能源有效利用、控制污染、加强城市居民健康管理与维护、提高科技教育水平、完善政策法规与管理制度建设、加大基础设施建设与环境保护投入等方面,响应反作用于驱动力、压力、状态或直接作用于影响,来改善当前的状态,以使此反馈保持城市生态系统的稳定与平衡,最终实现城市生态健康和可持续发展(图 2-4)。本书借助上述系统,主要探讨随着城市化进程的加快,改变城市自然环境(大气、土壤、水资源、生物等)的状态,造成影响,促使提出响应措施的过程,其中重点是研究城市生态系统中的状态特征和变化。

第3章　绿洲城市不透面的空间扩展研究

3.1　引言

城市是当今世界人口居住和经济活动最重要的场所。一般而言,人口较稠密的地区称为城市,包括了住宅区、工业区和商业区,并且具备行政管辖功能。城市化是农村演变成为城市进而形成城市化体系,以及城市的功能不断提高的过程,是现代化过程中各项生产要素组合成的生产函数向更高层次的变革,是推进现代经济、社会高速发展的有效方式。城市化是一个复杂的过程,包括人口城市化、经济城市化、空间城市化几个过程。城市空间结构的变化是城市化的一个重要方面。城市空间的时空变化伴随着原有自然地表逐步被人工地表所替代,而其最为剧烈和直接的表现是土地利用/覆盖变化。城市不透水面是城市土地利用/覆盖变化类型最直观的类型。

城市不透水面是城市建成区的主要地表覆盖类型,它是衡量城市空间变化的重要指标,通过对不透水面的研究可以间接反映城市建成区土地利用/覆盖的变化。不透水面是指水不能通过其下渗到地表以下的人工地貌物质,通常包括屋顶、公路、人行道、停车场等。随着城市化建设的不断加快,不透水面随之增加,在城市的地理空间扩大,非城市用地不断向城市用地转换。不透水面扩张引起城市空间结构的变化是城市化在空间上最直观的表现。随着城市化的快速发展,城市建成区不透水面越来越受到人们的关注。在关于不透水面的大量研究中,对其概念并未下定一个严格的定义或者分类,不同的学者有不同的解释。Schueler认为不透水面由建筑物顶部(如建筑和结构)和交通系统(如道路、地铁和停车场)等两部分组成。Arnold和Gibbons将不透水面定义为阻挡水分流入土壤的物质,即与透水性地表如植被和裸地等相对的诸如屋顶、沥青、水泥道路、停车场及裸露基岩等具有不透水性的地表。在大部分的研究中,研究者都将道路、停车场、广场及建筑物等研究对象作为城市不透水面。人工不透水面是城市地区的特征,城市化的一个重要表现就是不透水面分布比率的上升。

随着经济水平的提高和城市化的高速发展进程,势必会带来一系列城市的问题和矛盾并且日益突出,城市在空间形态上的特征也发生着急剧的变化。一方面,城市经济的飞速发展和人口大量增长及人民的生活条件的提高,必然会加大对城市用地的需求量,推动城市空间的扩展。另一方面,城市建设用地的规模增加和空间结构的变化的速度加快,与现实其他基础条件的相对滞后,也会带来一系列的负面效应,比如生态环境的污染,耕地的锐减,交通拥堵等城市问题。城市用地的这种扩展态势导致城市在空间上表现为"摊大饼"的形式蔓延,趋势难以控制,土地利用模式的粗放和蔓延式成为主导。特别是近些年来的开发区建设,更是加剧了大量土地的闲置和低密度利用。这种一味地过于依赖城市在规模上的发展,加重了城市资源和生态环境的负担,长期来看对城市的健康发展非常不利。而城市空间扩展占用了周边的其他土地类型,不仅使得不透水面显著增加,而且通过改变城市气候、地表水文和生物的自然过程,对城市生态环境都产生了一系列的深刻影响,对区域和全球产生了一定的负面影响。例如工业活动所增加的热量,导致城市内部气候与周围郊区气候的差异,形成热岛效应。同时,降低了地表的渗透和地下水位,树木和植被的减少导致地表蒸发量和截流水量减少,增加了地表径流量,相应地加剧了潜在洪水的威胁,并使得农田、森林、草原的生物环境遭到破坏,生物多样性、水源涵养能力、生态服务功能下降。事实上,不透水面是引起城市生态系统健康恶化的主要原因之一。不透水面的增加,不仅仅反映城市化的进程,也带来一定的负面影响。随着不透水面的增加,城市中的绿地、湿地和水体面积逐渐减少,也引发了多种环境因子的改变,诸如地表径流、流域水质和城市热环境的变化等,从而影响城市生态环境。不透水面覆盖度是城市生态环境评价的一个重要指标,被广泛应用于城市水文过程模拟、热岛效应分析,以及城市专题制图等研究中。

目前国内对城市空间扩展方面的研究,主要集中于对东部沿海和经济发达地区的研究,中部和西部城市研究明显较少。随着国家对西部大开发的力度增加,西部城市的城市化进程和城市用地扩展速度大大超过以往,加大对西部城市的空间研究也是社会发展的必然要求。西北干旱区由于水资源短缺,植被覆盖率较低,生态稳定性较差,环境的自我调节功能低,人为的不合理干预极易造成对生态环境的破坏。而绿洲城市又是人们在高强度的社会经济活动中开发利用自然环境而创造出来的高级人工生态环境,大量的物质和能量在城市生态系统中循环和流动,每时每刻都有大量废弃物被输送到环境中,对生态环境产生各种胁迫和影响。在干旱区特殊的自然条件下,被荒漠所包围的绿洲是人类生存发展与生产生活的依托和核心地区。绿洲城市是干旱区的增长极所在,也是一种独特的地理景观。为此,开展基于城市不透水面变化的生态环境效应研究,能够有效揭示干旱区人地系统相互作用的内在机制,帮助我们了解绿洲城市扩展所引起的独特生态环境问题,而且也为采取相应的土地利用管理对策提供依据,具有极其重要的意义。

乌鲁木齐、石河子和克拉玛依是典型的绿洲城市,位于亚欧大陆腹地,距海洋遥远;受干旱气候的影响,降水稀少,蒸发量大,生态环境脆弱,环境容量有限,城市绿化覆盖率低,抵御风沙的能力较弱。其中,乌鲁木齐市规模最大,但与其应承担的区域辐射带动功能还有较大的差距;石河子市、克拉玛依市等二级中心城市规模偏小,区域辐射影响力弱。工业化与城镇化脱节,综合承载力弱,城镇特色不明显,自然环境制约强,结构性缺水严重。近年来,城市化进程加快,导致不透水面覆盖区域变化频繁,依靠传统技术资料统计监测很难及时获取最新的不透水面信息。遥感技术作为地表环境监测的重要手段,具有监测范围大、获取信息时间短的优势。利用遥感技术从卫星图中提取不透水面信息,为科学掌握城市化进程提供客观数据。本章采用乌鲁木齐市、克拉玛依市和石河子市的城市三期 TM/ETM 影像图,对建成区不透水面进行提取,并分析不透水面时空变化特征,探讨了植被指数与不透水面的关系,有助于了解城市化的进程、驱动因素、机制和规律,对合理进行城市规划,促进城市可持续发展有着重要的意义。

3.2 相关理论和文献综述

3.2.1 国外研究现状

城市空间的推进与演化受到城市经济的快速发展,城市建设空前活跃,主要包括空间要素增值、空间结构演化,以及水平和垂直方向上城市形态的伸展等内容。其内容主要受到人文地理学、城市经济学、城市规划设计等相关学科的关注,关注重点在区域范围内生产要素的空间布局与合理流动方式,以及低价、土地利用、交通建设、居住空间等与城市扩展的关系。其次探讨城市空间拓展的形成机制和影响因素。在全球气候变化背景下,城市系统的环境问题开始受到学者们的关注。

过程研究的实质在于如何通过有效的手段来了解研究区的城市用地在研究时段内发生了何种变化。通过遥感信息与地理信息系统技术分析城市土地利用动态演变进程,进而探讨城市空间形态及其扩展特征已成为当前城市土地利用演变研究的有效途径。Weber 基于多时相 SOPT 遥感影像分析了突尼斯大都市区的空间演化过程,并进行了空间扩展过程的模拟研究。Yuan 等采用四期的 TM 遥感数据对明尼苏达州大都市区的土地覆盖变化进行了定量监测,结果显示在长期土地覆盖变化监测中,使用 TM 数据是一种精确、经济的方式。罗海江对 20 世纪上半叶北京和天津城市核心区的土地利用扩展方式和不同历史时期的扩展速度进行了对比研究,发现城市性质的不同是造成城市扩展差异的主要原因。李晓文等基于多时段 TM 遥感影像资料,通过有关城市扩展度量指标和网格样方法等空间分析手段的综合应用,对上海地区城市扩展规模、强度和空间分异特征进行了研究。刘盛和等利用北京多期土地利用现状图分析了北京的城市扩展模式,证实工业用地的高速外向扩展是北京城市土地利用超规模膨胀的主要原因。这些研究利用遥感和地理信息系统技术,从不同的角度对城市建成区、城市边缘区的空间动态演变进程、扩展模式进行具体而详细的论证研究。为进一步探讨城市空间扩展与生态环境之间的联系提供了科学依据。

在国外,通过遥感来提取不透水面的研究自 20 世纪后期就开始引起关注。Slonecker 等将不透水面的遥感提取方法分为 3 类:解译法、模型法和光谱法。Ridd 在 1995 年提出由城市生态环境组成的参数化概念模型(Vegetation-Impervious Surface-soil, V-I-S)为提取不透水面提供了新视角,结合此模型进行的不透水面研究已成为近年来遥感研究的新热点之一。Ji 和 Jensen 采用线性混合模型在亚像元分析和分层分类的基础上对不透水面分布进行了估计。Wu 等利用光谱混合分析法对"Landsat ETM+影像"进行分解,提取出不透水面,并利用 DOQQ 影像进行了精度验证。Bauer 等采用 1990 和 2000 年的 TM/ETM 图像,利用缨帽变换中不透水面指数与绿度值之间的负相关性,建立最小二乘回归模型,以此估算明尼苏达州不透水面的分布。Sawaya 等在局部尺度上,应用样本建立了基于 IKONOS 的归一化植被指数(NDVI)与高分辨率数据提取不透水面指数之间的回归关系,然后利用 NDVI 进行逐一像元求算,取得了较好的效果。Xian 采用 0.3 m 空间分辨率的正射图像和中等分辨率的"ETM+图像"应用分类回归树算法分别对西雅图塔科马地区和拉斯维加斯山谷区进行不透水面的提取。Rashed 等应用线性光谱混合模型进行不透水面的提取，发现该模型在异质性显著的城市地区有很大的应用潜力，在分析开罗地区不透水面指数的动态变化特征时应用了模糊数学方法来确定软性变化值区间，取得了良好效果。Flanagan 利用亚像元分类结合人工神经网络方法提取流域不透水面。Powell 提出一种多端元像元分解模型，采用"ETM＋影像"进行实验研究，取得较好的效果。Carlson 等提出利用不透水面和植被的负相关性提取不透水面，即先根据 NDVI 提取不透水面植被覆盖度，然后根据植被覆盖度与植被的负相关求出不透水面。这种方法能快速地提取出不透水面，但受季节的影响明显，由于冬季植被不都为常绿植被，结果会有很大的误差。Roy 等研究表明美国双子城多年内夏季极端高温变化剧烈区与不透水面面积增加最多区域相一致。Jantz 等应用不透水面指数评估了美国 Chesapeake 湾流域的水土流失状况，以不透水面指数的 20％为变化阈值，分析了 1990 到 2000 年间城市快速发展带来的影响。Lu 等鉴于不透水面在城市土地利用分类中还未得到充分认识，尝试将线性光谱分离后的不透水面盖度运用于城市土地利用分类中，获得较为满意的精度。Clapham 选择线性光谱分离的不透水面指数与植被覆盖度指数作为变化向量来构建城市化指数，分析了流域尺度内像元类型的变化情况。Davis 等通过不透水面指数来分析北美太平洋海岸地区的城市增长过程。Conway 以美国 Barnegat 湾及 Mullica 河流域为研究区，预测了不透水面增长对流域水质的影响。

3.2.2　国内研究现状

在国内，关于不透水面的提取及其在城市扩展中的应用研究成果较少。岳文泽等以"Landsat ETM＋影像"为数据源，利用线性光谱混合模型，获取了上海市不透水面，并对其空间特征进行了分析。李俊杰等使用多端元光谱混合分析方法从 TM 影像中提取南京都市发展区不透水面，在此基础上定性和定量地分析了该区域空间扩展变化。孙志英等尝试使用面向对象分类法，对南京不透水度信息进行提取。江利明等尝试利用 InSAR 数据进行的研究表明，干涉雷达在这方面具有一定的潜力，特别是在裸土和稀疏植被的估算方面要优于光学遥感。潘竟虎等利用线性光谱混合模型对兰州市中心城区不透水面进行遥感估算，发现利用高反照率地物为最终光谱端元时，能很好地表达城市不透水面信息。王俊松等利用高分辨率遥感数据将主成分分析的部分波段组合，增强了不透水面信息与背景信息的反差，提高了不透水面信息提取的精度。牟风云等在对 Landsat 卫星和"北京一号"

卫星数据采用人机交互的方式提取北京市建成区面积的基础上,对北京建成区扩展过程、面积变化和土地利用变化进行了监测分析。黄粤等以乌鲁木齐市为例,在遥感和 GIS 技术的支持下,对干旱区城市土地利用结构、空间格局动态变化与城市扩展的空间特征进行定量分析。徐永明利用线性光谱混合模型提取不透水面并研究其余热环境的关系。孟宪磊利用"ETM＋影像"研究了上海市城市热岛和不透水面空间分布格局,并从多个尺度研究了不透水面、植被、水体与城市热岛的关系。研究表明,地表温度与不透水面率呈显著的正相关,与 NDVI、MNDWI(改进的归一化差异水体指数)均呈显著的负相关,不透水面起着明显的增温作用。匡文慧等研究发现京津唐城市群高密度不透水面分布严重影响了海河流域地表水环境,不透水面的增长加剧了该流域河流水质的污染程度。邬明权等基于反射率的时间变化特征与类内像元反射率的时间变化特征一致的假设,提出了一种能够从前期高空间分辨率和时序的低空间分辨率影像获得时序高空间分辨率影像的多源遥感数据时空融合方法。

上述研究表明,利用遥感图像处理技术可以从遥感图像中提取不透水面信息。目前,国外广泛使用多传感器数据和先进算法来改善城市不透水面提取的准确性,国内类似的研究正在起步。从国内外研究现状看,关于不透水面应用于城市空间扩展过程、生态效应方面的综合研究不多。

3.3　不透水面的主要研究方法

目前,大部分研究者都将道路、停车场及建筑物等研究对象作为城市不透水面。早期的不透水面研究方法比较简单,主要是结合地面测量的人工遥感解译。随着遥感技术的发展和数据的多元化,不透水面的遥感提取技术和精度也得到了飞速发展和提高,多回归分析、分类回归树模型、光谱混合分析,以及人工神经网络模型等研究方法已广泛应用与实践。

(1) 传统的遥感研究方法。包括人工解译法、多元回归分析法和分类回归树模型法。人工解译法是人工通过目视来识别和分析不透水面的色调、纹理、大小、形状、阴影和背景等信息,从而提取不透水面。研究利用 TM 遥感影像,发展城市地表硬化度的遥感分析方法、因子的关系。经统计经验:基于 TM 拟合的地表硬化度和真实的地表硬化度的相关性达到 0.91。在此基础上,应用地表硬化度指数和基于目标分割的遥感分类方法,研究了北京市建成区(五环内)地表硬化度和建设密度的空间格局。

多元回归分析法将不透水面作为一个连续变量,估测每一个像元中不透水面的比例(图 3-1)。

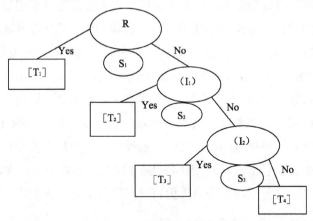

图 3-1 分类回归树结构

R 表示树的根节点,是整个决策树的开始;(I_1)(I_2)表示内部节点;
[T_1][T_2][T_3][T_4]表示叶节点;S_1、S_2、S_3 表示分割规则

分类回归树模型法(CART)作为决策树算法的一种,通过连续二叉树形式对数据集进行训练,最终实现对离散目标变量的分类和连续目标变量的预测。基于 CART 的城市不透水面覆盖度估测算法的主要步骤是:① 利用高分辨率遥感影像获取 ISP 估算的训练和测试样本数据;② 通过 CART 算法,针对中分辨率遥感影像建立回归预测模型;③ 利用中分辨率影像进行大范围的不透水面覆盖度估算,同时对估算结果进行精度评估。

训练数据和测试数据的获取是 CART 方法的关键步骤,直接决定预测模型的有效性和结果精度。邱健壮等利用最大似然分类法,对研究区域的 0.6 m 分辨率的 QuickBird 全色与多光谱融合影像进行监督分类,得到分类结果的总体精度为 92.56%,Kappa 系数为 0.911 2。提取的城市土地利用/覆盖类型包括不透水面(主要由建筑物、道路和水泥面空地等组成)、草地、树木、农田、裸地、水体和阴影。对这一分类结果,统计落在以每个 0.6 m 分辨单元综述,从而可以得到窗口中心像元出不透水面百分比值,最后将估算结果重采样到 TM 影像的 30 m 分辨率像元格网上,得到 ISP(因特网服务提供者)参考数据,作为预测模型的目标变量。在实验区内均匀随机选取了 10 000 个样本点,其中 8 000 个作为训练样区,余下 2 000 个作为测试样本,二者相互独立。特别说明,阴影的实际地物类型无法确定,被分为阴影的像元未参与 ISP 的统计,同时对水体区域进行掩膜处理。

ISP 预测模型的建立:为建立 ISP 的预测模型,以每个时相的 TM 影像除热红外波段以外的 6 个波段的光谱反射率作为预测模型的独立变量,将从 QuicBird 影像分类统计得到的 30 m 分辨率 ISP 参考数据作为目标变量。从上述独立变量和目标变量中独立随机抽取若干样本作为训练数据,运用 CART 算法对这些样本进行学习,建立对应于该时相的最终 ISP 回归预测模型。在建立 ISP 预测模型后,将其所对应的 TM 影像进行估算,得出实验区的 ISP 估算结果,采用平均偏差、相对偏差和 Pearson 相关系数 3 个指标评估 ISP 预测模型的性能。

这三种传统的遥感方法各有优异,人工解译法所提取的不透水面的结果最为精确,但是解译量大、主观性强,需要结合野外调查来确定提取结果的合适程度,应用范围有限。多元回归分析法可避免将一定变化范围内的混合像元定义为单一类所产生的差别。分类回归树算法,作为弱学习算法,对数据噪声和训练样本误差具有敏感性,对不均衡样本的前学习能力也限制了其精度的进一步提高。

(2) 基于光谱与几何特征的遥感方法。包括线性光谱混合模型、面向对象的方法。线性光谱混合模型法(linear spectral mixture analysis, LSMA)是指像元在某波段的反射率是由构成像元基本组分的反射率以其所占像元面积比例为权重系数的线性组合(下文中有详细介绍)。

面向对象方法(object based image analysis, OBIA)以影像对象为单位,利用影像对象的光谱信息及真实地物的形状特征和邻近关系特征,引入模糊逻辑规则对分类对象进行描述,使易混淆的地物便于识别与提取,从而提高影像不透水面信息的提取精度。

(3) 基于人工智能的方法。常用的方法有人工神经网络模型、支持向量机。人工神经网络(artificial neural network, ANN)模型是模拟因变量与自变量之间复杂的、非线性关系的计算机程序方法,不需要事先假定输入和输出参数之间关系的性质和原始数据的转化,只需要较少的训练样。

支持向量机(support vector machine, SVM)是一种相对较新的智能分类方法,该方法根据结构风险最小化准则,在使训练样本分类误差极小化的前提下,尽量提高分类器的泛化推广能力,具有强大的非线性和高维处理能力;算法复杂度与样本维数无关,值取决于支持向量的个数。项宏亮等基于 2006 年 7 月 30 日合肥市 TM 影像数据,运用支持向量机(SVM)监督分类与线性光谱混合模型(LSMM)

相结合的方法提取研究区不透水面的丰度值,并与单一运用线性光谱混合模型提取结果进行比较。研究结果表明:支持向量机监督分类和线性光谱混合模型相结合的方法 RMSE 为 12.8%,提取精度高于线性光谱混合模型,该方法提高了城市不透水面丰度提取的精度。

3.4 不透水面对城市发展的影响

3.4.1 不透水面对城市环境的影响

随着城市化的进程加快,城市中以植被为主的自然景观逐步被人工不透水面所取代,导致城市中的不透水面逐渐增加而植被的面积不断减少,使得城市生态环境和人居环境质量日益下降,这已引起全球的广泛关注。同时,不透水面导致的地表径流的增加直接影响非点源污染物(包括病原体、有毒污染物及沉积物等)的传播,从而不可避免地改变栖息在河流中及沿岸动植物的生活习惯,导致一些濒危物种的灭绝。此外,某一地区范围内的不透水面增加可能改变城市植被冠层和边界层中敏感和潜在的热通量,从而对城市区域气候产生重大影响。研究发现,不透水面与城市植被覆盖呈负相关,即在流域行政单元内,植被覆盖会随着不透水面的增加而减少。

3.4.2 不透水面影响城市灾害防御能力

近年来,我国许多大城市每年都不同程度地发生因暴雨导致的城市洪灾。研究表明,暴雨和城市排水设施落后并不是导致城市大面积洪涝灾害的根源,大范围的城市地面硬化才是导致灾害的根本原因。城市不透水面的增加,一方面将提高同样降水条件下的地表径流量、河川径流量、径流持续时间及强度,导致地表水回流和基流的整体减少,使得洪水发生频率增加,造成城市排水和防洪压力增加,使径流对河道的冲刷和侵蚀作用增强;另一方面由于地表水回流和基流的整体减少,严重阻碍了地表水的补给,导致城市地表下沉和水源污染等一系列问题。

3.4.3 不透水面可监测城市增长

从土地利用的角度来看,城市扩展主要表现为城镇建设用地面积的扩大和扩张,及其过程中对于其他土地利用类型的影响,是一种土地利用变化过程。城市扩展遥感监测的核心是监测城市扩展对于区域土地利用的影响,而这其中,不透水面所占的百分比随土地利用类别和子类别的变化而变化,城市扩展变化与不透水面的增加是相吻合的。因此,可以利用不透水面分布来对城市的扩张进行动态监测,分析其在城市规划汇总用于城市增长的可承受能力评估。

3.4.4　不透水面对城市热环境的影响

城市化使得自然地表被钢筋水泥等不透水地表所替代,地表覆盖类型的变化改变了地表与大气的物质能量交换,影响着城市的热环境。城市温度的升高不仅消耗更多的资源,也对人类的健康产生影响。不透水面的增加,使得城市中心温度高于城市郊区温度,形成小的城市气候——"热岛效应"显著。

3.5　实证研究

利用三期 TM 影像图,对乌鲁木齐市、石河子市及克拉玛依市的城市不透水面的提取进行空间扩展的研究。乌鲁木齐市、石河子市、克拉玛依市是天山北坡经济带的成员,在其城市化过程中,随着经济的增长,城市人口的扩张,城市建成区的扩展,其城市不透水面面积不断扩大,增长速度显著加快。

3.5.1　研究区概况

1) 乌鲁木齐市概况

乌鲁木齐市,新疆维吾尔自治区首府,坐落于我国西北边疆,新疆中北部。地理坐标为北纬 42°45′32″～44°08′00″,东经 86°37′33″～88°58′24″。地处亚洲大陆地理中心,天山北麓、准噶尔盆地南缘,地理位置非常优越,东南部与吐鲁番市相邻,东、西、北部和昌吉回族自治州交接,南部和巴音郭楞蒙古自治州接壤。东西横跨190 km,南北距离 153 km 之多,行政区总面积 1.42 万 km²。

乌鲁木齐市现辖七区一县,两个国家级开发区和一个出口加工区,即天山区、沙依巴克区、水磨沟区、新市区、头屯河区、达坂城区、米东区、乌鲁木齐县,经济技术开发区、高新技术产业开发区和乌鲁木齐出口加工区。城市中心区由天山区、沙依巴克区、新市区、水磨沟区组成,支柱产业是第三产业;城市周边区由头屯河区、米东区等组成,重点发展第二产业。以米东区、头屯河城市副中心为依托,以 312国道、216 国道为产业发展轴,逐步形成以乌鲁木齐为中心的"一城两轴""一主多副"的空间发展格局。

2) 克拉玛依市概况

克拉玛依市位于新疆准噶尔盆地西北缘,加依尔山南麓,地处东经 80°44′~86°1′,北纬 44°7′~46°8′。东北部与和布克赛尔蒙古自治县相邻;东南部与沙湾县相接;西部与托里县和乌苏市毗连;南边奎屯市把独山子区隔开,使这个区成为克拉玛依市的一块飞地。市区距乌鲁木齐公路里程 313 km,距北京公路里程 4 086 km,海拔高度在 250~500 m。克拉玛依油田是新中国成立后勘探开发的第一个大油田,2002 年,其原油产量突破 1 000 万吨,成为中国西部第一个原油产量上千万吨的大油田。"克拉玛依"是维吾尔语"黑油"的意思。克拉玛依市于 1958 年建市,下辖克拉玛依、独山子、白碱滩、乌尔禾 4 个行政区,总面积 7 733 km²,人口 40 余万人。2019 年末,克拉玛依市居住着汉族、维吾尔族、哈萨克族等多个民族,其中汉族占总人口的 76.5%,少数民族占 23.5%。克拉玛依区是克拉玛依市的政治、经济、文化中心,是世界上唯一以石油命名的城市。在过去近 30 年中,克拉玛依市认识到自身发展的局限,不断调整城市建设步伐,调整产业结构,发展经济,加速城市化进程,其建成区面积不断扩大。

3) 石河子市概况

石河子市地处亚欧大陆腹地,位于天山北麓中段、准噶尔盆地南缘,东距乌鲁木齐 150 km。处于新疆维吾尔自治区经济最为发达的天山北坡经济带的中心,是天山北坡经济带的重要组成成员之一。地理坐标为东经 85°59′~86°24′,北纬 44°15′~44°19′。东邻玛纳斯县,南靠天山,西接克拉玛依市、奎屯市,北临古尔班通古特沙漠。石河子行政区全部分布在玛纳斯河冲积平原上,该地区地势平坦,自东南向西北倾斜,平均海拔在 300~500 m,冬季长而严寒,夏季短而炎热,年平均气温 7.5℃,年平均降水量 213.35 mm,年蒸发量 1 537.5 mm,属典型的温带大陆性气候。石河子市是新疆生产建设兵团建设的第一个城市,在半个多世纪军垦特色文化的深厚积淀下,石河子市形成了以农场为依托,以工业为主导,工农结合,城乡结合,农工商一体化的具有典型兵团军垦精神特征的军垦文化名城。

3.5.2 研究方法和数据

通过线性光谱分解模型(LSMA)和最小噪音变换(MNF)估算不透水面面积,选用乌鲁木齐 Landsat TM 1987-08-16、2007-09-13(142/30)两幅影像图、石河子 Landsat TM 1989-09-03、2000-09-25、2010-08-20(142/29)三幅影像图、克拉玛依 Landsat TM 1994-08-22、2000-08-14、2010-08-18(145/28)三幅影像图,结合

地形图、GPS 田野调查和 Google Earth 影像等辅助数据,同时收集地形图、城市土地利用图等资料,利用 ENVI4.5 软件进行影像处理。

　　大多像元都是由多种地物所构成,其光谱特征也是由多种不同地物光谱的线性组合得到。不同端元的组合,线性光谱分解模型可计算出各端元在像元内所占的比重,得到的结果能更好地反映真实地物覆盖情况,因此,该方法被广泛地采用。运用线性光谱混合模型提取研究区的不透水面丰度。线性光谱混合模型可用于生物物理组分的提取,诸如植被覆盖度、不透水面等信息,该模型认为每束光内单个地物类型是相互影响的,单一像元在某一光谱波段中的反射率表示为其端元组分反射率与它们各自所占面积比例的线性组合。所以线性光谱混合模型物理意义明确,具有计算量小、简单方便的优点。具体的步骤:① 将辐射校正后的研究区影像进行光谱标准化处理。② 利用 MNDWI 将辐射校正后的研究区影像进行水体掩膜,通过最小噪音分离(MNF)变换、像元纯度指数(PPI)计算,并与手动选取端元相结合的方法,选取低反射率地物、高反射率地物和植被 3 种端元。③ 运用线性光谱混合模型对初步得到的不透水面区域进行亚像元分解,将高反射率地物与低反射率地物丰度相加得到不透水面丰度图,并用高分辨率影像进行精度评价。具体的技术路线如图 3-2 所示。

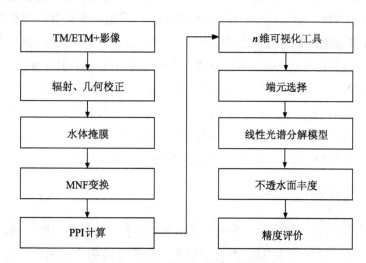

图 3-2　不透水面丰度提取技术路线

(1) 图像预处理

　　在 ENVI4.5 平台上,结合地形图、GPS 田野调查和 Google Earth 影像等辅助数据,对经过了辐射校正和几何粗矫正处理的影像进行几何精校正,将误差控制在

1个像元以内。将 TM 影像投影到 UTM WGS84 投影坐标系下,利用其头文件对影像进行辐射定标,将 DN 值转化为星上反射率。

将经过几何校正处理和进行矫正标定的图像按研究区边界进行拼接和裁剪,使不同时期的图像具有可比性,对研究区之外的区域进行去除,也可以大大降低数据的处理量和所占用的内存。

为了能够更好地解译图像,需要对图像进行增强。图像增强处理与所有其他图像处理一样,不产生新的图像信息。图像增强处理仅是增强原图像中的一部分信息,只不过是将一些原来不易分辨的信息变得更加容易分辨。对研究区影像进行这样的预处理之后,其可显示的亮度范围比以前扩大,对比度也加大,图像的层次分明,地物间的差异增大。

水体掩膜研究区内含有反射率较低的水体,它的存在会对不透水面信息的提取产生干扰,因此在不透水面的提取过程中必须对水体进行剔除。采用水体掩膜的归一化差异水体指数(MNDWI)法:MNDWI=(Green−MIR)/(Green+MIR)。Green 为绿光波段即 band2 的反射率,MIR 为中红外波段即 band5 的反射率。

(2) MNF 变换

MNF 变换可消除波谱间的相关性,相当于两步级联的主成分变换,用于判定图像数据内在的维数(即波段数),分离数据中的噪声,降低后续处理的计算量,是对多光谱和高光谱遥感影像进行降维的有效方法。第一步变换基于估计的噪声协方差矩阵,对数据中的噪声进行去相关和重新缩放得到变换后的数据,其中噪声具有单位方差且不存在带间相关性。第二步是一个标准的主成分转换,它创建了几个包含大部分信息的新波段。最终获得的数据空间分为两部分:一部分是高特征值和相干特征图像,另一部分是具有近单位特征值和噪声主导图像的补充部分。选取高特征值和相干特征图像贡进行 PPI 的计算,并导入到 N 维可视化窗口,以便于端元的选取。

3.5.3 端元的选择

遥感影像中,受传感器分辨率的影响,一个纯像元很少是由单一地区构成,多是由几种不同的地物类型组成,其光谱值为不同纯净地物光谱组合。这种像元称为混合像元,纯净的地物称之为端元。端元代表某种具有相对固定的特征地物。端元的选择是进行线性光谱分解的基础,只有保证端元选择的客观性,才能反映出真实地区的光谱,分解的结果才能得到保证。端元的选择途径有以下三种方式:①"图像端元",从待分类的图像上直接选取端元,再进行反复的修改和调整。

②"参考端元",根据野外实地波谱勘测或者从现有的地物波谱信息库中提取端元。③ 结合以上两种方式进行端元选取,先是完成图像端元的修整,然后依据参考端元进行纠正。

"图像端元"方式是目前获取端元的主要途径。当前研究和应用中获取端元的方式主要从待分类的图像上直接选取端元,这是因为:一方面,在没有波谱库或者野外波谱测量数据可以参照的条件下,只能从影像本身选取端元;另一方面,从图像上直接选取端元简单易行,且取得的端元与图像数据可以具有相对统一的度量标准。

从波谱库中提取端元的方法首先是通过野外实地勘测利用匹配技术比较像元的波谱和波谱库中的每一个波谱,然后将相关的端元组分从地物波谱信息库中选取出来或者校准出来。根据该原理,利用参考端元进行混合像元分解应该较为准确,然而在实际提取过程中,由于受到多种因素的干扰,图像上地物波谱曲线与"参考端元"中的对应曲线相比有很大偏差,即便通过相应的校正去除了以上因素的干扰,也不会与"参考端元"的对应曲线完全吻合。实测地物光谱在理论上是最准确的,但由于传感器受大气条件的影响,地类特别是植被受季节、病虫害等的影响,都会与实测的数据有一定的偏差。在实测光谱值时,主观因素也存在较大的影响,使得实测值与真实值的一致性受到影响。从影像上提取的光谱不仅节省成本而且能更好地满足实际需求。所以,一般有条件的,会将以上两种方法结合起来进行端元选择,这是最理想的端元选择途径。

理论上,只要端元数量小于波段数,线性方程就能求解;但由于各波段之间的相关性,过多端元的选取会导致误差的增大,因此端元的选择在能保证其精度的情况下应尽量少选。本文利用借助 PPI 和 n 维可视化工具用于端元波谱收集,纯净像元用 MNF 分量进行计算,值越高,对应影像上的值越纯,再利用 MNF 变换的分量进行组合,理论上,散点图的顶点就代表了纯净的端元,散点图的内部代表几种端元的线性组合。将选择的端元与 PPI 上的值进行对照,能提高端元的提取精度。由于乌鲁木齐市、克拉玛依市和石河子市的裸地较少,所以本研究选择高反照率不透水面、低反照率不透水面、土壤和植被 4 个端元进行混合像元分解。本文选用的影像获取时间是夏季和秋季。

3.5.4　线性光谱分解

一般一个像元是由多种端元组合而成,光谱混合分析模型可计算出各端元在该像元内所占的比重,考虑混合像元的反射率、端元的光谱特征和丰度之间的响应关系时,根据其他地面特性和影像特征影响的不同,形成了各种各样基于混合像元分解方法的光谱混合模型,包括线性光谱混合模型,基于决策树、人工神经网络或边界提取的光谱混合模型等。线性光谱混合模型是假设像元的反射率为各端元所占比率与其反射率的线性组合。采用线性光谱混合模型,最重要的是计算出各端元在该像元中所占的比重。数学模型经验公式为:

$$R(i) = \sum_{i=1}^{n} F_j R_j(i) + (i) \tag{3-1}$$

$$\sum_{1}^{n} F_j = 1 \quad (f_j \geqslant 0) \tag{3-2}$$

式中,n 为端元数;$R_j(i)$ 表示一个像元内端元 j 在第 i 波段上的反射率;F_j 为一个像元内 j 个端元的反射率所占比率;(i) 是残差。

将上述初步提取的不透水面区域影像和 3 种端元光谱带入到线性模型中得到各端元的丰度图,再将低反射率地物与高反射率地物丰度图相加得到不透水面丰度。

3.5.5 精度验证

对提取的不透水面进行精度验证,实地验证费时费力。利用高分辨率遥感影像提取不透水面不但能获得较高精度的不透水面的信息,而且可为中低分辨率遥感影像不透水面提取提供样本训练区并检验其提取精度。本研究利用 Google earth 上的高空间分辨率影像来进行验证,按照 90 像元×90 像元大小在 TM 影像上随机选取 100 个样本。同时,在 GIS 平台的支持下将选取的样本矢量数据转换成 KML 文件,随后导入 Google earth 中确定样本位置,并利用目视解译将样本区高分影像划分为不透水面(道路、建筑物和停车场等人工地物)和透水面(包括绿化带、草坪、树林、农田、水体和未施工的荒地等),并分别计算样本区内两时相影像的不透水面面积。从遥感估算值与实际解译值的差值来看,绝大多数的样本的差值在±0.15 之间,只有个别的样本误差大于 0.15 或小于−0.15。总体而言,不透水面的遥感估算精度较高,结果较为可靠。

3.6 结果与分析

(1) 通过对图 3-3 的目视解译发现,1987 年乌鲁木齐市不透水面主要分布在南部,而 2007 年在城市北部 ISA 的范围和丰度都显著增加;城市在空间上主要以向东北和西北扩展为主,其他方向扩展强度较弱,空间格局呈现"T"形分布。具体

而言,城市大部分增长出现在新市区的西北,西部的西山和东北的米东区,而南部
(天山区)的增长较缓慢。ISAP 的几个增长"热点"位于城北新建的制造工业基地
和东南商业/住宅区。

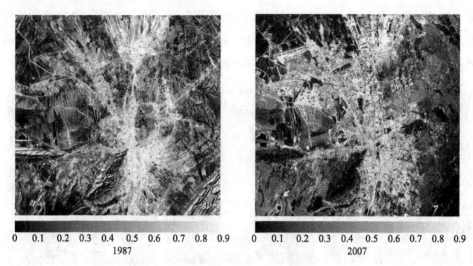

图 3-3 乌鲁木齐市二期 ISAP 图

(2) 克拉玛依市 1994、2000、2010 年三期的 ISAP 如图 3-4 所示,可以看出克
拉玛依市 ISAP 的增加主要呈现"摊大饼"的增长方式,增加的区域主要位于城市
的东部和南部,特别是南部。与石河子市类似,2000 年后该城市处于快速发展阶段。
根据实地调查结果,克拉玛依市区 ISA 增加的主要原因是非工业用地面积的扩大。

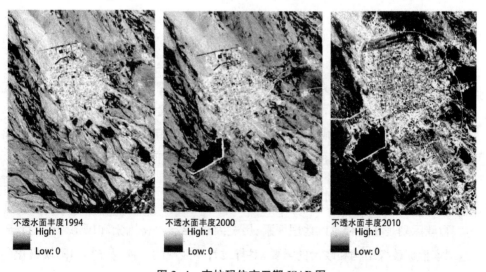

图 3-4 克拉玛依市三期 ISAP 图

(3) 在图 3-5 中,石河子市 1989 年 ISAP 主要位于中部,S115 道以南,高 ISAP 值的面积不大,表明城市扩张的程度和城市发展水平较低;2000 年 ISA 面积在前期基础上连续扩大,主要增加位置位于城市东部和东南部,但仍在 S115 道以南增加;2010 年新增加 ISA"热点"区域位于城市东部邻接玛纳斯河的位置新增加较多的以轻工业为代表的 ISA 区域、S115 以北的石河子总场和城市北部重工业区。可以看出,2000 年后石河子市处于城市化的快速发展阶段。

图 3-5   石河子市三期 ISAP 图

3.7   讨论

城市不透水面的扩展变化是自然环境和人类社会对其进行改造的响应,探讨城市扩展变化的驱动力是认识其变化规律,预测未来变化趋势和制定可持续发展政策的基础。影响乌鲁木齐、石河子和克拉玛依城市空间扩展变化的动力因素包括自然和社会经济两大类,这两大类又包含许多子因素。尽管从长时间尺度上看,自然和社会因素都驱动着城市空间结构的变化,但是从短时间的尺度上看,社会经济因素对城市空间的时空变化具有决定性的影响是城市空间扩展变化的主要驱动力。

3.7.1   行政区划调整的驱动作用

行政区划是在综合考虑地理因素、历史因素、社会经济因素和风俗习惯的基础上,国家根据政权结构和政治的需要,对行政管理区域的一种划分。中国城市化的高速推进,促进了城市建成区快速扩展,相应的产生了地方政府之间的矛盾。政府在面对这些矛盾时,通常会采取行政手段来迅速解决或回避这些矛盾与冲突。通过行政区调整来推进城市化进程,拓宽城市建成区空间,实现区域间的整合和一体化发展是当前较为有效的途径之一。

行政区划调整政策对于城市建成区扩展的影响非常突出:第一,行政范围的扩大必然为城市建成区扩展提供更为广阔的空间;第二,由于区划调整,加大了区域间交通的联系和融合,必然促进城市建成区不断向外扩展。《新疆维吾尔自治区国民经济和社会发展第十二个五年规划纲要》中明确提出以乌昌都市区为核心,以南、北疆铁路及其邻近主要公路干线为发展轴,着力构建"一核两轴多组群"的城镇发展格局。进一步完善城镇体系,突出发展区域中心城市和小城镇。

3.7.2　土地利用政策调整的驱动作用

1988 年 4 月 12 日,我国土地利用政策出现了重大转变,新通过的《中华人民共和国宪法(修正案)》增加了土地使用权可以依照法律的规定有偿转让,这对我国城市建成区扩展产生了重要影响。根据相关规定,土地使用权出让最高年限是居住用地 70 年,工业用地 50 年。土地批租将几十年内的土地使用权一次性出让给用地单位,土地使用权出让金由用地单位一次性交付,并在使用期间每年向土地出让人缴纳使用金。出让土地后期,国家有权将土地连同地上建筑物一起无偿收归国有。这一做法使得城市基本建设开始超常规发展。土地利用政策的调整对城市建成区扩展的驱动作用非常大。

3.7.3　不透水面增加的自然因素驱动作用

特殊的地形地貌既为乌鲁木齐城市提供存在与发展的空间,又约束着城市的发展。头屯河、乌鲁木齐河、白杨河形成的绿洲为乌鲁木齐市的存在提供了空间基础,但乌鲁木齐市三面临山,只有北部为乌鲁木齐河与头屯河冲积平原,决定了乌鲁木齐建成区布局基本沿南北、东西两个方向纵向延伸,呈北宽南窄的"T"字形。

气候与水资源分布进一步限制了城市发展的空间。受气候或者水资源保护的影响,一些地方不能成为城市扩张的空间,如一些位于风口和水源上游,受到严格保护的区域,不宜进行居住用地和工业用地的规划布局。

矿产资源驱动作用。矿产资源的开发,特别是油气、煤炭资源对城市扩展有重要的驱动作用。对油气工业的大量投资要求有相对完备的基础设施建设,包括城镇和交通基础设施。例如克拉玛依等矿产资源的勘测、开发推动了地方经济和相关城市的发展。

3.7.4　社会经济因素的驱动作用

人口增长对土地的需求是城市建成区扩展的根本原因。人口是最活跃的土地利用变化的驱动力之一。人类是土地利用的阻止者、参与者和消费者。一方面,人类通过生产生活活动改变土地利用的类型和结构,增强对土地的干预程度;另一方面,人类必须占有一定的土地面积,作为其生存生产活动的场所。所以,人口增长的速度加快了城市化进程,加大了城市建成扩展力度。

经济发展因素的驱动作用。城市经济发展和经济结构的变化,必然影响城市用地的变化。经济规模的扩大要求促进城市用地的扩张,经济结构的调整带动城市用地结构的调整,影响城市用地的扩张。乌鲁木齐调整产业结构,大力发展第三产业,交通运输业及服务业,使得乌鲁木齐城市用地的扩张速度加快,推动其经济的快速发展,城市建成区扩展版图扩大。克拉玛依石油城在促进经济发展的同时,加大对其城市化的建设,在其原有的城市面积上,向周边扩张,加大对城市用地建成区的建设,增加相应的城市土地利用类型。石河子市近年来的经济飞速发展,其建成区的面积不断扩大,不再是原先零碎的城市空间,而是逐渐趋于同化和规则化,破碎化程度逐渐降低。

3.8　本章结论

本章以三期"TM/ETM＋遥感"影像作为获取城市建成区数据的基础资料,结合相关统计资料,运用光谱混合分解模型及定性和定量相结合的分析方法,对乌鲁木齐市、石河子市、克拉玛依市的城市不透水面进行提取,并深入分析了影响城市空间扩展变化的自然和社会经济两方面的驱动力因素。本章的主要结论如下:

(1) 城市的空间扩展是自然因素和社会经济因素综合作用的结果,地形地貌条件的特殊性决定了乌鲁木齐市、石河子市、克拉玛依市三座城市的扩展方向,干旱区城市水资源的相对短缺对空间扩展起到重要的限制性作用。经济发展、产业结构调整、地价因素、人口增长和生活需求、交通的牵引、城市的政策和规划因素是城市空间扩展的重要驱动力。

(2) 针对城区地物光谱特征,利用四端元的线性光谱混合分解模型可以很好地反映地表覆盖特征,能有效地分离植被、高反照率、低反照率和土壤等分量类型。根据高、低反照率与不透水面的关系,使用 MNF 来剔除水体等"噪音"信息,进行对修正后的高、低反照率分量丰度来提取城区的不透水面的空间分布。结果显示,提取的不透水面的精度较高。

本章研究的不足之处:

(1) 由于城市下垫面覆盖组成自身的复杂性,往往存在"同物异谱,同谱异物"现象。利用线性光谱分解模型计算城市不透水面时,还存在一些限制提取精度的因素,例如提取高光谱分解的精度、高低反照度端元与不透水面的关系处理,消除阴影的影响等,这些问题都值得进一步探索。

(2) 通过遥感手段获取一定精度的城市不透水面组分信息,一方面有助于城市化进程定量监测和分析,可避免传统经验分类方法的缺陷;另一方面,不透水面作为城市的一项主要生物物理指标,其组分的准确获取也将有利于对城市环境问题的研究,如"城市热岛"等问题。

第4章 绿洲城市化对土壤理化性质的影响（Ⅰ）

4.1 引言

城市土壤是城市发展的重要组成部分,为城市的可持续发展提供生产效用、环境效用、基本支撑效用及景观文化效用等,是作为城市发展的重要支持部分,具有生产力功能、环境生态功能、基因库功能、基础支撑功能、原材料功能,以及景观文化功能。其主要是由城市产生的物质的混合、填充、埋藏和污染而形成的,厚度大于 50 cm 的人为表层的土壤,具有较大的时间和空间变异性,混乱的土壤剖面结构与发育形态,丰富的人为附加物,变性的土壤物理结构,受干扰的土壤养分循环与土壤生物活动,以及高度的污染特征。

然而,伴随着城市化进程中"三废"的排放、城市的扩张、基础设施建设的开展、各式建筑的修建、森林的砍伐等造成土地功能的退化(土壤的污染、土壤的酸化与盐碱化、营养物质的过剩或缺乏、土壤的物理退化和生物退化等)和土壤的流失(优质土地的封存和土壤腐殖质层的流失)等,城市土壤的污染不仅威胁到大气、水、生物等其他环境生态系统,而且也对人类健康造成潜在的影响,进一步影响城市的可持续发展。因此,土壤环境污染问题一直备受有关政府部门及相关学者的关注。

我国的干旱区约占国土面积的 30%,在这广泛区域内分布着众多的绿洲城市。它作为一种重要的城市类型,是干旱区人类活动最为集中、生态环境最脆弱的区域。改革开放以来,我国绿洲城市化进程按城市化速度可分为 3 个阶段,即 1987年以前城市化速度与全国同步阶段、1988—2004 年城市化速度慢于全国平均水平阶段、2004 年以后城市化速度快于全国平均水平阶段。城市化促进绿洲城市的社会经济发展,提高了绿洲城市人民的生活水平,但是由于绿洲城市人口、建筑、工业的过分集中,又带来诸如环境污染、生态恶化、交通拥堵、住宅短缺、城市失业率升高等诸多问题。

新疆干旱区作为丝绸经济带上重要的绿洲城市带,具有"大分散、小集聚"的特点。天山北麓是新疆重要的绿洲城市分布区,而在奇台县至乌苏市之间的冲洪积扇上城镇分布最为密集,这里是新疆经济最为发达的地区,也是国家启动西部大开发战略的重点地区,主要包括乌鲁木齐、石河子、克拉玛依等典型绿洲城市。近年随着经济的快速增长、人口的持续增加,城市化进程明显加快,但是同时也带来了诸多土壤环境问题;而土壤质地、养分等理化性质,不仅威胁到新疆干旱区人类的生活质量,而且进一步影响干旱区绿洲城市的可持续发展。因此,第4、第5章从城市化对土壤理化性质的影响这一视角进行综合研究。第4章从采用磁学手段分析乌鲁木齐市、石河子市、克拉玛依市建成区和郊区表层土壤磁性矿物含量、组成和粒度特征,研究磁性参数的差异性及空间分布规律,并初步探讨磁性参数的环境指示意义。第5章首先分析了乌鲁木齐市市区、郊区表层不同用地类型土壤样品的粒度组成,研究土壤粒度参数变化特征及典型土样的粒径分布规律和颗粒形状结构,为进一步认识干旱区绿洲城市水土资源,提高城市土壤肥力,改善城市绿化景观,创建良好城市生态环境提供定量参考。其次,运用土壤地理学、统计学、分析化学等研究手段,对乌鲁木齐城市土壤的盐渍化程度、土壤全盐和各离子的空间分布及可溶性离子构成进行分析,以期能为新疆绿洲城市生态环境优化、土壤研究及防治与改良提供科学依据。

4.2　相关理论和研究现状

城市化进程中对土壤的影响主要是造成土壤功能的退化和土壤的流失等,许多研究者根据土壤本身的性质,将其变化划分为土壤的物理性质的变化和化学性质的变化,比如土壤的酸化与盐碱化、营养物质的过剩或缺乏、土壤的物理退化和生物退化、优质土地的封存和土壤腐殖质层的流失等。除此之外,学者就城市化对土壤理化性质的影响的空间变化也非常重视。

4.2.1　城市化对土壤物理性质的影响

土壤物理主要指土壤固、液、气三相体系中所产生的各种物理现象和过程。其性质包括土壤的颜色、质地、孔隙、结构、水分、热量和空气状况,土壤的机械物理性质和电磁性质等方面。各种性质和过程是相互联系和制约的,其中以土壤质地、土壤结构和土壤水分居主导地位,它们的变化常引起土壤其他物理性质和过程的变化。城市化对城市土壤的影响主要表现在对土壤原有理化性质的改变。城市化过程中机械压实、人为扰动、工业"三废"物质、生活垃圾、交通运输、大气降雨、降尘等是造成城市土壤物理性质改变的主要原因。本书主要探讨对城市土壤组成性质、养分和磁性的影响。

1) 城市土壤磁性的改变

相对于地球内圈而言,地球表层系统是由岩石圈、大气圈、水圈、人类圈和生物圈构成自然综合体。铁是自然界里分布很广的金属,约占地球总重量 4.2%,在地球陆地表面所有海洋、湖泊和陆地沉积物中都含有数量不等的铁磁性矿物。地球陆地表面的岩石风化、水土流失等过程均会导致岩石剥蚀,物质搬运并通过沉降,最终影响到地球表面海洋、湖泊和陆地表面中沉积物磁性矿物含量、土壤粒度和土壤种类变化。任何物质都表现出一定磁性特征,物质磁性可以分为三类:抗磁性、顺磁性和铁磁性。人类活动释放出的污染物质中往往含有磁性颗粒,如化石燃料煤在高温燃烧过程中,可以生成球形磁性颗粒,一旦释放到环境中,会造成大气飘尘、降尘,使得土壤中磁性明显增强。由于城市中人为活动造成土壤中富铁富集,进一步影响土壤发育过程中土壤的磁性变化,通过对土壤磁性的监测和与其相关理化性质的研究可阐明城市土壤的污染状况以及解析污染物来源。因此,土壤磁性变化已经成为当今研究城市化对土壤污染的一个学术焦点。如 Heller 和 Hay 在波兰和英国两地通过测量土壤磁化率来圈定工业区排放物的污染范围。在小尺度范围内,利用磁化率来监测城市火电厂附近被污染表土的空间分布,并与重金属含量定义的污染区进行比较,结果显示磁化率可以用来圈定工业活动引起的污染区。Hoffmann 通过测定发电厂、道路周边土壤的磁化率来分析污染的程度和范围。此外国内学者也相继在杭州、兰州、徐州、北京、上海、洛阳等城市开展了土壤磁学研究工作。

2) 城市化对土壤结构性质的改变

城市土壤中各固体组分的大小、数量、形状及其结合方式决定着土壤的质地与结构,进而影响土壤的物理性质,然而城市土壤中的压实度和粒度作为土壤物理性质的重要部分也是城市土壤中易受人为活动影响的脆弱环节。首先,近年来随着城市化的发展,机械压实、人为扰动、践踏等行为不断使城市土壤的结构性质受到严重的人为干扰,主要体现在土壤结构性变差、容重增加、通气和透水性降低。其次,在城市建设过程中,由于挖掘、搬运、堆积、混合和大量废弃物填充,土壤结构与剖面发育层次十分混乱,土壤中人工粗骨物质较多,颗粒分布异常,明显不同于自然土壤。因此,城市化对土壤压实度和土壤粒度的影响成为不少学者研究的重要内容。其主要通过直接测量包括干容重、特定干燥度的体积、孔隙比、孔隙度,以及通过激光粒度仪测定土壤粒度来研究城市化对土壤结构性质的影响。其中 Short 等研究了华盛顿马尔的土壤,其表层土壤孔隙度仅为 36.6%,比一般土壤低 15% 左右。Jim 对香港道路两侧的土壤和城市公园土壤的研究表明,道路两侧的土壤总孔隙度平均为 37.75%,公园土壤也基本相似;由于土壤中粗骨物质的存在,出现所谓"优势流"方式运动,增加了污染物质的下渗危险,而且其运移方式较难预测。张甘霖等人发现城市土壤在空间上变异十分明显,在较短的距离内会出现完全不同的土壤性质。马建华等对开封市城区的土壤性质研究发现,由于受到人为活动的干扰,城市土壤的结构与剖面发育十分混乱,土壤中人工粗骨物质较多,颗粒分布异常,明显不同于自然土壤。城市土壤中含有大量的外来侵入物质(侵入体),如生活废弃物、工业废弃物、石块和其他固体碎屑状物质等。粒度组成是土壤重要的物理属性之一,土壤颗粒的粗细与土壤的物理、化学和生物性质密切相关,对土壤抗风蚀能力、持水能力、土壤养分等有显著影响。许文强在对干旱区绿洲不同土地利用方式和强度对土壤粒度分布的影响研究中,发现不同的土地利用强度下的土壤粒度分布表现出了不同的特征,受人类活动干扰较小的土地利用系统土壤砂和粉砂含量高,土壤质地差。城市土壤颗粒度的变化,会进一步影响城市中土壤养分的变化,城市土壤养分是影响城市绿化植物生长的重要因子,而人类城建活动极大地改变了部分城市土壤的结构,表土通常充满了各种侵入体,如石块、砖块、建筑瓦砾和其他建筑材料等,明显对土壤肥力及生物生长有影响。

4.2.2 城市化对土壤化学性质的影响

由于土壤是一个复杂的体系,城市化的发展使土壤发生各种化学反应,包括土壤中的物质组成、组分之间和固液相之间的化学反应和化学过程,以及离子(或分子)在固液相界面上所发生的化学现象。因此,城市化对土壤化学性质的影响研究也成为众多国内外学者在研究城市土壤中的焦点,其主要集中于城市化对土壤酸碱度值的变化、重金属污染以及有机物的变化情况的影响研究。

1) 城市土壤的酸碱性变化

由于土壤是一个复杂的系统,其中存在各种化学和生物化学反应,因而使土壤表现出不同的酸性或碱性。土壤酸碱性简称酸度,常用酸性指标 pH 值表示土壤的活性,是土壤最重要的化学性质之一,综合反映了土壤各种化学性质,对土壤肥力、土壤微生物的活动、土壤有机质的合成和分解、各种营养元素的转化和释放、微量元素的有效性,以及动物在土壤中的分布都有着重要影响。影响土壤酸碱性的因素主要有气候、母质、植被以及人为因素等,主要通过土壤风化淋溶、水盐运动、酸性、碱性肥料的施用等形成不同的土壤 pH 值。学者发现自然状态下的土壤酸碱性主要受成土因子控制,其酸化的过程是十分缓慢的,而受人为活动的影响,尤其是城市人为活动对土壤的碱性变化的影响尤为明显。城市建筑废弃物、水泥、砖块和其他碱性混合物中释放大量含钙的灰尘经过沉降以及径流渗透方式进入土壤中,使城市土壤的 pH 值向碱性的方向演变,pH 值比周围的农业土壤或自然土壤高,在中低纬度地区尤为明显。

2) 城市土壤养分的改变

城市土壤是影响城市绿化植物生长的重要因子,而人类城建活动极大地改变了部分城市土壤的结构,表土通常充满了各种侵入体,如石块、砖块、建筑瓦砾和其他建筑材料等,显著影响土壤肥力和植物生长。采用科学的方法来评价城市土壤养分的变化情况,这不仅可以引起相关人士对土壤污染变化的关注,同时也为相关政府部门提供借鉴和参考,进而对城市土地资源的可持续发展问题以及生态环境的保护提供具体科学的经验。土壤中有机质,速效氮、磷、钾的含量是评价土壤养分的重要基础,目前对其含量测定主要通过树脂(用于氮、磷、钾)、氧化铁试纸(用于磷)和四苯硼钠(用于钾)等方法,而测定土壤有机质含量的方法主要有 3 种:灼烧法、化学氧化法、光谱测定法。目前,国外土壤工作者利用地统计学方法在土壤科学领域已经开展了大量研究,如有关土壤水分、含水量、有机质、全磷和速效磷等空间分布变异的研究等。Yost 等对夏威夷岛土壤养分的空间相关性进行分析,计算出土壤中磷、钾、钙和镁含量的空间相关距离为 $32 \sim 42$ m,并分析其空间相关性。Lin 等对南卡罗来纳州的漫滩流域土壤性质进行不同尺度规模的空间变异性分析并研究其影响因素。在国内,马建华、卢瑛、张甘霖等的研究发现,与城郊相比,城市土壤有机质含量普遍高于郊区农业土壤。但也有研究认为,由于表层土壤有机质被氧化或者侵蚀损失,或者由于表层土壤被除去,心土层露出地表,导致城市土壤有机质水平降低。城市土壤养分中氮浓度较其他养分元素而言更为复杂,目前有学者发现在我国各城市土壤中的氮富集状况不尽相同,如南京、开封等城市土壤氮素含量丰富,而乌鲁木齐、广州等城市土壤养分中所含的氮素较匮乏。

3) 城市土壤重金属污染

城市土壤组成的复杂性及其理化性状的可变性,造成了重金属在城市土壤环境中的赋存状态的复杂性和多样性。城市化过程中伴随大量含有重金属元素的工业"三废"、机动车废气和生活垃圾等污染物的排放,这些污染物直接或间接进入城市土壤,造成城市土壤的重金属污染[主要指 Hg、Cd、Pb、Cr 以及类金属砷(As)等生物毒性显著的元素,也包括具有一定毒性的元素,如 Zn、Cu、Co、Ni、Mn、Sn、Mo等],而且重金属很难被生物降解,通过吞食、吸入和皮肤吸收等主要途径进入人体,对人特别是儿童的健康造成危害。当今中国的城市化发展十分迅速,生态环境压力持续增长,加强对城市土壤中重金属污染的研究具有迫切性和重要性。文献资料显示:各大城市普遍受到不同程度的重金属污染,主要污染元素为 Pb、Cd、Hg;城市土壤中大部分重金属污染物含量普遍高于郊区农村土壤,具有明显的人为富集特征;在不同的城市之间,不同类型的重金属含量存在显著差异,在城市的个别区域会出现某些重金属元素的严重富集,类似岛屿现象,如吴新民等在南京市一个汽车维修厂周围的土壤表层检测到 Pb 含量高达 900 mg/kg;在不同功能区甚至同一功能区差异明显,如南京土壤重金属在商业区、城市广场、风景区、老居民区不同的样点区内相差可达 1 倍。而研究城市土壤的污染程度,是评价城市环境质量的一个重要方面。由于城市土壤组成的复杂性,使准确估计重金属对城市土壤的污染程度变得十分困难。评价城市土壤重金属污染程度,一般采用富集因子(enrichment factors,EFs)。Manta 等研究发现,意大利 Palermo 城市土壤中 Ni、Mn、Cr、Cd 的 EFs 值都小于 1,说明这些重金属主要来源于自然污染;而相对 EFs 值很高的 Pb、Zn、Cu 等主要是人为污染的缘故;对于中等污染程度的 Co、V,可能主要是风化或成土作用的结果。

4) 城市化对土壤盐分的影响

土壤盐渍化不仅对土壤生产潜力造成严重损害,而且由于盐分的积累会改变植物的生长环境,进而促使植物向盐生、荒漠类型转变,导致生态环境恶化。长期以来,由于不断增长的人口对于粮食和纤维的巨大需求以及干旱区脆弱生态环境的特殊性,促使土壤盐分研究主要集中在农地、林地和干旱区荒漠土壤上,无暇顾及城市土壤。城市土壤是城市生态系统中最重要的组成成分,它既是城市园林植物生长的介质和养分的供应者,还是城市污染物的汇合源,它关系到城市生态环境质量和人类健康。因此,对城市土壤盐分的研究,可以为城市园林绿化的规划和管理、城市环境保护和治理提供一定的理论依据和指导作用。土壤全盐量的测定主要采用质量法。HCO^{3-}、CO_3^{2+} 采用双指示剂中和法,Cl^- 采用硝酸银滴定法,SO_4^{2-} 采用容量法测定,Ca^{2+}、Mg^{2+} 采用 EDTA 络合滴定法,K^+、Na^+ 用火焰光度法计算求得,土壤水分采用烘干法测定。Jozefaciuk 和 Barnard 等通过典型盐碱地土壤剖面定量研究其物理化学特性,阐明了土壤剖面的盐分变化规律。Merry 等通过 GPS 采点应用空间关联性与 GIS 技术预测了 80 km² 内的土壤剖面酸碱度等级,并以此制定退化土地的治理方案。在国内主要以黄淮海平原、黄河三角洲和西北内陆绿洲为研究区,应用多元统计、聚类分析、主成分分析、灰色关联等方法研究土壤盐分剖面类型并对其影响因素进行分析,认为土壤盐分剖面主要是表聚、中聚、底聚、平衡等不同类型,在空间分布上受土壤环境内外因素综合作用。姚荣江等通过对黄河三角洲地区典型地块土壤盐渍剖面的聚类分析,研究并总结了该区不同盐分剖面类型土壤含盐量在水平和垂直方向的分布特征和规律。为该区盐渍土的分区、改良、管理及合理利用提供了理论基础和实践依据。

4.3　城市土地利用类型的土壤磁性特征研究

自环境磁学作为一门相对独立学科建立以来,因其测量方法具有简便、快速、经济、无破坏性等特点,已被广泛应用于古气候与变化。近年来,利用磁测方法监测工业排放物和车辆尾气引起的城市土壤环境污染问题已成为研究焦点。国内学者也相继在杭州、兰州、徐州、北京、上海、洛阳等城市开展了土壤磁学研究工作。但是,目前关于城市土壤特征的研究多集中于中东部城市和西北的兰州市建成区内,而借用磁学方法对西部绿洲城市乌鲁木齐市、石河子市、克拉玛依市(建成区和郊区)表层土壤磁性特征和空间变化研究较少。因此,采用磁学手段分析乌鲁木齐市、石河子市、克拉玛依市建成区和郊区表层土壤磁性矿物含量、组成和粒度特征,研究磁性参数的差异性及空间分布规律,并初步探讨磁性参数的环境指示意义。

4.3.1　材料与方法

1) 研究区概况

乌鲁木齐市位于中国西北部,是新疆维吾尔自治区的首府,市辖七区一县,是典型的冲洪积扇绿洲城市,属中温带大陆性干旱气候区,年平均温度 7.3℃,年平均降水量 236 mm,平均海拔 800 m。全市三面环山,北部平原开阔,城区北部郊区有大量耕地,南部郊区分布着广泛的未利用裸地。在过去的近 30 年里,随着经济的快速发展,乌鲁木齐市城市化进程不断加快,城市建设区面积急速扩大,从 1985 年的 49 km² 增加到 2009 年的 339 km²。由于受各种气象要素及地貌等条件的影响,尤其是在冬季逆温出现的频率高、强度大、持续时间长,加之以煤为燃料的工业活动和机动车辆的剧增致使大气污染物不易稀释扩散,大气污染严重。

石河子市是新疆和平解放以后在戈壁滩上新建的城市,于 1976 年 1 月建市,是新疆生产建设兵团直辖的一个县级市,历史上一度是新疆生产建设兵团总部所在地,目前是农八师实行师市合一管理体制的一个新兴城市。该市位于新疆维吾尔自治区北部,天山北麓中段,准噶尔盆地南缘,东距乌鲁木齐市 150 km。石河子行政区全部分布在玛纳斯河冲积平原上,该地区地势平坦,自东南向西北倾斜,平均海拔 300~500 m,冬季长而严寒,夏季短而炎热,年平均气温 7.5℃,年平均降水量213.35 mm,年蒸发量 1 537.5 mm,属典型的温带大陆性气候。石河子市是天山北坡经济带中部的中心城市,垦区的政治、经济、科技、文化中心。城市的大规模开发始于1950 年左右新疆生产建设兵团在马纳斯河流域垦荒,到 2008 年底石河子市城市建成区面积约为 62 km²,目前市区人口约 42 万人,是目前玛纳斯河流域规模最大、设施最完善的一座新兴绿洲城市。石河子市工业产业结构已从最初以纺织业和食品等为支柱产业转为化工、能源等行业,形成了以能源、原材料为主的重型工业结构的资源型产业体系,环境污染也渐趋严重。

克拉玛依市地处亚欧大陆的中心区域,位于准噶尔盆地西北缘,加依尔山南麓,全境平均海拔约 400 m,地理坐标为东经 80°44′~86°01′,北纬 44°7′~46°08′。克拉玛依全境在地理区位上呈斜条状,海拔高度为 250~500 m,城市东西最宽的地方相距 100 km 左右,南北最长相距 200 km 左右;整个城市的地形呈"八"字的左边一撇的形状。相邻县市较多,周边相邻较近的县市包括大盘鸡之乡沙湾县、乌苏啤酒生产地乌苏市、托里县、和布克赛尔蒙古自治县。克拉玛依市有很多区域,其中石油产业发达的独山子区与奎屯市较近,但是行政管辖却是属于克拉玛依市的。克拉玛依属温带沙漠性气候,常年干旱少雨,春秋两季多风是其突出的气候特征。夏热冬冷,春秋季较短,没有明显的春秋季节;冬夏温差大,全年平均降水量为106 mm。

2) 样品采集与实验方法

为了更好地观测城市化对于不同区域的影响,本次调查选取乌鲁木齐市建成区建设用地和郊区农用地及未利用地的表土作为采样区域,样点的选取主要考虑空间分布的均匀性与实际土壤分布情况。建成区(U采样区)24个采样点主要分布在工业、商业、居住、公园和交通运输区内的表层土壤;郊区农用地(A采样区)8个采样点主要位于城市北边的耕地;郊区未利用地(B采样区)13个采样点主要来自城市东、西南和南部区域的裸地。研究区位置及采样点具体分布如图4-1所示。在2012年11月7日—14日采集研究区表层0~10 cm样品,每个样品均由5个按对角线法采取的小样混合而成1 kg左右的样品,将其装入聚乙烯采样袋中编号。采样过程中对采样点进行GPS定位,最终获取表层土壤样品共45件供实验分析。

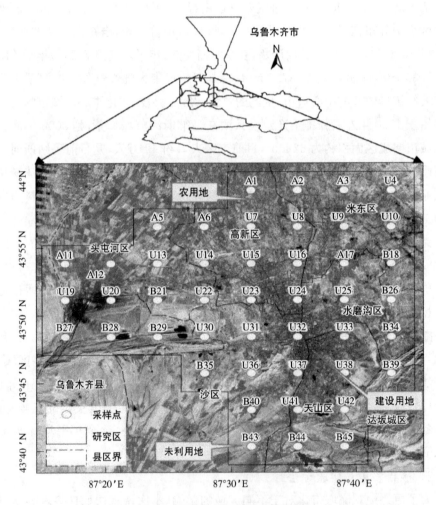

图4-1 乌鲁木齐市位置及采样点

石河子市研究区主要包括石河子市市区及周边农用地,研究区范围及采样点具体分布如图 4-2 所示。按用地功能和建城先后顺序将其划分为中心城区(U 采样区)、北部新城区(N 采样区)、郊区农用地(F 采样区)这 3 个部分。中心城区为 312 国道以南的城区,市区的经济、文化、行政、交通运输、社会服务、教育文化用地等都集中于此,城区东边和西边分布有主要食品加工业、棉纺加工业、建材业等。北部新城区包括 312 国道以北的经济技术开发区和北部重化工业园区。郊区农用地指分布于城郊及工业区周围的耕地和农村居民点。本次调查采样点的选取依照空间分布的均匀性与实际土壤分布情况相结合的原则。中心城区和北部新城区(U 和 N 采样区)污染源相对较多,采样点以约 1 km×1 km 进行采样;郊区农用地(F 采样区)污染源较少,采样相对稀疏,以约 2 km×2 km 进行采样。具体采样点则根据土壤分布状况及可到达性进行采样。2013 年 7 月 29 日—8 月 4 日采集研究区表层 0~10 cm 样品,其中 U 采样区 34 个,N 采样区 25 个,F 采样区 21 个,共获取表层土壤样品 80 件供实验分析。每个土样均由约 10 m² 以内的 5 个按对角线法采取的土样混合而成,约 0.5 kg,将其装入聚乙烯自封袋中编号,采样过程中对采样点进行 GPS 定位及周围环境状况记录。

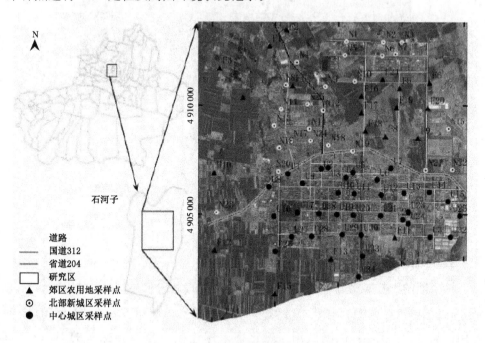

图 4-2 石河子市位置及采样点分布

2014 年 8 月 20 日—23 日采集克拉玛依市主建城区表层 0～10 cm 样品,每个样品均由 5 个按对角线法采取的小样混合而成 1 kg 左右的样品,将其装入聚乙烯采样编号袋中。采样过程中对采样点进行 GPS 定位,最终获取表层土壤样品共 56 件供实验分析。为了更好地比较建成区不同土地利用类型土壤磁性的差异,根据城市土地利用分类标准,将 56 件样品划入不同用地类型(图 4-3),其中交通运输用地(T)11 个,公共设施用地(U)9 个,商业用地(B)4 个,居住用地(R)10 个,林地(G)7 个,未建设用地(E)15 个。

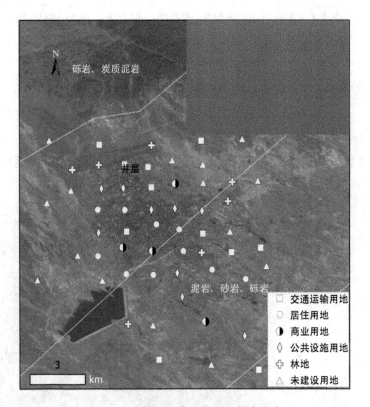

图 4-3 克拉玛依市位置及采样点分布

3) 样品测试与分析

将采回的土样放置于干燥通风无灰尘污染的室内自然风干,过 1 mm 尼龙筛,去除枯枝落叶、植物根、残茬等,称重后用塑料保鲜膜包紧装入 10 cm³ 的磁学专用样品盒内并压实,供测试用。磁化率采用连接 B 型双频探头的 Bartington MS2 磁化率仪测定,包括低频质量磁化率 χ_{LF}(0.47 kHz)和高频质量磁化率 χ_{HF}

(4.7 kHz),并根据公式 $\chi_{FD} = (\chi_{LF} - \chi_{HF})/\chi_{LF} \times 100\%$ 计算百分频率磁化率 $\chi_{FD}\%$。等温剩磁(IRM)使用 ASCIM-10 脉冲磁化仪和 Molspin 小旋转磁力仪获得,先用 ASCIM-10 脉冲磁化仪依次对样品在 20、60、100、300 和 1 000 mT 的场强下磁化,再使用小旋转磁力仪分别测量对应的 IRM,其中 1 000 mT 场强下的 IIRM 作为饱和等温剩磁(SIRM)。然后测量样品在 −20、−60、−100 和 −300 mT 反向磁场下的 IRM。根据上述测量结果分别计算出硬剩磁[HIRM = (SIRM + IRM$_{-300mT}$)/2]、软剩磁[SOFT = (SIRM + IRM$_{-20mT}$)/2]以及比值参数 S$_{-ratio}$[S$_{-ratio}$ = 100 × (−IRM$_{-300mT}$/SIRM)]、SIRM/χ_{LF} 等磁性比值参数。以上磁性参数的测定在新疆干旱区湖泊环境与资源自治区重点实验室完成。数据统计分析采用 Excel 2010 软件,制图和计算采用 ArcGIS 9.3 软件完成。

4.3.2　结果与分析

1) 土壤磁性矿物含量分析

χ_{LF} 和 SIRM 是环境磁学最常用的反映磁性矿物富集程度的参数。在室温下 χ_{LF} 的大小代表了样品中亚铁磁性矿物的总含量。SIRM 也反映了样品中磁性矿物含量大小。与磁化率不同,SIRM 不受顺磁性和抗磁性矿物的影响,主要反映亚铁磁性和不完全反铁磁性矿物的贡献。

乌鲁木齐市土壤磁性参数统计结果见表 4-1。从中可以看出,乌鲁木齐市 45 个土壤样品的磁化率值变幅为 $(26.1 \sim 299.6) \times 10^{-8}$ m³/kg,平均值为 87.3×10^{-8} m³/kg。U 区地表土壤 χ_{LF} 变幅在 $(48.5 \sim 299.6) \times 10^{-8}$ m³/kg,平均值为 107.9×10^{-8} m³/kg,均值略低于杭州市,远低于兰州市的水平,与徐州市(107×10^{-8} m³/kg)相当。A 区、B 区土样 χ_{LF} 平均值分别为 64.6×10^{-8} m³/kg、63.1×10^{-8} m³/kg。不同区域土壤 χ_{LF} 均值大小依次为 χ_{LF}(U 区) > χ_{LF}(A 区) > χ_{LF}(B 区)。45 个土壤样品的 SIRM 值变幅为 $(559.2 \sim 4\,466.7) \times 10^{-5}$ Am²/kg,平均值为 $1\,992.95 \times 10^{-5}$ Am²/kg。U 区样品的 SIRM 平均值为 $2\,433.0 \times 10^{-5}$ Am²/kg,略低于兰州与杭州市。A 区样品的 SIRM 变幅为 $(559.2 \sim 2\,393.4) \times 10^{-5}$ Am²/kg,平均值为 $1\,533.5 \times 10^{-5}$ Am²/kg。3 个采样区域土壤的 SIRM 均值大小关系与 χ_{LF} 相同。

表 4-2 为石河子市 80 个表层土壤样品的磁学参数测定结果。从中可以看出:石河子市所有样品的磁化率平均值为 89.9×10^{-8} m³/kg,最高点是 N12,位于

表4-1 乌鲁木齐市土壤磁性参数统计结果

磁性参数	全部土样 ($n=45$) 范围(均值)	建成区建设用地 ($n=24$) 范围(均值)	郊区农用地 ($n=8$) 范围(均值)	郊区未利用地 ($n=13$) 范围(均值)	兰州市 范围(均值)	杭州市 范围(均值)
χ_{LF} /($10^{-8}\mathrm{m}^3\cdot\mathrm{kg}^{-1}$)	26.1~299.6 (87.3)	48.5~299.6 (107.9)	26.1~102.7 (64.6)	33.1~141.9 (63.1)	36.7~649.5 (219.2)	9~914 (128)
SIRM /($10^{-5}\,\mathrm{Am}^2\cdot\mathrm{kg}^{-1}$)	559.2~4 466.7 (1 992.95)	1 165.4~4 466.7 (2 433.0)	559.2~2 393.4 (1 533.5)	640.4~2 808.1 (1 463.2)	420.6~9 129.4 (2 508.3)	14~25 455 (2 562)
SoftIRM /($10^{-5}\,\mathrm{Am}^2\cdot\mathrm{kg}^{-1}$)	176.6~1 870.1 (724.6)	401.9~1 870.0 (913.3)	176.6~822.1 (511.3)	242.7~1 082.9 (507.4)	99.8~3 299.1 (753.2)	3~6 436 (395)
HIRM /($10^{-5}\,\mathrm{Am}^2\cdot\mathrm{kg}^{-1}$)	12.8~189.9 (70.2)	17.4~189.9 (87.4)	28.4~71.5 (45.5)	12.8~108.9 (53.4)	23.5~502.5 (83.5)	11~8.31 NA
S_{-ratio}/%	87.4~98.6 (92.8)	87.4~98.6 (92.8)	88.8~96.4 (93.2)	89.9~96.7 (92.5)	85~97 (93)	53.5~100 (91.1)
χ_{FD}/%	0.3~6.9 (2.1)	0.5~3.6 (1.6)	0.3~5.9 (2.8)	0.6~6.9 (2.5)	0.3~4.9 (2.20)	0.7~11.3 (3.6)
SIRM/χ_{LF} /($10^3\,\mathrm{Am}^{-1}$)	11.5~50.1 (23.7)	11.5~29.9 (23.8)	19.5~30.0 (23.7)	19.2~50.0 (23.7)	NA	NA

表 4-2　石河子市土壤磁性参数统计结果

磁性参数	所有土样 (n=80) 范围（均值）	中心城区 (n=34) 范围（均值）	北部新城区 (n=25) 范围（均值）	郊区农用地 (n=21) 范围（均值）	乌鲁木齐 范围（均值）
χ_{LF} /$(10^{-8}\,m^3 \cdot kg^{-1})$	20.0~415.1 (89.9)	37.9~323.7 (89.2)	24.1~415.1 (98.4)	20.0~395.3 (80.5)	26.1~299.6 (87.3)
SIRM /$(10^{-5}\,Am^2 \cdot kg^{-1})$	495.5~12 296.2 (2 656.3)	618.4~9 256.1 (2 867.6)	505.6~12 296.2 (2 686.7)	495.5~10 341.4 (2 259.1)	559.2~4 466.7 (1 992.95)
SOFT /$(10^{-5}\,Am^2 \cdot kg^{-1})$	78.9~4 998.6 (941.3)	182.5~4 217.9 (1 022.3)	78.9~4 998.6 (1 043.1)	80.7~4 145.7 (733.7)	176.6~1 870.1 (724.6)
HIRM /$(10^{-5}\,Am^2 \cdot kg^{-1})$	0.3~2 388.8 (155.2)	17.7~2 388.8 (203.0)	8.7~503.4 (117.5)	0.3~611.9 (123.6)	12.8~189.9 (70.2)
S_{ratio} /%	40.8~100 (88.7)	48.4~98.2 (89.3)	55.6~99.5 (89.3)	40.8~100 (86.9)	87.4~98.6 (92.8)
χ_{FD} /%	0.2~9.1 (3.4)	0.7~8.2 (2.9)	0.3~8.5 (4.1)	0.2~9.1 (3.2)	0.3~6.9 (2.1)
SIRM/χ_{LF} /$(10^3\,Am^{-1})$	7.7~54.0 (29.5)	16.3~54.0 (31.7)	7.7~39.7 (27.7)	19.5~33.2 (28.2)	11.5~50.1 (23.7)

北部新城区内石河子总厂的新建商业街旁边的居民点,为 415.1×10^{-8} m^3/kg;最低点是 F2,位于研究区北部郊区农用地的玉米地,值为 20.0×10^{-8} m^3/kg;与采样方法类似(表层 10 cm)的乌鲁木齐地区相比,平均值相当,但变化幅度更大,最高值是最低值的 20 倍以上。中心城区(U 区)、北部新城区(N 区)、郊区农用地(F 区)磁化率大小顺序依次为 χ_{LF}(N 区)$>\chi_{LF}$(U 区)$>\chi_{LF}$(F 区),表明研究区亚铁磁性矿物总含量北部新城区最大,中心城区次之,郊区农用地最小。北部新城区虽然建设时间较晚,但污染强度最大。中心城区磁化率变幅最小,反映出石河子市区内污染程度的空间差异不大,同时,最高值和最低值均不在中心城区,反映出典型污染源及环境污染最小处均不在中心城区;郊区农用地污染低于城市。石河子市所有样品的饱和等温剩磁(SIRM)变幅为 $(495.5 \sim 12\,296.2) \times 10^{-5}$ Am^2/kg,平均值为 $2\,656.3 \times 10^{-5}$ Am^2/kg,与乌鲁木齐相比,变幅更大且平均值高出约 600×10^{-5} Am^2/kg,表明石河子市亚铁磁性和不完全反铁磁性矿物的含量比乌鲁木齐地区更高。分区来看,中心城区、北部新城区、郊区农用地的饱和等温剩磁平均值分别为 $2\,867.6 \times 10^{-5}$ Am^2/kg、$2\,686.7 \times 10^{-5}$ Am^2/kg 和 $2\,259.1 \times 10^{-5}$ Am^2/kg,其大小顺序与 χ_{LF} 不同,依次为 SIRM(U 区)$>$ SIRM(N 区)$>$ SIRM(F 区),表明中心城区亚铁磁性和不完全反铁磁性矿物的含量最大,其次是北部新城区,最小的依然是郊区农用地。

由表 4-3 可知,磁化率 χ_{LF} 通常能够反映在外磁场作用下物质磁化的能力,与土壤磁性中的亚铁矿物含量(如磁铁)有关。克拉玛依市 56 个表层土样的 χ_{LF} 平均含量为 61.98×10^{-8} m^3/kg。极大值约为极小值的 23.83 倍,变异系数达 84.37%,属强度变异。与磁化率 χ_{LF} 相比,SIRM 更容易受磁性颗粒大小和反铁磁性矿物组分的影响,SIRM 含量介于 $(222.80 \sim 5\,168.75) \times 10^{-5}$ Am^2/kg,平均含量为 $1\,772.70 \times$ Am^2/kg,其极大值约为极小值的 23.20 倍,变异系数为 67.72%,属强度变异。SoftIRM 可用来近似度量磁性矿物含量,特别是多畴(MD)亚铁磁性矿物含量,HIRM 可以指示不完全反铁磁性矿物的含量。克拉玛依总土样 SoftIRM 和 HIRM 的均含量分别为 475.47×10^{-5} Am^2/kg 和 85.93×10^{-5} Am^2/kg,极大值与极小值的倍数分别约为 54.61 倍和 61.16 倍,变异系数高达 97.16%、75.04%,均属强度变异。而 S_{ratio} 能较为灵敏地反映矿物含量中软磁性(如磁铁矿)与硬磁性组分(如赤铁矿、针铁矿)的相对比例。克拉玛依市 S_{ratio} 的变幅为 77.21% $\sim$ 99.74%,均值为 93.84%。从变异系数来看,S_{ratio}% 的值都小于 10%,变异强度较小。

表 4-3　克拉玛依市表层土壤的磁性参数统计结果

磁性参数	极小值	极大值	均值	标准差	变异系数/%
χ_{LF}/(10^{-8} $m^3 \cdot kg^{-1}$)	9.95	237.12	61.98	52.29	84.37
SIRM/(10^{-5} $Am^2 \cdot kg^{-1}$)	222.80	5 168.75	1 772.70	1 200.50	67.72
SoftIRM/(10^{-5} $Am^2 \cdot kg^{-1}$)	39.68	2 167.07	475.47	461.99	97.16
HIRM/(10^{-5} $Am^2 \cdot kg^{-1}$)	5.81	355.33	85.93	64.48	75.04
S_{-ratio}/%	77.21	99.74	93.84	4.41	4.70

　　土地利用是人类为经济的和社会的目的，通过各种使用活动对土地长期或周期性的经营，不同人为活动产生不同的土地利用类型，且在土壤理化性质上的表现具有差异性。图 4-4 反映了磁性参数的含量在不同用地类型上的表现，其中磁化率含量上呈现出 χ_{LF}（交通运输用地）＞χ_{LF}（商业用地）＞χ_{LF}（林地）＞χ_{LF}（公共设施用地）＞χ_{LF}（未建设用地）＞χ_{LF}（居住用地）的大小关系，且表征磁铁矿的 SIRM 参

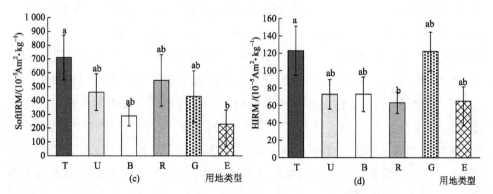

图 4-4　磁性参数含量在不同用地上的分布

（注：不同小写字母表示同一用地在 $\rho < 0.05$ 水平上有显著性差异。）

数含量上大小关系表现为 SIRM(交通运输用地)＞SIRM(公共设施用地)＞SIRM(商业用地)＞SIRM(居住用地)＞SIRM(林地)＞SIRM(未建设用地),且交通运输用地与非建设用地存在显著性差异。表征多畴亚铁矿物含量的 SoftIRM 含量大小表现为 SoftIRM(交通运输用地)＞SoftIRM(居住用地)＞SoftIRM(公共设施用地)＞SoftIRM(林地)＞SoftIRM(商业用地)＞SoftIRM(未建设用地),且交通运输用地与非建设用地存在显著性差异;而表征不完全反铁含量的磁性矿物参数 HIRM 在交通运输用地、林地的含量最高,居住用地、未建设用地的含量最低,且交通运输用地与居住用地存在显著性差异。而根据统计,不同土地利用类型 $S_{-ratio}\%$ 均值大小表现为 $S_{-ratio}\%$ 均值(商业用地)＞$S_{-ratio}\%$ 均值(居住用地)＞$S_{-ratio}\%$ 均值(林地)＞$S_{-ratio}\%$ 均值(交通运输用地)＞$S_{-ratio}\%$ 均值(未建设用地)＞$S_{-ratio}\%$ 均值(公共设施用地),且公共设施用地和居住用地与非建设用地存在显著性差异。

2) 土壤磁性矿物组成分析

SoftIRM 经常用来指示低矫顽力的多畴(MD)亚铁磁性矿物(如磁铁矿和磁赤铁矿),HIRM 主要用于估计高矫顽力的不完全反铁磁性矿物(如赤铁矿和针铁矿)。这是因为亚铁磁性矿物在磁感应强度为 $200\sim300$ mT 时已经达到饱和状态,而对 HIRM 没有贡献。从表 4-1 中可以看出,U 区的 SoftIRM 变幅为 $(401.9\sim1\,870.0)\times10^{-5}\,Am^2/kg$,平均值为 $913.3\times10^{-5}\,Am^2/kg$。A 区变幅在 $(176.6\sim822.1)\times10^{-5}\,Am^2/kg$,平均值为 $511.3\times10^{-5}\,Am^2/kg$。B 区磁化率变幅在 $(242.7\sim1\,082.9)\times10^{-5}\,Am^2/kg$,平均值为 $507.4\times10^{-5}\,Am^2/kg$。不同采样区土壤的 SoftIRM 均值大小为 SoftIRM(U 区)＞SoftIRM(A 区)＞SoftIRM(B 区)。靠近重工业企业的 U19、U20、U37、U13、B27、A11 样品 SoftIRM 值相对较高(图 4-5),说明建成区特别是工业区附近存在较多类似磁铁矿和赤铁矿的多畴(MD)亚铁磁性矿物。HIRM 平均值表现出 U 区最大(87.4,与兰州市差异不大),B 区次之(53.4),A 区最小(45.5)的变化趋势。HIRM 高值分布在 U37、U20、U10、U4、B18、B28(图 4-5)。这说明可能存在类似赤铁矿和磁赤铁矿的高矫顽力不完全反铁磁性矿物。S_{-ratio} 指示样品中亚铁磁性矿物与不完全反铁磁性矿物含量相对比值,其值介于 $0.7\sim1.0$ 表征多畴亚铁磁性矿物的存在,比值越接近 1,亚铁磁性矿物含量越高。从表 4-1 中可以看出,建成区与郊区的土壤样品 S_{-ratio} 平均值都大于 92%,与兰州市和杭州市的测试结果非常相近,反映乌鲁木齐城市表层土壤样品由多畴亚铁磁性矿物为主导。

等温剩磁(IRM)获得曲线是区分磁性矿物种类的另一重要参数。代表性土壤

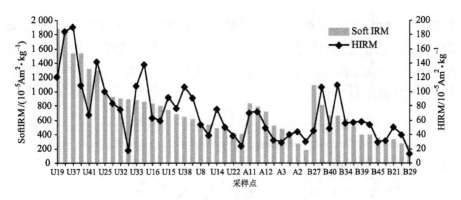

图 4-5　SoftIRM 和 HIRM 的空间分布

样品的 IRM 获得曲线如图 4-6 所示。在 0～300 mT 磁感应强度范围内,IRM 呈现先快后慢的上升趋势;施加 300 mT 磁场时,IRM 基本达到饱和值的 0.95%～0.97%;继续加大至 1 000 mT 时,3 个土样 IRM 都达到了饱和。而在大于 300 mT 磁场后 IRM 的继续增加是由硬磁性矿物引起的,进一步佐证了硬磁性矿物的存在,但远低于软磁性矿物的含量。

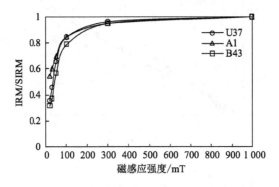

图 4-6　典型土样的等温剩磁(IRM)获得曲线

　　而在探讨石河子市样品中磁性矿物组分,分别以 χ_{LF} 为横坐标,以 SIRM、SOFT、HIRM 为纵坐标,对所有样品进行投影和相关性分析(图 4-7)。χ_{LF} 与 SIRM 显著正相关,$R^2 = 0.971\ 6$,反映出样品中对 χ_{LF} 的贡献主要来源于亚铁磁矿物质和不完全反铁磁性矿物。SOFT 可以用来指示磁铁矿的含量,尤其是低矫顽力的多畴(MD)亚铁磁性矿物;χ_{LF} 与 SOFT 亦存在良好的相关性,$R^2 = 0.937\ 5$,进一步反映了样品的 χ_{LF} 主要受亚铁磁性矿物的控制。HIRM 主要用于估计高矫顽力的不完全反铁磁性矿物(如赤铁矿和针铁矿)。这是由于亚铁磁性矿物在磁场强

度为 $200 \sim 300$ mT 时已经基本达到饱和状态,对 HIRM 没有贡献,本次样品获得的 IRM_{300} 的平均值达到饱和值的 96%。HIRM 与 χ_{LF} 相关性较差,仅为 0.0713,表明样品中不完全反铁磁性矿物不主导样品的磁性特征。综上所述,亚铁磁矿物质主导了研究区样品的 χ_{LF}。

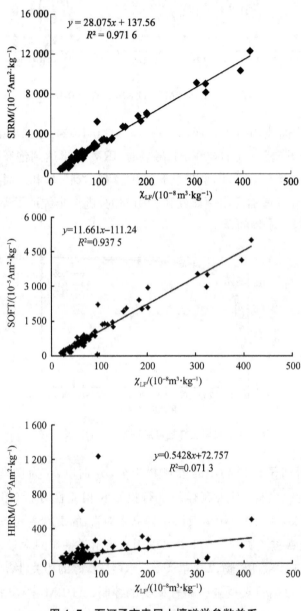

图 4-7 石河子市表层土壤磁学参数关系

分别选取各区代表性样品 U20、N3、F12,此外另选了 F18,该点附近磁化率值显著高于其他郊区农用地,制得典型样品 IRM 曲线(图 4-8)。所有样品在施加场强 60 mT 时 IRM 快速上升,达到饱和值的 50% 以上;施加 100 mT 时达到饱和值的 68%~84%,施加 300 mT 磁场时 IRM 基本达到饱和值的 89%~97%。场强为 0~300 mT 范围内,IRM 上升趋势呈先快后慢,300 mT 时基本达到饱和。磁场大于 300 mT 后,IRM 的继续增加是硬磁性矿物的贡献,说明样品中虽然有硬磁性矿物存在,但其含量远低于软磁性矿物。S$_{ratio}$ 反映软磁成分(如磁铁矿/磁赤铁矿)与硬磁成分(如赤铁矿、针铁矿)之间的比率,软磁成分越多,S$_{ratio}$ 值越大。

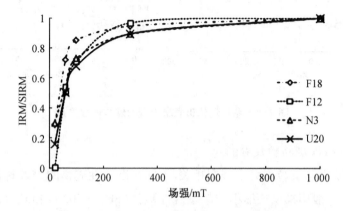

图 4-8　典型土样的等温剩磁(IRM)获得曲线

土壤中的铁磁性矿物是影响土壤磁化率高低的控制性因子,常见土壤铁磁性矿物类型主要是亚铁磁性矿物、不完全反铁磁性物、顺磁性矿物和抗磁性矿物。χ_{LF} 与 SoftIRM 的相关性能够指示城市土壤亚铁磁性的“软”亚铁磁性矿物。从图 4-9(a)中看出,克拉玛依市土壤样品的 χ_{LF} 与 SoftIRM 相关性水平显著($R^2 = 0.760\ 7$),且发现不同土地利用类型的 χ_{LF} 与 SoftIRM 相关性水平也同样显著,表明克拉玛依市的“软”亚铁磁性矿物在铁磁性矿物中占优势。从图 4-9(b)中可以看出,克拉玛依市 χ_{LF} 与 HIRM 相关性不显著($R^2 = 0.17$)。就不同土地利用类型来看,非建设用地的 χ_{LF} 与 HIRM 之间存在显著相关性($R^2 = 0.721$),表明不完全反铁在非建设用地的贡献也较明显,其他用地较低。此外,S$_{ratio}$% 值越接近 1 表明土壤中低矫顽力的亚铁磁性矿物对土壤样品的磁性矿物的贡献高,克拉玛依市的总样和各不同土地利用类型的 S$_{ratio}$% 值均接近 1,因此判别出克拉玛依市的总体磁性矿物主要以低矫顽力的亚铁磁性矿物为主,含有少量的不完全反铁磁性矿物,非建设用地的亚铁磁性矿物和不完全反铁磁性矿物贡献都较高,其他用地类型与总样表现一致。

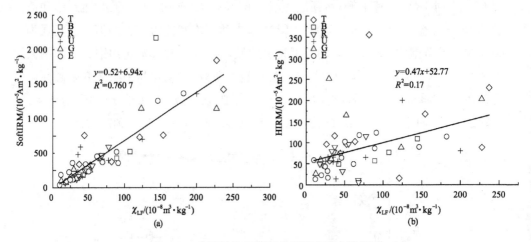

图 4-9　克拉玛依市表层土壤的磁学参数关系

3) 土壤磁性矿物粒度分析

物质的磁性与其粒度大小密切相关,不同粒度磁性矿物的磁性特征存在巨大的差异。χ_{FD}一般用来反映细小的超顺磁性颗粒(SP,$d<0.03~\mu m$)对磁化率的贡献,能够区别土壤颗粒物是来源于人类活动还是自然生成。SIRM/χ_{FD}可直接用于识别磁性矿物的粒度大小,该比值随着颗粒度的增大而减小。如果土壤中有多相磁性矿物存在,其SIRM/χ_{FD}呈分散的点分布;相反如果样品中只有一种磁性矿物存在或是一种磁性矿物含量占绝对优势,SIRM/χ_{FD}将呈线性分布。

乌鲁木齐 U 区χ_{FD}变幅为$(0.5\sim3.6)\%$,平均值为 1.6%;A 区变幅为$(0.3\sim5.9)\%$,平均值为 2.8%;B 区变幅为$(0.6\sim6.9)\%$,平均值为 2.5%(表 4-1)。χ_{FD}平均值体现出则是χ_{FD}平均值(A 区)>χ_{FD}平均值(B 区)>χ_{FD}平均值(U 区)。根据 Dearing 提出的应用χ_{FD}半定量估算 SP 颗粒浓度的半定量化模型,$\chi_{FD}<2\%$基本没有 SP 颗粒;χ_{FD}在 2%~10%的样品,SP 和粗颗粒混合存在;在 10%~14%的样品基本都是 SP 颗粒。从图 4-10 中可以看出,U 区大多数样品χ_{FD}都小于 2%,说明超顺磁性颗粒物含量非常少,主要是粗颗粒多畴亚铁磁性矿物。郊区土壤中靠近炼钢厂的 A11、A12、B27、B28 和火电厂的 B18、B26 采样点的χ_{FD}小于 2%,基本不含 SP 颗粒,其他采样点都大于 2%,主要由 SP 颗粒和粗颗粒混合而成。已有研究表明,有一定发育的自然土壤磁化率主要受成土过程中形成的 SP 颗粒矿物主导,

质量磁化率与频率磁化率呈现正相关的关系。乌鲁木齐市建成区高土壤磁化率和低频率磁化率指示其与自然土壤成土过程不同,土壤磁性不是由 SP 颗粒矿物主导,而可能主要由人类活动产生的粗颗粒亚铁磁性矿物主导。郊区磁性颗粒主要由自然和人为形成的 SP 颗粒和粗颗粒共同构成。同时也说明市区土壤受人为因素影响的程度强于郊区。从均值和图上看,SIRM/χ_{FD} 比值变化不大,基本呈线性,表明土壤中主要以一种磁性矿物占绝对优势。

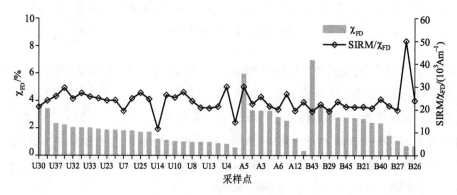

图 4-10　χ_{FD} 和 SIRM/χ_{FD} 的空间分布

石河子市 U 区、N 区、F 区的χ_{FD}变幅分别为(0.7~8.2)%、(0.3~8.5)%、(0.2~9.1)%,平均值分别为 2.9%、4.1%、3.2%(表 4-2),大小依次是χ_{FD}平均值(N 区)>χ_{FD}平均值(F 区)>χ_{FD}平均值(U 区),表明研究区样品中 SP 颗粒比例为 N 区最大,U 区最小,F 区介于其中。U 区和 F 区中,各有约 1/3 样品的χ_{FD}小于2%(图 4-11),说明这些样品中基本不含超顺磁性颗粒,主要是粗颗粒多畴亚铁磁性矿物;其余 2/3 样品的χ_{FD}均在2%~10%之间,且主要集中在 2%~6%之间,说明由 SP 颗粒和粗颗粒混合而成;N 区约有 1/5 样品的χ_{FD}<2%,基本不含 SP 颗粒,其余 4/5 样品的χ_{FD}均在 2%~10%之间,除含有顺磁性颗粒外,还有粗颗粒混合存在。已有研究表明,在其他条件不变的情况下,受人类活动影响大的区域,磁化率高,χ_{FD}低,人类活动释放的磁性颗粒具有多畴和假单畴粗粒的特征。因此,研究区内 3 个区域受人类活动影响大小顺序为 U 区>F 区>N 区。

克拉玛依市总样的χ_{FD}范围为 0.15%~3.95%,波动范围较小,均值为1.33%,MD 颗粒为主。并且从图 4-12(a)中看出,克拉玛依市土壤中除小于 2%的 MD 颗粒外,含有少量的 SP 和稳定单畴(SSD),主要集中在交通运输地、居住用地和未建设用地。此外,SIRM/χ_{LF}也能指示土壤磁性矿物的颗粒。Thompson 等提出

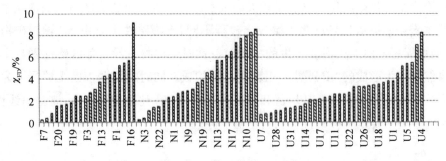

图 4-11 χ_{FD} 的空间分布

SIRM/χ_{LF} 会随着磁性矿物粒径的增加而减小,由于 SP 对χ_{LF}有贡献,但是对 SIRM 没有贡献,所以当样品中含有大量 SP 颗粒时,样品的 χ_{LF} 显著增高,致使 SIRM/χ_{LF} 值偏低。克拉玛依市 56 个样品的 SIRM/χ_{LF} 范围为$(13.56\sim41.61)\times10^3\,Am^{-1}$, 均值为 $27.57\times10^3\,Am^{-1}$,通过图 4-12(b)发现克拉玛依市土壤样品中 SIRM/χ_{LF} 与χ_{LF}呈现明显的反比关系,综上所述,克拉玛依市土壤样品中磁性颗粒以该市主 要是 MD 颗粒,以及少量的 SP 和 SSD 颗粒。

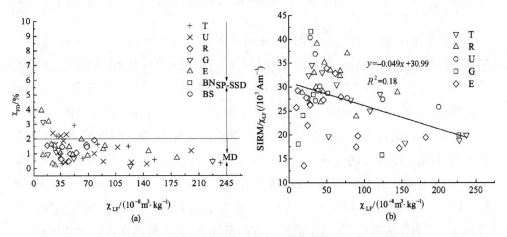

图 4-12 不同土地利用类型磁性参数散点图

4）磁性参数的空间分布特征

为了探查乌鲁木齐市磁性矿物含量的空间变化规律,根据 45 个采样点的χ_{LF} 和 SIRM 值,采用克里格插值法对未知点进行空间插值,绘制出含量的空间分布图 (图 4-13)。从图中可以看出,χ_{LF}、SIRM 的空间变化特征极为相似,可分成高、中、 低 3 个区域。高值区位于与重工业区(点)毗邻的深灰色区域,包括头屯河区的八

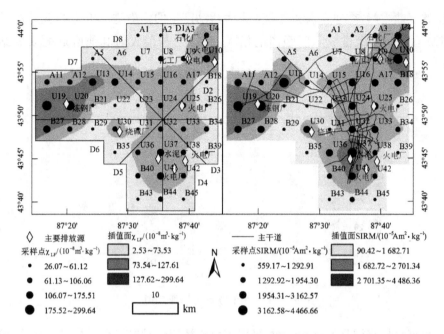

图 4-13　χ_LF(左)和 SIRM(右)的空间分布

一钢铁厂(U20)、飞机场(U14)周边区域;米东区西南的中石油乌鲁木齐石化分公司(U4)和中泰化学股份有限公司附近;天山区与沙依巴克区(沙区)交界处的天山水泥厂(U37)周围。浅灰色的中值区主要是围绕高值区的其他建成区部分,涉及高新区、水磨沟区、沙依巴克区(简称"沙区")和天山区境内,基本与城市建成区范围吻合。灰白色的外围农用地和未利用地含量最低,主要分布在北部的 A1～A3、A5～A6 采样点附近农田,以及东、西和南部的未利用地采样点。可能由于炼钢厂和火电厂飞灰的影响,A11、A12,A17 采样点周边的耕地和 B18、B27、B28、B34 附近的未利用地土壤磁化率也较高。总体而言磁性矿物含量呈现出以高值区为核心,中值区为过渡,低值区为外缘的梯度变化特征。再从 8 个方向划分插值表面(见图 4-14 D1～D8),可进一步表征不同方向平均磁化率大小的分布(图 4-14)。从图中可以看出,包含大部分头屯河区的 D7 方向值最大,其次是涵盖米东区和高新区的 D1 方向。包括天山区和沙区大部分区域的 D6、D5 相对较低,涉及水磨沟区的 D3、D2 方向含量比较低,最低值位于覆盖城市北部农田和高新区部分建成区的 D8,该区域基本没有大的重工业企业。此外,磁性矿物含量较高值主要分布在沿西北—东南的交通主干道上,可能代表交通运输的影响。通过上述分析可知,建成区及内部工业区较之郊区土壤磁性的增强,除了受自然因素影响外,与建成区高密度的工业生产、交通运输和商业等人为活动产生的污染磁性矿物密切相关，χ_{LF}、SIRM 含量随着离排放源区距离的增大而减小，与前人对其他区域的研究结果类似。

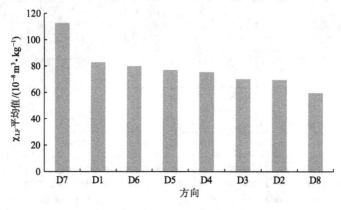

图 4-14　8 个方向的 χ_{LF} 平均值

　　根据采样点样品的磁性参数，采用克里格插值法对未知点进行空间插值，绘制出石河子市表层土壤空间分布图（图 4-15）。研究区表土样品磁性矿物含量的空间分布差异显著，从图 4-15 可以看出，χ_{LF}、SIRM、SOFT 的空间变化趋势一致，分别在 N11、F8、U16 及 U25 附近出现高值，表明这几处亚铁磁性矿物含量较高。这与已有研究结果相符，现代大气中大部分的磁性小球主要是由化石燃料燃烧、金属冶炼等工业生产活动造成的，而这些工业活动对土壤造成的污染伴有磁化率增加的现象。这几个磁化率高值区中，N11 为北泉镇的居民区，北泉镇现多为新建的工厂和新兴的商贸城，可能是由于建筑尘土、人类生活垃圾、汽车尾气等污染物的积

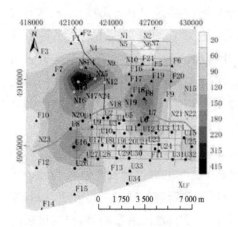
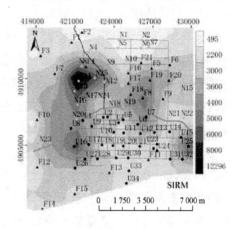

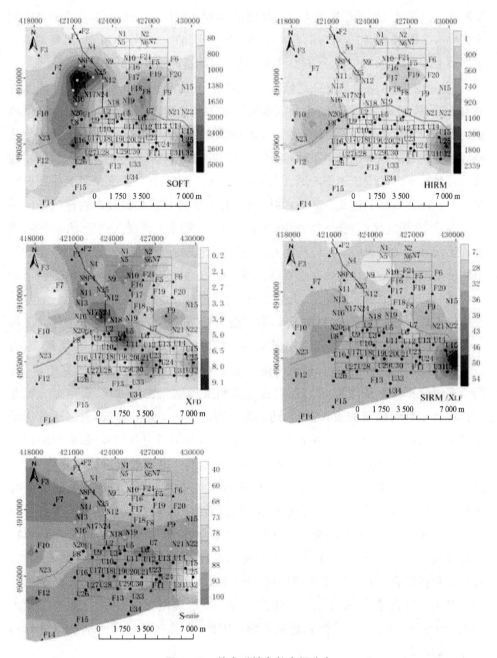

图 4-15　基本磁性参数空间分布

累,致使郊区附近的亚铁磁性含量普遍较高。中心城区虽然人口居住也较集中,土壤同样受汽车尾气等污染影响大,但所采集的表层土壤位于绿化带内,乔木和草本的覆盖率多高达95%以上,对污染有一定的净化处理作用。而在N11处,采集的表土多在裸土地上,无植物覆盖。因此,北泉镇居民区附近的磁性含量高于中心城区。

F8为棉花地,南边是正在重修的312国道,北边是正在修建的北工业园区管委会大楼,可能是由于建筑扬尘和汽车尾气等污染物排放,导致F8附近的农用地里磁性颗粒含量较高。U16、U8位于中心城区西边,附近有一造纸厂,以及部分建材业和棉纺加工业等也集中于此,这些工厂排放的污染物可能导致U16附近磁性颗粒含量较高。U25位于中心城区东边,食品加工业、纺织厂及石河子老城区等集中于此。磁化率高的这几个区域,共同点是有工厂分布或受到较大的建筑扬尘污染。因此,本研究区内表土样品的磁化率高值很大程度上是受人类活动的影响,棉纺加工、造纸厂、纺织厂等工厂所用的化石燃料造成的废气、废渣、飞灰及扬尘等污染物使周围表土的磁性矿物含量增高。需要提出的是:在北部新城区的工业集中区(N1~N7),主要有天辰化工、天业电石、合盛硅业及天能乙炔等重化工企业,涉及聚氯乙烯、烧碱、电石、塑料加工等,尽管受到粉煤灰、电石渣、柠檬酸渣等化工污染的影响,亚铁磁性含量与周围农田及中心城区相比却意外降低。粉煤灰、电石渣、柠檬酸渣等化工污染等可能致使附近表土磁性含量减弱。已有研究中,也有污染区磁化率降低的现象,如Hu等在云南阳宗海研究发现,虽然受到火力发电厂排放强磁性粉煤灰的输入影响,湖泊沉积物的磁性却意外降低,通过地球化学等其他参数的分析,认为是由于$S_{-ration}$也比较低,软磁成分相对较低,亦表明化工业排放的粉煤灰、电石渣、柠檬酸渣等污染物,造纸厂排放的纤维或木素等,以及棉纺厂的棉尘污染等都使得样品中软磁成分相对较少。不同功能区的磁性矿物颗粒大小也存在显著差异。χ_{FD}在北部新城区较高(图4-12),包括石河子总厂附近和工业集中区(N1~N7)附近。表明在这里由SP颗粒较多,土壤磁性颗粒物的粒度较细。已有研究表明,原煤区的磁晶粒度在工业带明显较小,且由SP颗粒和粗颗粒混合而成。工业集中区(N1~N7)的燃料多以燃煤为主,石河子总厂附近多为居民自建房,夏季居民日常烹饪和冬季取暖以燃煤为主,且距离工业集中区(N1~N7)较近,容易受到煤灰影响。因此,在北部新城区土壤SP比例高,受煤灰影响较大。

为了探查不同污染源的磁学参数性质特点,根据上述分析结合图4-11,分析研究区几个典型污染源N25、N11、N1~N7和F8附近的磁学特性特点。在U25

附近,其他各磁性参数均呈现高于周围值,但 $S_{-ration}$ 低。$S_{-ration}$ 反映软磁成分与硬磁成分之间火电厂所排放硫化物的酸沉降,造成了沉积物中磁性矿物的溶解并导致磁性减弱。综上所述,在石河子市,高磁化率区域部分值得注意,与工业活动、建筑扬尘等呈正相关。此外,在化工业集中区(N1~N7)虽然受粉煤灰、电石渣、柠檬酸渣等化工污染严重,但磁性含量意外降低,与污染物浓度呈负相关。软磁成分越少,$S_{-ration}$ 值越小。U25 位于中心城区东边,食品加工业、纺织厂及石河子市老城区等集中于此,反映出食品加工业、纺织厂等排放的污染物颗粒中,以亚铁磁性矿物为主导,软磁矿物含量相对较多。在北部新城区的工业集中区(N1~N7),主要有天辰化工、天业电石、合盛硅业等重化工业,与棉纺厂、造纸厂等工业相比,虽然磁性参数 χ_{LF}、SIRM、SOFT、HIRM、$SIRM/\chi_{LF}$ 及 $S_{-ration}$ 均比较低,即磁性矿物含量和软磁成分含量较低,但 χ_{FD} 比较高;磁性矿物的粒度较小,表明受人为影响较小。在 N11(北泉镇),采样点在居民集中居住区,附近多为新建工厂和新兴的商贸城,该处其他磁学参数均较高,但 HIRM 和 $SIRM/\chi_{LF}$ 较低,表明研究区磁性矿物虽然主要来源于亚铁磁矿物质和不完全反铁磁性矿物,但 N11 附近的不完全反铁磁性矿物含量相对较低。F8 附近多分布农田,与研究区内其他农田相比,此处的磁性含量参数 χ_{LF}、SIRM、SOFT 较高,而 HIRM、$S_{-ration}$、$SIRM/\chi_{LF}$、χ_{FD} 等其余磁性参数与研究区其他部分郊区农用地相近,并无特殊变化。采样期间,F8 南边的 312 组成国道正在扩修,同时 F8 北边的北工业园区管委会大楼正在修建。因此,由于近期的扬尘和汽车尾气排放所导致的污染,磁学特性仅表现为磁性物质含量较高,而磁性物质和粒度则无明显变化。

4.4 本章结论

本章通过对乌鲁木齐市、石河子市和克拉玛依市不同用地类型的表层土壤采样,详细分析了土壤样品磁性参数的特征和空间变化规律,并初步探讨了其环境意义,主要结论如下:

(1) 乌鲁木齐市土壤样品磁性矿物低频质量磁化率的平均值为 87.3×10^{-8} m^3/kg,其中城市建设用地为 107.9×10^{-8} m^3/kg,郊区农用地为 64.6×10^{-8} m^3/kg,郊区未利用地为 63.1×10^{-8} m^3/kg。磁性矿物组成以多畴亚铁磁性矿物为主导,并含有少量不完全反铁磁性矿物,来源较单一。磁性矿物粒度分析表明,建成区土壤磁性矿物中超顺磁颗粒含量非常少,郊区磁性颗粒主要由超顺和粗磁颗粒共同构成。

(2) 从磁性参数的空间分布特征来看,磁性矿物含量呈现出工业区、交通密集区以及其他人类活动强烈地区含量高,北部的耕地和其他 3 个方向的未利用地含量最低。头屯河区、米东区含量最高,其次为天山区和沙区,水磨沟区和高新区西北部含量最低。χ_{LF}、SIRM 含量随着离排放源区距离的增大而减小。磁性矿物组成分布结果表明,建成区特别是工业区附近存在较多的多畴亚铁磁性矿物和相对较高含量的不完全反铁磁性矿物。土壤中超顺磁性颗粒物含量大小依次是农用地＞未利用地＞建设用地。

(3) 除自然成土因素外,人类活动对土壤磁性的作用同样重要。对于城市土壤,人为影响更加明显。通过上述磁性参数的空间分布和特征分析,可以初步得出,乌鲁木齐市建成区比受人为因素影响相对少的郊区土壤磁性强,与建成区工矿企业生产、汽车尾气和其他人为活动产生的污染物中含有大量的粗颗粒亚铁磁性矿物密切相关。此外值得注意的是,可能受西北部炼钢厂和东部火电厂飞灰的影响,其周边耕地和未利用地的土壤磁性也较高。

(4) 石河子市表层土壤的磁化率范围为 $20.0 \times 10^{-8} \, \mathrm{m^3/kg} \sim 415.1 \times 10^{-8} \, \mathrm{m^3/kg}$,平均值为 $90.4 \times 10^{-8} \, \mathrm{m^3/kg}$。磁性参数特征以磁铁矿或磁赤铁矿的多畴亚铁磁性矿物为主导,同时伴有少量的不完全反铁磁性矿物。由 χ_{LF} 分区域比较来看,亚铁磁性矿物总含量表现为北部新城区＞中心城区＞郊区农用地。

(5) 磁性参数 χ_{LF}、SIRM、SOFT 值较高的区域与棉纺厂、造纸厂等工厂的分布具有一致性。即 χ_{LF}、SIRM、SOFT 值较高的区域大都有不同类型的工厂分布,工业生产、交通运输等人为活动产生的磁性污染物可能致使 χ_{LF}、SIRM、SOFT 值高于周围土壤。但在北部新城区的重化工业集中区 N1～N7 附近的磁性参数 χ_{LF}、SIRM、SOFT 值比研究区内中心城区和郊区农用地的值都低,即化工业所排放的污染致使周围土壤磁性矿物含量和软磁铁含量较低。

(6) 虽然 N1～N7 附近的 χ_{LF}、SIRM、SOFT 值比周围土壤的低,但 χ_{FD} 值比周围土壤的高,表明该区虽然土壤磁性矿物含量和软磁铁含量较低,但磁学颗粒物的粒度较小,反映出该区域受人为影响较小。即在石河子市可用磁性矿物含量参数结合磁性颗粒大小相关的参数圈定污染高值区域。

(7) 克拉玛依市土壤样品磁性矿物 χ_{LF} 值变幅在 $(9.95 \sim 237.12) \times 10^{-8} \, \mathrm{m^3/kg}$,平均值为 $61.98 \times 10^{-8} \, \mathrm{m^3/kg}$,$\chi_{LF}$(交通运输用地)＞$\chi_{LF}$(商业用地)＞$\chi_{LF}$(林地)＞$\chi_{LF}$(公共设施用地)＞$\chi_{LF}$(未建设用地)＞$\chi_{LF}$(居住用地),其中交通运输

用地和公共服务设施出现了较高值。

（8）磁性矿物与粒度识别中发现克拉玛依市中以多畴(MD)颗粒低矫顽力的亚铁磁性矿物为主,含有少量的单畴(SP)和稳定单畴(SSD)颗粒反铁磁性矿物;而不同土地利用类型中,非建设用地中受低矫顽力的亚铁磁性矿物和反铁磁性矿物的共同主导,其他用地类型与总样品矿物含量相似。

（9）克拉玛依的磁性特征受到自然因素和部分人类活动因素的共同主导。林地的磁性较高受到西北部的地质影响,但交通运输用地、公共设施用地磁性较高,与汽车尾气和其他人为活动产生的污染物中含有大量的粗颗粒亚铁磁性矿物密切相关。非建设用地与居住用地由于受人类活动影响小,磁性也较低。

绿洲城市化对土壤理化性质的影响（Ⅱ）

5.1 城市化对城市土壤粒度的影响

土壤在陆地生态系统中处于各环境要素紧密交接的地带，是连接各环境要素的枢纽。人为活动对土壤环境有着重要的影响，不断改变着土壤的理化性质。近年来有关农业发展、工业活动、不同土壤利用方向和方式对土壤理化特性的改变已成为学者和管理部门关注的热点。胡克林、赵庚星、连纲等对土壤 pH 值和重金属进行了深入研究。王奇瑞、张玉铭等研究了不同土地利用方式下土壤水分和土壤养分的时空变异特征。于婧、苑小勇等则对土壤全氮、全磷进行了探索。许文强、罗格平等探讨了干旱区绿洲不同土地利用方式和强度对土壤粒度分布的影响。吴美榕、李志忠等研究了河谷新垦荒地的粒度特征。桂东伟等基于分形特征对新疆绿洲农田耕作对土壤粒径分形特征的影响进行了研究。上述研究对进一步厘清不同人为活动对土壤理化性质影响的问题十分必要，但现有成果多以农田、山地、干旱区绿洲为研究对象展开研究，对绿洲城市土壤理化特征的研究还比较缺乏。

土壤中各固体组分的大小、数量、形状及其结合方式决定着土壤的质地与结构，进而影响土壤的物理性质。要确定土壤质地的类型，首先就要测定出土壤中各粒级的百分含量（粒度组成）。粒度组成是土壤重要的物理属性之一，土壤颗粒的粗细与土壤的物理、化学和生物性质密切相关，对土壤抗风蚀能力、持水能力、土壤养分等有显著影响。城市土壤是分布在城区和城郊、受人为活动强烈影响、原有继承特性为之改变的土壤总称。它是城市生态系统的重要组成部分，是城市绿色植物的生长介质和养分的供应者，是土壤微生物的栖息地和能量的来源，是城市污染物的汇集地和净化器,对城市的可持续发展有着重要意义。因此,通过激光粒度仪获得土壤粒径分布数据,分析乌鲁木齐市市区、郊区表层不同用地类型土壤样品的粒度组成,研究土壤粒度参数变化特征及典型土样的粒径分布规律和颗粒形状结构,为进一步认识干旱区绿洲城市水土资源,提高城市土壤肥力,改善城市绿化景观,创建良好城市生态环境提供定量参考。

5.2　数据来源和方法

5.2.1　研究区概况

乌鲁木齐市位于亚欧大陆腹地,是新疆维吾尔自治区的首府,地处东经 $86°37'33''\sim88°58'24''$,北纬 $42°45'32''\sim44°08'00''$,市辖七区一县,全市面积按新区划调整后面积为 14 216 km²,其中建成区面积 365.88 km²,属于典型的冲洪积扇绿洲城市。全市三面环山,北部平原开阔,城区北部郊区有大量耕地,南部郊区分布广泛的未利用裸地。城市化程度较高。乌鲁木齐属于中温带大陆干旱气候,春秋两季较短,冬夏两季较长。乌鲁木齐市是典型的西北干旱区城市,土壤的形成类型与分布受区域气候条件、植被发育程度和地貌与水文条件的影响,随海拔高度变化,山地土壤类型由低到高呈现灰钙土—黑钙土—灰褐土—高山草甸土—寒漠土的分布带谱。

5.2.2　样品采集

为了更好地观测城市不同区域土壤粒度的差异性,本次调查选取乌鲁木齐市建成区建设用地和临近郊区农用地和未利用地的表土作为采样区域,样点的选取主要考虑空间分布的均匀性与实际土壤分布情况。建成区建设用地(U 采样区)24 个采样点主要分布在工业、商业、居住、公园和交通运输区内的表层土壤;郊区农用地(A 采样区)8 个采样点主要位于城市北边的耕地;郊区未利用地(B 采样区)13 个采样点主要来自城东、西南和南部区域的裸地。研究区位置及采样点具体分布如图 5-1 所示。在 2012 年 11 月 7 日—14 日采集研究区表层 0～10 cm 样品,每个样品均由 5 个按对角线法采取的小样混合而成 1 kg 左右的样品,将其装入聚乙烯采样袋中编号。采样过程中对采样点进行 GPS 定位,最终获取表层土壤样品共 45 件供实验分析。

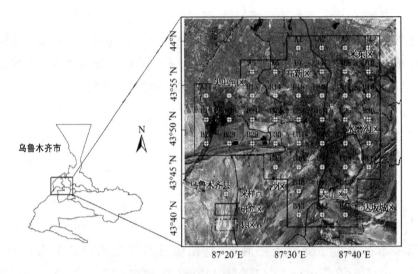

图 5-1　研究区位置及采样点(背景为 Landsat TM5 合成影像)

5.2.3　样品测试与实验方法

将采回样品在实验室风干,去除残留物后过 2 mm 筛,每种样品取土样 5 g,加水浸泡,加入浓度为 100 mg/g 双氧水 5~10 mL 消毒,去除有机质;再加 5~10 mL浓度为 100 mg/g 的盐酸消毒,去除钙质,至无气泡产生;然后再往烧杯中注满蒸馏水,静置不少于 24 h,缓慢抽出上面的液体(抽取时避免底部的样品被扰动);再加入 5 mL 浓度为 0.05 mol/L 的六偏磷酸钠($NaPO_3$)$_6$作为分散剂;最后采用马尔文激光粒度仪(Mastersizer 2000)测定样品粒度,其粒度范围为 0.2~2 000 μm,重复测量误差小于 2%。扫描电子显微镜(SEM)用于分析气溶胶粒子的大小、几何形状、颜色和光学性质,通过单个粒子的这些形态学参数可以定性地鉴别气溶胶的来源,甚至可以分辨出来源。利用 HITACHI-S570 扫描电镜对典型土壤分析,并将其结果与激光粒度得到的粒级分布结果进行对比。

5.3　结果与讨论

5.3.1　土壤粒度组成特征

研究区表土样品的粒径分布统计结果见表 5-1,土壤粒级按张卫国等研究中的标准划分土粒分级。土壤粒径分级标准分为 3 级:粘粒(<4 μm),粉粒(4～63 μm),砂粒(>63 μm)。3 个采样区不同粒级百分含量统计如表 5-1 所示,从中可看出粉粒(4～63 μm)含量最高(均值为 68.7%,变幅是 58.2%～82.9%),粘粒(<4 μm)次之(均值 25.1%,变幅是 15.5%～40.2%),砂粒(>63 μm)最少(均值为 6.2%,变幅是 0.3%～20.6%)。城市不同采样区土壤粒度变化为:A 区粘粒的平均含量是 29.4%,粉粒为 66.2%,砂粒是 4.4%,U 区粘粒、粉粒、砂粒平均含量分别是 23.8%、69.4%、6.8%,B 区则是 24.1%、67.0%、8.9%。可以看出研究区土壤主要由粉粒组成,其次是粘粒,含量最少的为砂粒;不同采样区同粒级间含量差异性不显著。

表 5-1　城市土壤粒径分布的描述性统计　　　　　　　　　　　　%

粒级 /μm	全部土样(n=45)			A 区土样(n=8)			U 区土样(n=24)			B 区土样(n=13)		
	极小值	极大值	均值	极小值	极大值	均值	极小值	极大值	均值	极小值	极大值	均值
<4	15.5	40.2	25.1	15.1	40.2	29.4	15.5	31.6	23.8	18.3	30.1	24.1
4～63	58.2	82.9	68.7	58.9	81.5	66.2	58.2	75.8	69.4	60.6	76.3	67.0
>63	0.3	20.6	6.2	0.3	11.5	4.4	0.6	20.6	6.8	3.6	18.7	8.9

5.3.2　土壤粒度参数

粒度参数是综合反映土壤特征和环境的量化指标,本文分析采用 Fork 和 Ward 提出的平均粒径(Mz)、分选系数(So)、偏度(SK)、峰态(KG)4 项粒度参数。土壤粒度参数统计如表 5-2,平均粒径变化范围为 6.20～17.55 μm,均值为 10.76 μm,说明土壤中粉粒多,反映出沉积物来源及沉积环境属于低能环境的变化。分选系数变化范围为 2.57～5.39,均值为 3.43,分选性差,土壤的分选程度与沉积环境有密切关系,研究区为冲积扇沉积环境,这与乌鲁木齐绿洲城市环境地质基础相一致。偏度为 -0.21～0.27,均值为 0.03,表明粒径分布曲线总体呈正偏态近对称型,说明沉积物粒径大小相对较细。峰态变化范围为 0.86～1.49,平均值为 1.02,属于中等峰态,说明样品频率曲线从宽平到极窄尖均有分布。

表 5-2　城市土壤粒度参数的描述性统计($n=45$)

项目	Mz/μm	So	SK	KG
极小值	6.20	2.57	−0.21	0.86
极大值	17.55	5.39	0.27	1.49
均值	10.76	3.43	0.03	1.02

各个样品粒度参数的空间变化见图 5-2。样品的 Mz 值均大于 4 μm,在 A 区 Mz 最大值位于 A17 点,其次是位于 A3 和 A5 点,最小值位于 A2 点。B 区 Mz 粒 径最大值位于点 B29,最小值位于城南的 B43。U 区粒径最大值位于点 U7,结合 采样图 1 发现平均粒径的高值主要位于城南,A 区粒度平均值最小。通过观察发 现 So 值均大于 2,与 Mz 值变化趋势相类似,存在一定相关性。其中 A 区的变幅 是 2.59~3.46,属于很差,B 区的 So 值范围是 2.86~4.38,U 区 So 值的范围是 2.57~5.39,B 区、U 区均属于很差和极差的范围,建设用地大于其他用地。研究 区内样地多为正偏,A 区、B 区的少数土样负偏,同时从 U 区北部到南部 SK 值呈 下降趋势。研究区多数样地峰态值偏高,属窄峰态,KG 值变化范围为 0.86~ 1.49。

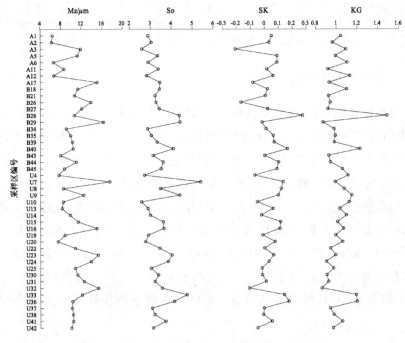

图 5-2　乌鲁木齐市不同土地利用类型粒度参数

采用 Pearson 相关分析计算相关系数(见表 5-3)。可以看出,平均粒径与分选系数存在显著正相关性,与峰度和偏度呈不显著低负相关性。分选系数与偏度、峰度的相关性有相似性,不同之处是与偏度的正相关性大于峰度。偏度与峰度间呈显著正相关性。上述结果说明,平均粒径越小,分选性越好,偏度值愈大,峰态愈趋向窄峰态。分选越好,偏度值越大,峰态愈趋向窄峰态。

表 5-3　粒度参数的相关性

项目	平均粒径	分选系数	偏度	峰度
平均粒径	1			
分选系数	0.649**	1		
偏度	−0.108	0.539**	1	
峰度	−0.264	0.201	0.556**	1

注:** 表示在 0.01 水平(双侧)上显著相关。

5.3.3　粒度频率分布曲线

粒度频率分布曲线在很大程度上反映了沉积作用形式及其沉积物的来源。图 5-3 给出了 3 个采样区典型土样的粒度频率分布曲线。A 类区选择 3 个土样,从[图 5-3(a)]上可知土壤粒度峰值为 $3\sim6~\mu m$,峰值偏向均值,呈现对称的正态单峰形态,曲线形状十分相似。U 类区选择 6 个典型样点,土壤粒度频率分布曲线形态相对复杂,表现为近对称的正态多峰曲线[(图 5-3(b)],样品主峰值在 $3\sim10~\mu m$ 之间,以粉粒为主,次峰由粒径 $>200~\mu m$ 的少量砂粒组成。B 类区选择 5 个典型样点,频率分布曲线表现出多峰形态[(图 5-3(c)],两个主峰的峰值主要集中在 $3\sim6~\mu m$ 和 $11\sim14~\mu m$,1 个次峰在 $300~\mu m$ 处,土壤主要以粉粒为主,砂粒含量低。从上述结果看,农用地粒度频率分布的单峰曲线表明沉积物存在单成因组分,建设用地和未利用地为多峰的分布特征;说明存在多成因组分,推测土壤粒度可能是远距离搬运的细颗粒混合了近距离搬运的粗颗粒,以及人为源和自然源混合作用的结果。

5.3.4　电镜分析

在各功能区选择典型样点,其编号分别为 A1、U24、B44,采用 HITACHI-S570 扫描电镜分析均匀散布的样品。如图 5-4 所示,A1 土样在比例尺 $10~\mu m$ 的

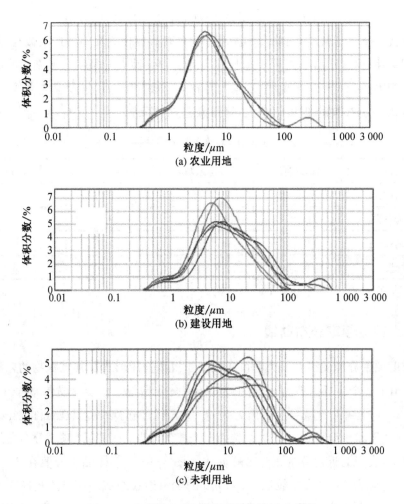

图 5-3　同采样区典型土样粒度频率分布曲线

电镜图中表现为颗粒物小、形态各异、大小悬殊,多数直径在 2~20 μm。而从 A1 的粒级含量分布图也可看出粘粒(<8 μm)含量多,印证了农田多属粘粒和粉粒的特点。U24 土样在比例尺 10 μm 的电镜图中的颗粒物呈多边多角形,较平滑,颗粒多聚合粘着紧密,直径较大。颗粒粒径在 8~63 μm,大于 60 μm 的粒级占到百分之十几,颗粒较大。B44 土样在比例尺 10 μm 的电镜图中分离状态的颗粒物大小不一,粘粒含量相对很少。在对应的粒级含量分布图中,粉粒(4~63 μm)和砂粒(>63 μm)含量较多,但低于 U24。由此可知,城市不同功能区土壤的电镜扫描结果与对应的粒级含量结果具有良好的对应关系,进一步验证了前文结论。由于不同功能区的存在形式和人类对土地开发利用的程度不同,使得土壤粒级分布存在空间差异。

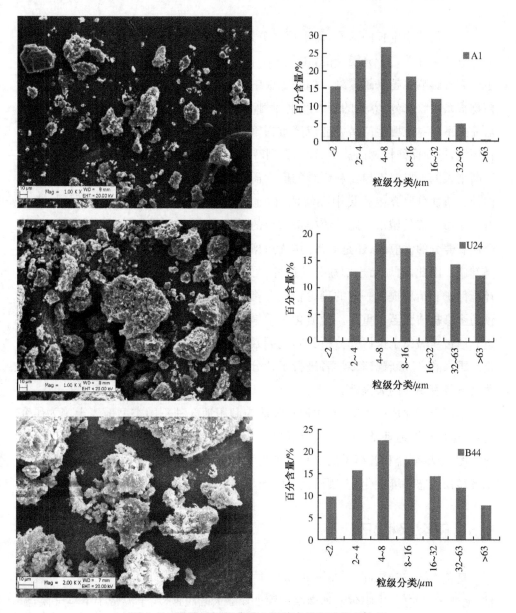

图 5-4　不同采样区典型土样的电镜图及粒级含量

5.4　城市化对土壤盐分的影响

土壤是植物生长的基质,而土壤盐分是影响植物生长的重要因素。土壤的形成在自然条件下是十分漫长的,由于人为活动的不断加强,其对土壤形成、演变和生产力的影响也越来越深刻。如果土壤中的盐分累积达到一定界限值时,就会对植物根系吸收水分、养分的能力产生抑制,从而影响植物的正常生长和发育。土壤盐渍化不仅对土壤生产潜力造成严重损害,而且由于盐分的积累会改变植物的生长环境,进而促使植物向盐生、荒漠类型转变,导致生态环境恶化。长期以来,由于不断增长的人口对于粮食和纤维的巨大需求以及干旱区脆弱生态环境的特殊性,促使土壤盐分研究主要集中在农地、林地和干旱区荒漠土壤上,无暇顾及城市土壤。城市土壤是城市生态系统中最重要的组成成分,它既是城市园林植物生长的介质和养分的供应者,还是城市污染物的汇合源,它关系到城市生态环境质量和人类健康。因此,对城市土壤盐分的研究,可以为城市园林绿化的规划和管理、城市环境保护和治理提供一定的理论依据和指导作用。分析区域盐分特征,对治理和预防土壤盐渍化至关重要。盐渍化是干旱区土壤的一个普遍特征,在新疆尤为严重。通过对城市土壤研究分析其影响因素,对植物的生长退化以及城市土壤改良具有重大意义。新疆诸多学者进行了盐分特征及分布的研究,研究表明干旱区土壤盐分具有明显的表聚性。

本研究以建成区、郊区农用地和郊区未利用地 3 种不同类型地表土壤为研究对象,运用土壤地理学、统计学、分析化学等研究手段,对乌鲁木齐城市土壤的盐渍化程度、土壤全盐和各离子的空间分布及可溶性离子构成进行分析,以期能为乌鲁木齐城市生态环境优化、土壤研究及防治与改良提供科学依据。

5.5　研究区概况

乌鲁木齐(东经 $86°37'33''\sim88°58'24''$,北纬 $42°45'32''\sim44°08'00''$)位于新疆中部,地处天山北麓、准噶尔盆地南缘。深处亚欧大陆腹地,属于温带半干旱气候,温差大,寒暑变化剧烈,平原降水少,山区降水较多,春季多大风,夏季热而不闷,秋季降温迅速,冬季寒冷漫长,1 月均温为 15℃,7 月均温为 24℃,年降水量为 271.4 mm,是典型的冲洪积扇绿洲城市。全市三面环山,北部地势平坦,耕地集中,南部郊区多为未利用地。同时,乌鲁木齐处在准噶尔盆地西部艾比湖、塔里木盆地东部的罗布泊、吐鲁番盆地的艾丁湖包围之中,这些地方干涸湖底面积广阔、湖相松散富盐沉积物丰富、大风天气频繁,是世界著名的盐尘源地。

1) 样品采集与方法

为了更全面地研究乌鲁木齐表层土壤盐分特征,根据乌鲁木齐土地利用现状,本次采样的样点选取主要考虑空间分布的均匀性,网格状均匀选取了乌鲁木齐市建成区建设用地、郊区农用地及郊区未利用地的表层土壤。建成区(U,采样区)共选取 22 个采样点,主要土壤类型包括工业、商业、居住、公园和交通运输区;郊区农用地(A,采样区)共选取 8 个采样点,主要土壤类型是耕地;郊区未利用地(B,采样区)共选取 10 个采样点,主要土壤类型是裸地。于 2014 年 11 月 10 日—24 日在乌鲁木齐市及周边地区采集表层 0~10 cm 土壤样品(图 5-5),经风干过筛测定土壤盐分及其他指标。

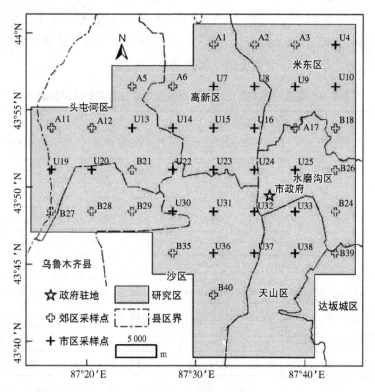

图 5-5 研究区采样点分布

2）样品分析方法与数据处理

野外采样时，标明样品编号、采样地点、土壤类型名称、采样日期。采回的土壤样品需要经过风干、磨细、过筛、混匀、装袋处理以备测试。土壤全盐量采用质量法测定，HCO_3^-、CO_3^{2+}采用双指示剂中和法测定，Cl^-采用硝酸银滴定法测定，SO_4^{2-}采用容量法测定，Ca^{2+}、Mg^{2+}采用EDTA络合滴定法测定，K^+、Na^+用火焰光度法计算求得，土壤水分采用烘干法测定。采用Excel、SPSS 17.0及ArcGIS 10软件进行数据处理。

5.6 结果与分析

5.6.1 乌鲁木齐市土壤盐分特征

土壤溶液中盐基离子含量对土壤盐渍化程度起着决定性作用。因此，通常将土壤溶液中各盐基离子（八大离子）之和称为土壤全盐量，它表示土壤全盐量的大小及盐渍化水平的高低。通过对研究区土壤盐分特征进行描述及统计特征分析，有利于从空间分布以及定量上反映土壤盐分的变化特征。

表5-4　乌鲁木齐不同土地利用类型土壤盐分含量的描述性统计　　　　g/kg

项目	建成区（U采样区）			郊区农用地（A采样区）			郊区未利用（B采样区）			研究区（所有样本）		
	极小值	极大值	均值	极小值	极大值	均值	极小值	极大值	均值	极小值	极大值	均值
Cl^-	0.015	0.840	0.159	0.021	0.675	0.170	0.013	0.411	0.090	0.013	0.840	0.144
SO_4^{2-}	0.055	3.186	0.697	0.072	1.881	0.516	0.04	1.279	0.392	0.04	3.186	0.584
Ca^{2+}	0.081	1.595	0.324	0.096	0.636	0.316	0.072	0.481	0.18	0.072	1.595	0.286
K^+	0.018	0.081	0.046	0.017	0.182	0.069	0.01	0.054	0.029	0.01	0.182	0.046
Mg^{2+}	0.013	0.139	0.052	0.01	0.162	0.058	0.015	0.071	0.028	0.01	0.162	0.046
Na^+	0.054	0.996	0.252	0.073	0.597	0.226	0.031	0.865	0.22	0.031	0.996	0.239
HCO_3^-	0.138	0.292	0.235	0.15	0.264	0.205	0.164	0.427	0.273	0.138	0.427	0.238
全盐	0.569	5.310	1.762	0.515	3.224	1.560	0.523	2.689	1.212	0.515	5.311	1.584

表5-4为乌鲁木齐不同类型土壤全盐量及盐分离子的数理统计，结果表明：SO_4^{2-}、Na^+、Ca^{2+}在建成区均值最大，Cl^-、K^+、Mg^{2+}在郊区农用地均值最大，

HCO_3^- 在郊区未利用地均值最大;3 种用地类型中,7 种离子均值最大的均为 SO_4^{2-},说明乌鲁木齐土壤盐分类型主要是硫酸盐。整个研究区土壤全盐量变化范围为 0.515~5.311 g/kg,全盐量平均值为 1.584 g/kg,盐分含量不高。郊区未利用地、郊区农用地、建成区土壤全盐量均值依次增高,表明人类活动对土壤盐分有一定影响。碳酸根离子含量太少无法统计。通过计算土样的标准差(SD)和变异系数(CV)后发现,乌鲁木齐不同土壤类型土壤盐分变异系数为 0.691~0.715,属于强变异强度,样本间含量差异较大,土壤中全盐量离散程度较大。

图 5-6 为乌鲁木齐市土壤全盐量空间分布,利用 ArcGIS 空间插值功能,生成土壤盐分插值分析图,图中圆面积越大,盐分含量越高。结果表明:整个研究区土壤全盐量的空间变化,高含量区主要集中于研究区东北与西南部,这基本与乌鲁木齐建成区范围吻合;低含量区主要集中于研究区西部与东南部,这些样点距离人类活动活跃区较远。总体而言,乌鲁木齐市土壤全盐量变化与乌鲁木齐三面环山,北部平原开阔,南北狭长的地形及城市布局相一致。

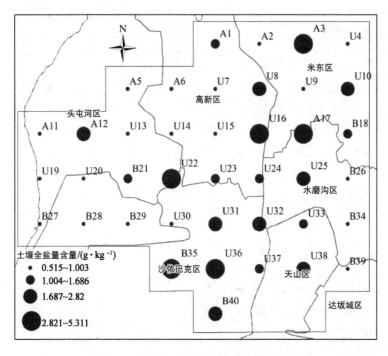

图 5-6 乌鲁木齐市土壤全盐量空间分布

图 5-7 为乌鲁木齐市土壤 7 种离子空间分布,结果表明:Cl⁻ 含量最高的样品

点为 A3、U16、U36,高含量区主要集中于研究区中部,低含量区主要集中于研究区东西两边;SO_4^{2-}、Ca^{2+}、Mg^{2+}、Na^+ 空间变化基本与全盐量一致,高含量区呈西

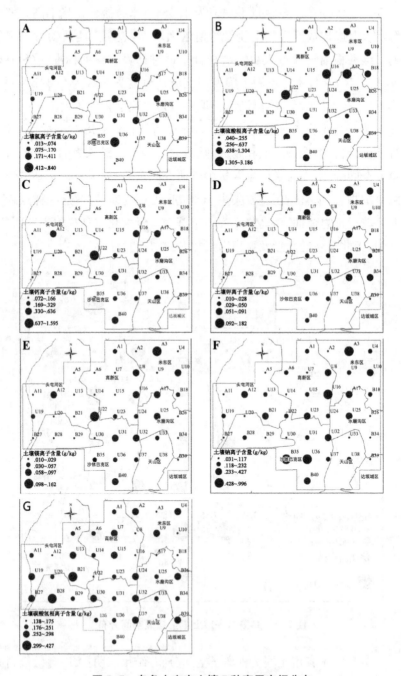

图 5-7　乌鲁木齐市土壤 7 种离子空间分布

南向东北条带状分布;K^+含量最高的样品点为 A1,A3,高含量区主要集中在研究区北部和南部,西部含量较少;HCO_3^-含量空间变化在研究区内较均匀。乌鲁木齐 7 种离子空间分布大体与全盐量一致,呈现出与人类活动活跃程度呈正比的分布趋势,这可能与建成区园林绿化过程中对土壤进行施肥改良以及城市污染有关。

5.6.2　乌鲁木齐市土壤全盐与各离子相关性分析

乌鲁木齐表层土壤中的全盐与各盐基离子相关性分析结果见表 5-5。土壤全盐量与 SO_4^{2-} 相关系数达 0.95,在 0.01 水平上存在极显著正相关;土壤全盐量与 Ca^{2+} 和 Mg^{2+} 的相关系数超过了 0.80,在 0.01 水平上呈高度正相关;全盐量与 Na^+ 相关系数为 0.708,在 0.01 水平上存在高度正相关;Cl^- 与 Na^+ 含量相关性为 0.897,在 0.01 水平上高度正相关;Ca^{2+} 与 SO_4^{2-} 含量相关性为 0.902,在 0.01 水平上呈极显著正相关;Mg^{2+} 与 Ca^{2+} 含量相关性为 0.850,在 0.01 水平上呈高度正相关。从表中得出,土壤中离子含量越高,与全盐的相关性越大;其他土壤盐分离子之间均存在某种显著相关性。

表 5-5　乌鲁木齐土壤盐分及组成离子的相关关系矩阵

项目	Cl^-	SO_4^{2-}	Ca^{2+}	K^+	Mg^{2+}	Na^+	HCO_3^-	全盐
Cl^-	1							
SO_4^{2-}	0.352*	1						
Ca^{2+}	0.215	0.902**	1					
K^+	0.469**	0.122	0.286	1				
Mg^{2+}	0.493**	0.765**	0.850**	0.648**	1			
Na^+	0.897**	0.508**	0.242	0.223	0.432**	1		
HCO_3^-	−0.158	−0.588**	−0.635**	−0.358*	−0.664**	−0.162	1	
全盐	0.616**	0.950**	0.847**	0.289	0.827**	0.708**	−0.528**	1

注: * 表示在 0.05 水平(双侧)上显著相关;** 表示在 0.01 水平(双侧)上显著相关。

5.6.3　乌鲁木齐市土壤离子主成分分析

对乌鲁木齐表层土壤离子进行主成分分析,找出其主导因子。各主成分中指标系数、特征值及贡献率,按照累积贡献率达到 75% 的确定为主成分,并计算主成分与各项指标的相关系数。分析乌鲁木齐土壤离子主成分因子累积贡献率(表

5-6),发现主成分一的方差贡献率为 56.337%,主成分二方差贡献率为 21.649%,两者累计贡献率为 77.985%。

根据表 5-6 可知,主要成分对盐基离子信息的表达依次减弱。对主成分累计贡献率分析发现,方差贡献率与它所能代表的信息量成正比,前两个主成分累计贡献率达到 77.985%,基本可以反映信息的主要部分,也基本包含了以上 7 个离子指标的大部分信息,是反映土壤环境的重要指标。

根据主成分的因子荷载矩阵(表 5-7),第一主成分与 Mg^{2+}、SO_4^{2-}、Ca^{2+} 显著正相关,它们与主成分的相关系数分别为 0.946、0.853、0.839;第二主成分与 Cl^- 密切相关,相关系数为 0.744,这表明第二主成分在第一主成分的基础上继续反映土壤盐渍化在一定程度上受到 Cl^- 的影响。根据 7 个离子指标与第一主成分间的相关性显著程度,可将 Mg^{2+}、SO_4^{2-}、Ca^{2+} 作为影响乌鲁木齐土壤盐渍化的主要因子。

表 5-6 主成分因子的方差矩阵

成分	初始特征值			提取平方和载入		
	合计	方差/%	累积/%	合计	方差/%	累积/%
1	3.944	56.337	56.337	3.944	56.337	56.337
2	1.515	21.649	77.985	1.515	21.649	77.985
3	0.986	14.087	92.073	—	—	—

表 5-7 主成分的因子荷载矩阵

项目	主成分一	主成分二	公因子方差
Cl^-	0.641	0.744	0.964
SO_4^{2-}	0.853	−0.249	0.789
Ca^{2+}	0.839	−0.447	0.904
K^+	0.561	0.197	0.353
Mg^{2+}	0.946	−0.133	0.913
Na^+	0.632	0.678	0.858
HCO_3^-	−0.702	0.43	0.678
方差贡献	3.77	1.22	5.46
特征根	3.77	1.22	5.46

5.6.4　乌鲁木齐市土壤盐渍化评价

在乌鲁木齐 0～100 cm 土层厚度的不同类型土壤中,郊区农用地(A 采样区)全盐含量为 0.156%;郊区未利用地(B 采样区)全盐含量为0.121%;建成区(U 采样区)全盐含量为 0.176%。根据新疆土壤盐渍化程度的等级划分标准(表5-8)可以得出:无论是郊区农用地、郊区未利用地还是建成区的土壤全盐含量均远小于 0.554%的标准,因此可以说明乌鲁木齐土壤为非盐渍化土,乌鲁木齐未明显受到三大盐尘源地的影响,土壤盐分含量处于正常范围。

表5-8　新疆土壤盐渍化程度的等级划分标准(全盐)　　　　　　　　%

土层厚度/cm	非盐渍化	轻度盐渍化	中度盐渍化	强度盐渍化	盐土
0～30	<0.554	0.554～0.727	0.727～0.866	0.866～1.345	>1.345
0～100	<0.391	0.391～0.491	0.491～0.597	0.597～0.895	>0.895

注:引自《生态功能区划暂行规程》。

5.7　本章结论

(1)乌鲁木齐城市土壤粒度组成特征是粒度较细,以粉粒为主,粘粒次之,含量最低的是砂粒。农用地粘粒含量高于未利用地和建设用地,粉粒含量最高的是建设用地,未利用地的砂粒含量高于建设用地和农用地。总体而言,不同采样区同粒级间含量差异性不大。

(2)对研究区样品的粒度参数计算可知,土壤中粉粒多,沉积物来源及沉积环境属于低能环境变化,分选性差说明研究区为冲积扇沉积环境,偏度多为正偏态近对称型,峰度为中等峰态。粒度参数的空间分布规律为城南平均粒径高于城北,分选系数与中值粒径变化趋势相类似,存在一定相关性。研究区内样地多为正偏,同时从建成区北部到南部偏度值呈下降趋势。研究区多数样地峰态值偏高。

(3)研究区典型土壤粒度频率分布曲线主要呈单峰和多峰分布形态,农用地粒度频率分布曲线为单峰正态分布曲线,表明沉积物存在单成因组分;建设用地和未利用地为多峰的分布特征,说明存在多成因组分;推测土壤粒度可能是远距离搬运的细颗粒混合了近距离搬运的粗颗粒,以及人为源和自然源混合作用的结果。典型样点的电镜图与粒度频率分布曲线的结果具有相似性和一致性。

（4）从研究区不同类型土壤表层的盐分数据中可以得出，乌鲁木齐土壤盐分以硫酸盐为主，且空间差异较大；土壤全盐量一般不超过 5 g/kg，乌鲁木齐土壤总体含盐量较低。

（5）土壤全盐量空间分布，高含量区呈西南向东北条带状分布，与乌鲁木齐三面环山，南北狭长的地形及城市布局相一致。

（6）与第一主成分密切相关的是 Mg^{2+}、SO_4^{2-}、Ca^{2+}，它们与主成分的相关系数分别 0.946、0.853、0.839，因此将 Mg^{2+}、SO_4^{2-}、Ca^{2+} 作为研究区盐渍化状况的特征因子。

（7）乌鲁木齐未明显受到三大盐尘源地的影响，土壤盐渍化评级结果为非盐渍化。

第 6 章

绿洲城市空间变化 的大气环境效应

6.1 引言

  城市产业结构重组主要是通过城市空间结构重组来实现的,是人们为了顺应社会、经济发展的时代要求而有意识地对区域结构的演化进行干预和引导的过程,在特定地域内,通过对空间结构要素进行优化和重新组合,使不符合区域经济发展新要求的空间结构尽快地转化为能适应经济发展新形势的空间结构。通过对空间结构重组,新的区域空间结构具有更高的经济活动的组织效率,能表现出新的结构功能和结构形态。空间结构重组具有显著的区域经济增长效应,是实现区域经济持续发展的重要手段和途径。按照环境经济学的理论,经济系统中产出的增长必然导致环境资源抽取量的增加,同时向环境中排放各种污染物质的量也随之增加,即环境污染在一定时间内是经济增长的必然产物。因此,区域空间结构重组是实现经济结构调整和产业结构升级的前提,同时空间结构重组的过程也是环境污染状况在空间变迁重构的过程。

  城市的形成和发展过程原本是人与物等各种"流"在一定地域空间上不断聚集的过程,也是人类从事生产和生活活动的特定区域。当人类生产生活排放到大气环境中的污染物的浓度超过该区域大气环境容量的阈值时,就产生了大气环境污染问题。大气环境污染成了所有大中城市的通病,特别是在发展中国家。为了治理大气环境污染,各地都采取了一系列的措施。比如产业结构调整,污染企业的治理和搬迁等。城市发展过程中的人类生产生活活动在一定程度上影响着大气环境的质量,而大气环境质量的变化也直接反映城市发展的水平。

自产业革命以来,城市工业迅猛发展,石油、化石等燃料在城市中大量消耗,向大气中排放的污染物如二氧化硫、氮氧化物、一氧化碳、粉尘、颗粒物等能对人体造成危害的气体与固体污染物,在空气停留时间较长,超出了大气的自净能力,浓度高于国家的标准值,造成了大气污染。建筑施工、道路交通等产生的城市扬尘、悬浮颗粒物,也使城市大气环境进一步恶化。与郊区相比,城市区域大气中的 CO_2、SO_2 和 NO_2 的含量远高于郊区,城市化是导致城市区域大气环境质量下降的主要因素。通常,城市中的大气污染物主要来源于工业生产、交通运输、炉灶、锅炉等。城市区域大气污染物主要有气溶胶和气体污染物两类,包括 CO_2、SO_2、NO_2、PAH_8、氯化物和重金属等。

20 世纪末,乌鲁木齐市被世界卫生组织评为全球污染最严重的十个城市之一。据以往的研究表明,乌鲁木齐市属于典型的煤烟型污染城市,作为新疆的首府城市,随着其区域中心的不断聚集,污染物浓度也随之加剧,区域中心的环境承载能力及环境容量逐渐下降。全市由南向北,污染程度呈梯度增加趋势,污染浓度分布呈南高北低的态势,即市南片的污染最重,市中区次之,市北片较轻。为不断增强经济发展活力、缓解和彻底改善城市环境污染状况,政府制定了"强化二产、优化三产"的方针来推进产业结构调整,以城市"南控北扩、东延西进"的战略思想指导着区域空间结构的重组,同时制定和实施了"蓝天工程"大力推动老城区的环境质量改善。经过近些年的大力建设,中心城区的工业基本转产或搬迁,周边的工业园区已初具规模。这一系列措施的推进将导致原城区污染物排放强度和大气环境中污染物浓度发生根本性的变化,形成新的大气污染格局,对未来乌鲁木齐市的大气环境质量产生新的影响。

6.2 研究综述

目前,我国城市空气质量情况不容乐观,部分城市空气污染状况较为严重,空气质量可以达到二级标准的城市的比例逐年下降。近年来,特别是 2015 年入冬以来,我国空气质量明显下降,雾霾笼罩多个城市,其中影响空气质量、造成雾霾污染的主要污染物是总悬浮颗粒物和可吸入颗粒物。同时,我国部分地区还存在二氧化硫污染严重,少部分地区出现氮氧化物污染严重的问题。并且呈现北方比南方严重,特大城市污染居中,中小城市相比较好一些,总悬浮颗粒物和可吸入颗粒物含量较高的污染特征。而当今,最主要的大气污染物是悬浮颗粒物(PM),是被世界所公认对人体造成危害最大的大气污染物。其中 PM_{10} 和 $PM_{2.5}$ 最为常见,还有 PM_1 等,尤其是 $PM_{2.5}$,其表面积大,具有较强的吸附和浓缩有毒空气污染物的能力,如吸附氧化剂气体、有机化合物、金属等,$PM_{2.5}$ 能导致严重的健康问题,包括增加心血管、呼吸道疾病的发病率和死亡率,以及儿童的哮喘发病率的增加。因此,控制和有效消减 $PM_{2.5}$ 浓度是政府进行空气污染治理最重要的任务之一。近年来,中国雾霾天气逐渐增多,$PM_{2.5}$ 浓度偏高,究其原因主要是过多的消耗化石燃料造成空气中污染物排放过重所致,排放来源主要有重化工业生产,冬季供暖、供电,汽车尾气,以及居民生活,这些一次排放物又通过光化反应再次转化为有机气溶胶,这都是造成雾霾天气加重的原因。目前,大气细颗粒物已经引起国内外研究人员的广泛关注,并在 $PM_{2.5}$ 中金属污染水平、分布特征、污染来源、富集规律和迁移转化等方面积累了较多的研究成果。据报道,大约 75%~90% 的重金属分布在 PM_{10} 中,且颗粒越小,重金属含量越高。近年来,我国密集的工业生产和人类活动已导致城市大气遭受严重的重金属污染。王秦等研究发现,2013 年 1 月—2 月北京市某城区大气 $PM_{2.5}$ 与正常天气相比,雾霾天气发生时 $PM_{2.5}$ 和其中的 27 种元素浓度均升高。李大秋等对城市化对山东省的城市大气污染分析发现,随着燃煤增加、大规模城市化建设和汽车数量激增,PM_{10} 和 SO_2 成为首要与次要污染物,$PM_{2.5}$、NO_2、O_3 污染渐趋突出,呈现多污染共存、多污染源叠加、多尺度关联和多介质影响的区域复合型污染特征。从大气污染原因来看,相关研究发现煤烟及悬浮颗粒的污染、城市转型带来的污染、不重视环境的污染,以及能源不合理利用,是造成大气污染的主要原因。

6.3 城市大气污染物浓度的空间变化

6.3.1 背景介绍

乌鲁木齐市位于天山北麓,准噶尔盆地南缘,乌鲁木齐河谷中,三面环山,地势呈东南高西北低缓慢坡降之势,属典型的北方河谷城市。冬季漫长,静风和逆温层出现频率高,大气稳定度类型多为中型和稳定类,气象条件极不利于大气污染物扩散,易形成严重的大气环境污染。

为了治理大气污染,1998 年,乌鲁木齐市政府推出了以"热电联产"为主的"蓝天工程"计划;2005 年,提出了"南控北扩"的城市发展战略,战略的实施势必改变城市发展的格局。这种城市格局的变化将对排入大气环境中的污染物质产生影响。从时间上看,2000 年以前,城市的建设主要集中在南片,北片的开发强度相对较小,大气环境污染物浓度呈现出南高北低的态势。随着城市的发展和"南控北扩"战略的实施,势必引起大气环境中污染物浓度的空间变化和迁徙。本节基于这个视角,依托 2004—2009 年的乌鲁木齐市大气环境质量监测数据,结合城市的发展过程,讨论分析乌鲁木齐市大气环境中污染物浓度的变化趋势。

6.3.2　数据采集与处理样点布置

1) 样点布设

选用的污染物浓度数据为 2004—2009 年乌鲁木齐市 3 个大气环境质量监测点的月均值,其中包括 SO_2、NO_2、PM_{10} 污染物质的在线监测数据。监测点设置采用梯度布局的原则从南到北分别设在市南区、市中区及市北区,各点直线距离大约为 7 km(图 6-1)。3 个站点的监测设备均为大西比仪器。采用每日 0~23 时的小

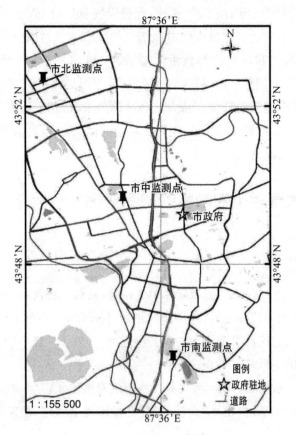

图 6-1　监测点位设置

时均值,求得月均值。月均浓度值采用每个月污染物浓度的算术平均值计算。采用 SPSS 13.0 和 Excel 软件对数据进行处理分析。

2)测定方法及数据处理

SO_2采用紫外吸收方法测定。此法所用仪器为紫外吸收分光光度计或紫外可见吸收分光光度计。光源发出的紫外光经光栅或棱镜分光后,分别通过样品溶液及参比溶液,再投射到光点倍增管上,经光电转换并放大后,由绘制的紫外吸收光谱对物质进行定性分析。由于紫外线能量较高,故紫外吸收光谱法灵敏度较高。

NO_2采用化学发光分析法测定。分析法是分子发光光谱分析法中的一类,它主要是依据化学检测体系中待测物浓度与体系的化学发光强度在一定条件下呈线性定量关系的原理,利用仪器对体系化学发光强度的检测,而确定待测物含量的一种痕量分析方法。

PM_{10}采用射线法测定。将β射线通过特定物质后,其强度衰减程度与所透过的物质质量有关,而与物质的物理、化学性质无关。通过测清洁滤带(未采尘)和采尘滤带(已采尘)对β射线吸收程度的差异来测定采尘量。

6.3.3 监测结果

1)PM_{10}浓度的变化趋势

3个监测点位的PM_{10}浓度年内变化均呈现出明显的"U"型特征(图 6-2)。

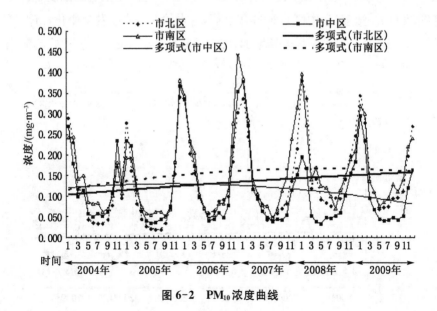

图 6-2　PM_{10}浓度曲线

1—4月PM$_{10}$浓度快速下降,5—9月维持在一个相对较低的浓度范围,10—12月又出现快速拉升趋势。从年变化趋势来看,12月—次年1月是各点污染物浓度最高的时段。从年际变化趋势来看,2006年以前,市南区和市中区均呈现出污染物浓度增加的态势,市南区和市中区分别在12月和次年1月达到近年来的最大值0.447 mg/m³和0.379 mg/m³,且市北区的污染物浓度明显低于市南区和市中区。2007年开始,市南区和市中区污染物浓度呈现出下降的趋势,市北区虽有降低但是不明显。最为显著的是市中区的污染物浓度低于市北区。通过对2004—2009年PM$_{10}$的年际变化的数理分析来看,相对于2004年,2009年的年均浓度增加了22.4%;其中市南区增加了29.8%,市中区增加了-12%,市北区增加了54.2%。污染物浓度变化呈现出:2004—2006年,浓度(市南区)>浓度(市中区)>浓度(市北区);2007—2009年,浓度(市南区)>浓度(市北区)>浓度(市中区)。从多项式趋势线可以看出,市南区和市中区分别在2008年和2006年夏季呈现下降趋势,而市北区始终保持着持续上升的态势。

2) SO$_2$浓度的变化趋势

3个监测站点SO$_2$年内浓度变化趋势与PM$_{10}$相同,均呈现为"U"型。如图6-3所示,浓度曲线出现的拐点时间也与PM$_{10}$基本吻合,呈现出1—4月下降,5—10月维持在较低的水平波动,11—12月快速拉升的趋势。峰值主要集中在12月和1月,大约在0.510 mg/m³。从年际变化来看,2006年以前,SO$_2$浓度呈现出浓度(市南区)>浓度(市北区)>浓度(市中区);2006年之后,各点的SO$_2$浓度发生变化,市南区降低幅度较为明显,市中区的浓度开始增加,市北区基本保持不变。从多项式趋势线分析来看,市南区呈明显的下降趋势,市中区在缓慢上升,市北区基本保持不变。

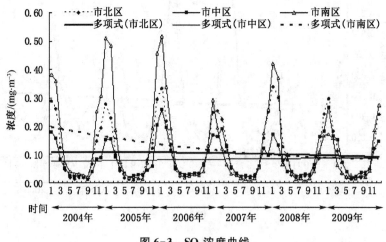

图6-3　SO$_2$浓度曲线

3) NO₂浓度的变化趋势

NO₂年内浓度变化趋势同 SO₂和 PM₁₀基本相同,呈现出不光滑的"U"型趋势,如图 6-4 所示,峰值主要出现在 12 月和次年 1 月期间。2004—2006 年,3 个监测点位都呈现出峰值不断提升的态势,并在 2006 年底达到近年来的最大峰值 0.125 mg/m³。2004—2009 年 NO₂年均浓度整体呈上升趋势。相对于 2004 年,2009 年 NO₂年均浓度增长了 19.6%。其中,市南区增长 21.3%,市中区增长 30.1%,市北区增长 8.4%。从多项式趋势线来看,从 2007 年夏季开始,市南区超过市中区和市北区,并呈现出快速增长的态势。

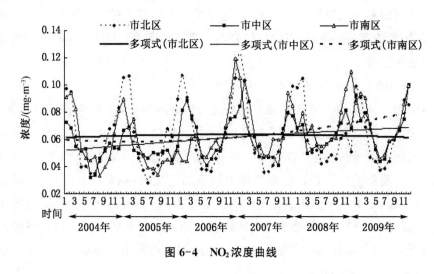

图 6-4　NO₂浓度曲线

6.3.4　讨论与分析

1) PM₁₀变化分析与讨论

年内 3 个监测点的 PM₁₀均呈现出相同的"U"型变化趋势,说明污染物浓度具有同源性。这种变化趋势主要是由特殊的地理位置和能源结构造成的。10 月中旬至次年 4 月为冬季(采暖期),采暖使城市中以煤为主要能源的消耗增加,并在 12—次年 1 月(气温最低的时期)达到最大值。与此同时,逆温层厚度和强度增加,长时间静风,大气稀释扩散能力减弱,都是造成采暖期 PM₁₀浓度陡增的主要原因。在非采暖期(5—10 月),采暖耗煤的消减,逆温层厚度和强度的降低,加之风速的增加都使得污染物的浓度有明显的下降。虽然春季的风速会产生扬尘污染,但是属于偶发性事件,并不能改变 PM₁₀总体变化趋势。

从 2004—2009 年的变化趋势来看,2006 年之前,PM_{10} 始终处于不断增加的态势,且市南、市中区的 PM_{10} 保持着较高的浓度,这主要是因为市南区是老城区,人口聚集度高,采暖用煤量大,同时还有一定数量的工业,而市北区开发强度较低,故浓度相对较低。随着城市的拓展和"南控北扩"发展战略的实施,2006 年后,市北区的 PM_{10} 浓度有了显著的增加,主要是因为新建城区基础设施建设施工造成的大量扬尘的排放和人口快速增加导致大量的污染物质的排放。到 2009 年末,市北区的浓度呈现出超越原来污染严重的市南区了。市中区由于基础设施相对完善,加上近年来周边大面积的绿化,使得 PM_{10} 的浓度被控制在了一个相对较低的水平。从 3 个站点的多项式趋势线可以看出,随着城市大气环境的治理和城市的不断发展,市南区的浓度开始下降,市中区的 PM_{10} 有明显的降低,而市北区的浓度值出现持续增加的态势。

2) SO_2 的变化分析与讨论

从时间上来看,年度内 SO_2 浓度的变化趋势基本与 PM_{10} 相同,其原因同前,主要是因为采暖期以煤为主的能源消耗、特殊的地理位置和气象条件造成。但是在空间上又存在明显的差异。2004—2005 年,浓度(市南区)>浓度(市北区)>浓度(市中区)的趋势十分明显。市南区作为城市的老城区,城市开发强度大,高楼林立,人口密集,冬季集中供热消耗的原煤量也最大,加上脱硫设施的不完善导致大量的 SO_2 排放,使得大气环境中 SO_2 的浓度最高。而市北区虽然城市建设的开发强度较低,但城乡接合部存在着大量的分散小锅炉,这种锅炉基本上没有除尘脱硫设施,造成 SO_2 过量的排放。市中区介于两者之间,污染状况相对较轻。2006—2009 年,随着锅炉脱硫设施的不断完善,使各点的 SO_2 排放量都有明显地减少。市南区采暖以集中供热的形式为主,烟气脱硫设施的完善使 SO_2 排放量大幅度降低,而市北区由于城市开发强度的增加,居住人口的增加,使得原煤消耗也迅速增加。虽然采用了烟气脱硫,但仍然无法降低因采暖面积增加带来原煤消耗产生的 SO_2 的大量排放。市中区的 SO_2 浓度的增加,主要是城市的进一步开发,采暖用煤的增加所致。从多项式趋势线的变化可以看出,市南区的 SO_2 呈快速下降的趋势,而市中区和市北区都有逐渐增加的趋势。

3) NO_2 的变化分析与讨论

NO_2 浓度的变化曲线同 PM_{10} 和 SO_2 基本相似,整体上呈现出采暖期明显大于非采暖期,原因同 PM_{10} 和 SO_2 的分析一样,与气象条件有着很重要的关系。NO_2 的变化曲线又不如前两者光滑,主要是因为 NO_2 浓度除了受燃煤影响外,还与机动车(飞机)排放的污染物质有着紧密的联系。2004—2006 年,3 个监测点位都呈现出峰值不断提升的态势,且市北区明显大于市南区和市中区,并在 2006 年达到近年来的峰值。这是因为市北区的监测点位离乌鲁木齐市国际机场最近,受到飞机飞行的影响也最为严重;市南区作为老城区城市,辖区高楼林立造成区域下垫面极其粗糙,不利于污染物质的扩散;同时辖区内拥有自治区、兵团的党政机关和主要厅局以及主要的金融商业区,极易造成交通堵塞,增加污染物质的排放。2006—2009 年,NO_2 浓度整体呈现出下降的趋势,但是在空间格局上开始发生了变化,市南区和市中区的浓度开始上升,并在 2009 年超过了市北区的浓度。从多项式趋势线可以看出,市北区的浓度变化趋势没有发生明显的变化,而市南区和市中区呈现出不断增加的趋势,并在 2007 年夏季穿越了市北区的趋势线,加速上升。这主要是因为:一方面,私家车保有量的快速增加导致尾气的大量排放;另一方面,机动车保有量的增加使老城区(市南区)和市中区道路的通行条件进一步恶化,交通堵塞严重,通行条件不畅使污染物排放的浓度进一步增加。这种变化趋势与近年来机动车保有量的迅速增长的趋势相吻合。

6.3.5　本节小结

近年来,虽然乌鲁木齐市采取了各种大气污染的治理措施,但污染状况依然十分严重,主要是以煤为主要能源的消耗造成的,加之特殊的地理位置和气象条件,使燃煤产生的污染在局部被进一步扩大,属于典型的"煤烟型"污染。采暖对能源的消耗导致污染物质的大量排放,使得冬季的大气环境污染物浓度明显高于非采暖期。

城市不断北扩,各污染物浓度的迁徙变化呈现出新的变化趋势:原本 PM_{10} 浓度最高、污染最严重的市南区和市中区呈现出逐步降低的趋势,而污染相对较轻的市北区出现递增并超越的态势。SO_2 浓度总体上呈现下降的趋势,但空间分布呈现出市南区快速下降,市中区和市北区逐渐上升的趋势。由于机动车保有量的增加,原本 NO_2 浓度最高的市北区,逐步被市南区和市中区所替代;从增长幅度来看,市南区明显高于市北区。

综上所述,乌鲁木齐市的大气环境污染主要是"煤烟型"污染,但随着环境治理和城市扩展,污染物浓度在空间呈现出不同的迁徙变化趋势,是今后城市发展和环境治理值得关注的问题。

6.4 能源结构调整后对冬季大气污染浓度的影响

为了彻底改变因采暖燃煤造成的大气污染问题,乌鲁木齐市政府于2012年进行了以天然气代替原煤为燃料的供暖能源结构调整战略(简称"煤改气")。全年累计投资121亿元进行"煤改气"工程。据有关部门测算,"煤改气"后,冬季燃煤量将减少500万吨,二氧化硫减排3.5万吨,烟尘减排1.7万吨,彻底脱去了"煤烟型"污染的帽子,从根本上改善城市大气环境的质量。2013年冬季,市民普遍感觉大气环境质量得到了明显的改善,然而"煤改气"工程的实施是否彻底改善了城市环境质量,降低了大气污染物的浓度?"煤改气"后大气环境污染物有哪些新的变化特征,在空间分布上的浓度变化如何?带着这样的问题,本节选取了通常污染最严重的1月份与"煤改气"之前的任意一年(2009年1月),在不同区域的大气污染物浓度数据进行对比,并系统地分析相关数据,以期能更好地论证"煤改气"工程的效果和今后大气污染治理努力的方向。

6.4.1 数理分析

对不同区域的污染数据进行方差检验,如表6-1所示。可以看出,煤改气前后,不同污染物之间的差异较大,说明"煤改气"在冬季对不同污染物的影响也存在不同。方差分析结果显示,在显著水平为0.05的前提下,SO_2和NO_2的P值均小于0.05;F统计量分别为49.760和4.127,均大于F临界值;而SO_2的P值和F统计量远远小于NO_2。PM_{10}的P值大于0.05,F统计量小于F临界值,说明"煤改气"使冬季大气污染物中的SO_2和NO_2的日均浓度之间差异显著,而PM_{10}的浓度并没有显著变化。

表6-1 污染物浓度方差检验

污染物	SS	MS	F	P-value	Fcrit
SO_2	1.297	0.259	49.760	2E-31	
NO_2	0.012	0.002	4.127	0.0015	2.2679
PM_{10}	0.176	0.035	1.782	0.1191	

6.4.2　不同区域污染物浓度变化

1) SO_2 日均浓度对比分析

通过"煤改气"前后 SO_2 日均浓度的变化曲线对比可以看出,如图 6-5 所示,"煤改气"前,SO_2 的日均浓度整体上大于国家二级浓度限值 0.15 mg/m³;从浓度空间分布来看,呈现出浓度(市中区)>浓度(市北区)>浓度(市南区)的趋势。"煤改气"后,不同区域的 SO_2 浓度均呈现出明显的下降趋势,市南区、市中区和市北区 SO_2 日均浓度平均下降 60%、71%、49%。从曲线的变化趋势来看,3 个区域的 SO_2 日均浓度均有波动,但市南区和市中区的 SO_2 浓度已经低于国家二级浓度限值,而市北区约有 50% 的天数仍然超标。

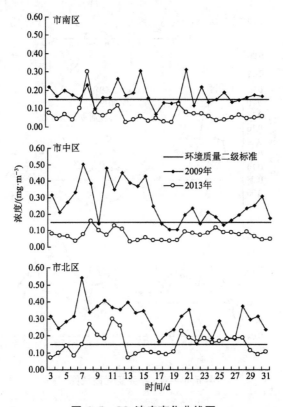

图 6-5　SO_2 浓度变化曲线图

2) NO_2 日均浓度变化对比

"煤改气"前后 NO_2 的日均浓度变化趋势,呈现出不同于 SO_2 的变化趋势(图

6-6)。NO$_2$日均浓度非但没有呈现出类似于SO$_2$的衰减，反而出现了增长的态势。"煤改气"前，市中区和市北区的NO$_2$日均浓度峰值远高于市南区，从浓度曲线的波动来看，市北区浓度值略大于市中区，3个区域的日均浓度均有低于国家二级排放限值的时段(0.08 mg/m^3)。"煤改气"后除了市北区有2 d的日均浓度低于二级标准外，其他时段所有区域的NO$_2$日均浓度均高于二级排放限值。从日均浓度的空间分布来看，市北区与市中区基本持平，均大于市南区的日均浓度值。3个区域呈现出不同的日均浓度增长速率，市南区、市中区、市北区平均增长率为20%、18%、8%。

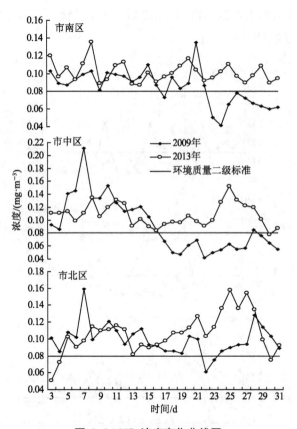

图 6-6 NO$_2$浓度变化曲线图

3) PM$_{10}$日均浓度变化对比

PM$_{10}$是"煤烟型"环境污染的指标性污染物，其浓度的变化直接影响着城市大气环境质量。PM$_{10}$浓度的变化趋势如图 6-7 所示，其变化趋势与SO$_2$和NO$_2$的日均变化不同,没有明显的增加或减少趋势,不同区域的日均浓度曲线均呈现出相互重叠的态势,绝大多数时段高于国家二级排放限值。从曲线变化来看,煤改气后日均浓度的峰值都有不同程度的降低,但谷值却有所增加,整体的均值基本持平。市南区、市中区、市北区分别为 0.252 mg/m³、0.273 mg/m³、0.289 mg/m³。从南到北污染物日均浓度略有增加,但幅度不大。

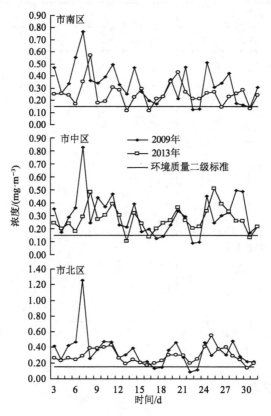

图 6-7　PM$_{10}$浓度变化曲线图

6.4.3　不同区域不同时段的污染物相关性分析

不同区域和不同时段污染物浓度的相关性检验,能清楚地说明污染物是否同源及污染物之间的相互关系。通过对"煤改气"前后,不同区域间污染物浓度的相关性分析,如表 6-2 所示,相关系数存在着显著的相关性。说明各污染之间的相关依存度较高。"煤改气"后,市南区 NO$_2$ 与 SO$_2$ 的相关性增强,而 PM$_{10}$ 由高度依存

于 SO_2 转为与 NO_2 的相关性增高；市中区 NO_2 与 SO_2 的相关性呈减弱趋势，PM_{10} 与 SO_2 和 NO_2 的相关性均呈增强趋势，且与 NO_2 的相关性大于 SO_2；市北区 NO_2 与 SO_2 相关性减弱明显，而 PM_{10} 与 SO_2 和 NO_2 的相关性变化不大，仍呈现出与 NO_2 的相关性大于与 SO_2 的相关性。

表 6-2 污染物浓度相关性检验

地区		市南区			市中区			市北区		
污染物		SO_2	NO_2	PM_{10}	SO_2	NO_2	PM_{10}	SO_2	NO_2	PM_{10}
市南区	SO_2	1	0.71**	0.77**						
	NO_2	0.51**	1	0.84**			改煤气后			
	PM_{10}	0.84**	0.36*	1						
市中区	SO_2				1	0.73**	0.71**			
	NO_2				0.78**	1	0.85**			
	PM_{10}				0.37*	0.6**	1			
市北区	SO_2		改煤气前					1	0.6**	0.61**
	NO_2							0.83**	1	0.73**
	PM_{10}							0.66**	0.82**	1

注：* 表示相关系数的显著性检验值小于 0.05；** 表示相关系数的显著性检验值小于 0.01；上半区为 2013 年，下半区为 2009 年的污染物相关性检验的值。

6.4.4　讨论与分析

通过方差分析可以得出，"煤改气"前后 SO_2 浓度存在显著差异。从 SO_2 浓度变化曲线来看，不同区域均呈现出日均浓度降低的趋势，说明能源结构的调整对 SO_2 浓度的降低起到了积极的作用。这是因为乌鲁木齐市冬季大气环境中的 SO_2 主要来自本地采暖燃煤的排放，"煤改气"后，燃煤量的减少直接影响着 SO_2 浓度的降低，使其日均浓度基本控制在了国家二级排放限值以下。从浓度分布来看，呈现出浓度（市北区）＞浓度（市中区）＞浓度（市南区）。主要是因为除了部分尚未实现能源改造的燃煤锅炉外，市北区的城乡结合区域存在大量自建房，冬季采暖主要依靠燃煤小锅炉自给，小锅炉缺少必要的脱硫设施，且烟气排空高度相对较低，极易造成环境污染,造成所在片区的 SO_2 浓度升高。市南区属于老城区监测点位周边的采暖锅炉全部实现了燃气供热,所以浓度值相对降低。市中区同属老城区,周边已实现燃气供热,但其 SO_2 浓度依然较高,主要是因为市北区浓度较高,在冬季西北风的作用下,污染物被裹挟到市中区,由于受到市中区的粗糙下垫面的阻挡,而导致市中区 SO_2 浓度较高。

方差分析中同样具有显著差异的 NO_2 日均浓度,却与 SO_2 浓度的变化趋势不同。 NO_2 的浓度并没有因为煤改气工程的实施而降低,反而呈现出上升的趋势。通过相关性分析可以看出,整体上 NO_2 浓度与 SO_2 浓度之间的依存关系正在降低,说明除了燃煤之外,其他源排放的 NO_2 浓度正在增加。有研究表明,在城市的发展过程中机动车产生的 NO_2 已经超过燃煤排放的 NO_2 的量。而近年来城市机动车保有量的快速增加使流动源排放的 NO_2 浓度大于固定源(燃煤)的趋势进一步加强。此外,目前的燃煤锅炉多数尚未安装脱硝装置,导致在现有煤炭燃烧的情况下 NO_2 的排放没有得到有效的控制。从变化曲线来看,市北区的增长幅度要快于市中区和市南区,除了因燃煤小锅炉排放大量的污染物质外,市北区城市的快速发展和机动车保有量的快速增加也是造成 NO_2 不断升高的主要原因。

方差检验中,能源结构调整前后 PM_{10} 日均浓度没有显著差异,说明此项工程的实施对降低监测点位高度的 PM_{10} 浓度没有起到决定性的作用。分析其原因主要有,燃煤排放的烟尘在环境监测点位的高度对 PM_{10} 的贡献率仅为25%左右。在历年的环境治理过程中,大型集中供热锅炉均已经安装了高效的除尘设施,所以降低幅度较小。笔者认为,“煤改气”前,建成区存在大量的燃煤锅炉,其烟囱高度约在100 m左右,加上烟气的抬升高度,由燃煤锅炉排放出的烟尘大约在120~150 m的高空中。由于锅炉的过量空气系数和煤质的影响,大型锅炉存在燃烧不充分的情况,燃烧不充分的烟尘携带有大量炭黑,在高空稳定的逆温层作用下长时间存在并持续对太阳光起着消光作用,使能见度降低,形成整个城市被烟雾笼罩的局势。“煤改气”后高空排放的污染物减少,对太阳光的消光作用降低,能见度得到提高,视觉效果有所改善,但对距地面高度相对较小的环境质量监测点位的浓度影响不大。同时,机动车数量的快速增加,对地面尘土的扰动增强,易形成二次扬尘,从而增加了 PM_{10} 浓度。 PM_{10} 与 SO_2 的相关性降低,而与 NO_2 的相关性增强进一步解释了这一现象。从 PM_{10} 日均浓度的分布来看,各区域间的差异不大,浓度基本持平。

6.4.5　本节小结

乌鲁木齐市冬季供暖能源结构的改变对改善城市大气环境质量起到了积极的作用。"煤改气"工程的实施,使 SO_2 日均浓度下降明显,基本达到了国家二级排放限值,但区域间浓度存在着差异,市北区的浓度呈现不断增长的趋势。NO_2浓度并没有随着工程的实施得到有效的控制,反而呈上升的趋势;除了燃煤锅炉未装置脱硝设施造成 NO_2 的排放外,机动车保有量的快速增加也是污染物浓度持续上升的主要原因,且这种影响甚至已经开始超越燃煤排放的 NO_2 的量;NO_2日均浓度呈现出持续大于国家二级排放限值的态势。"煤改气"前后,PM_{10} 浓度变化不显著,基本保持在原来的水平;除了锅炉排放出的烟尘外,机动车带来的影响也在逐步显现。

从分析结果来看,在城市向北发展的同时,北区的环境污染问题已日趋突出。为了有效地改善乌鲁木齐市的大气环境质量,使污染物浓度能达到国家二级环境质量标准,除了改变生产生活中煤的消耗比重外,还要加强对机动车保有量的控制,特别是对汽车尾气的治理工作。

6.5　不同区域大气降尘中重金属污染及来源分析

大气环境中的颗粒物在重力和自然降水的作用下,沉降到地表和建筑物表面的过程被称为大气降尘,是气溶胶的重要组成部分,也是城市大气环境污染的一个重要考量指标。自然界中大气降尘主要源于地面的土壤(通常称为自然源),而现代城市中的大气降尘除了受到自然源的影响外,还与人类生产活动和工业排放的污染物质(称为人为源)有着密切的关系。通常,城市环境污染条件下的大气降尘不是单一成分和来源的污染物,而是由各种各样的人为源和自然源排放的大量成分复杂的化学物质所组成的混合物,对气候、人体和生物都有着一定的影响,尤其是对生态系统造成的负面影响越来越多地引起了专家学者的关注。研究表明,大颗粒物中有些重金属(如 Pb 和 Cd),即使是极少量也会对人体的健康产生严重的威胁。

以往研究表明,不同地区的大气降尘量存在着较大的差异,其降尘中的重金属含量也明显不同,这与地理位置、产业布局以及城市的发育程度有着密不可分的关系。但就一个城市而言,是否同样存在因功能分区不同、产业结构差异和城市发育度不同而导致的大气降尘中重金属含量及来源的差异性?

本节以乌鲁木齐市为例,在综合考虑大气降尘的基础上,按照采样区域的不同,系统地分析了降尘中的重金属含量,并利用富集因子分析和主成分分析方法,对大气降尘中重金属来源和累积程度进行了初步的分析,希望为今后的环境治理提供依据。

6.5.1　研究区概况与研究方法

1) 研究区概况

乌鲁木齐市属典型的河谷型城市,城市的发育主要沿着乌鲁木齐河呈由南向北展开,地势东南高,西北低,南北狭长,东西窄的特点。从经济上来看,乌鲁木齐市是新疆重要的工业城市,在过去城市化和工业经济发展的过程中消费了大量的原煤,产生了严重的大气环境问题;加之城市位于西北干旱区,古尔班通古特沙漠南缘易受到地面风沙扬尘的影响,大气降尘超标情况严重。从城市的布局来看,城市南片属于老城区,发展开发强度大,人口密集,能源消费高,分布有大量的采暖锅炉、工业企业和电厂;城市中部状况与南部基本相似,但人口密度和工业企业分布相对较低;城市北部属于近年来重点开发的区域,人口密度相对较低,但分布的新型工业企业较多。

2) 样品采集

2012 年 3 月—2013 年 3 月,在乌鲁木齐市区设置 12 个降尘采样点,如图 6-8 所示。降尘缸置于建筑物楼顶,远离高大建筑和明显的污染源,降尘缸内预先注入一定量的乙二醇,防止颗粒物二次扬起和杀菌,降尘缸每月更换一次。样品带回实验室,按试验操作规程进行预处理备用。用 ICP-AES(电感耦合等离子体原子发射光谱)测定样品中 Cu、Cr、Mn、Fe、Ni、Zn、Cd、Pb 和 As 的含量。在分析测定中采用国家标准样进行全程的分析质量控制。通过对不同监测点的重金属含量,按照不同区域分别进行算术平均计算,确定不同区域的重金属污染水平,并用 Excel 和 Spss 软件进行数据处理和分析。

3) 数学分析方法

采用富集因子分析方法探讨重金属的污染程度。富集因子分析方法是一个反映人类活动对自然环境扰动程度的重要指标。它是通过样品中元素的实测值与元素的背景含量进行对比来判断表环境介质中元素的人为影响状况。模型表达如下:

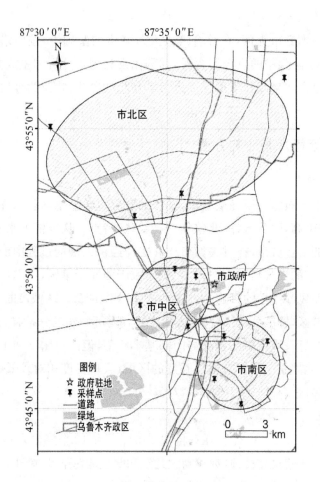

图 6-8 大气降尘采样点

$$EF = (C_i/C_r)\text{颗粒}/(C_i/C_r)\text{背景} \tag{6-1}$$

式中,C_i 为元素 i 的浓度;C_r 为被选定的参考元素的浓度;(C_i/C_r) 颗粒为颗粒中 C_i 元素的相对浓度;(C_i/C_r) 背景为地壳中相应元素的相对浓度。这两种浓度之比,即为 C_i 元素的富集因子值,用 EF 表示。本文选择 Al 作为参比元素。当 EF 小于 1 时表明大气降尘中重金属主要来源于自然源;EF 介于 1~10 之间表明这些重金属元素除自然源外,还叠加了人为源的影响;EF 大于 10 表明该重金属元素明显受到了人为源的影响。

采用因子分析方法判断造成重金属污染的污染源,主要原理是基于承认与污染源有关的变量之间存在着相关性,以最少的信息丢失为前提,将众多的原始变量

综合成较少几个综合指标,即因子。因子模型表达如下:

$$x_i = a_{i1}f_1 + a_{i2}f_2 + \cdots a_{ij}f_j + \varepsilon_i \quad (i = 1, 2, \cdots, p; j \leqslant p) \qquad (6\text{-}2)$$

式中,f_j 为公共因子;a_{ij} 为因子载荷,即第 i 个变量在第 j 个因子上负荷。因子载荷越大,则说明第 i 个变量与第 j 个因子的关系越密切;载荷越小,则说明第 i 个变量与第 j 个因子的关系越疏远。

6.5.2　结果与分析

1) 重金属含量与富集因子指数

对不同区域监测点样品中的重金属元素含量进行数理统计和富集因子计算,结果如表 6-3 所示。可以看出,重金属 Cu、Cr、Mn、Fe、Ni、Zn、Cd、Pb 和 As 的含量差异较大,这可能与环境背景值有关。从 EF 指数可以看出,不同区域间 Mn 的含量均小于 1,Cu、Cr 和 Ni 介于 1~10 之间,其余所测重金属含量均大于 10,尤其是 Fe 的指数最高,其次是 As。不同区域间的 EF 指数,互有高低,没有明显的变化趋势。

2) 因子分析

从因子模型的理论可知,非零特征根及其所对应的特征向量对应于 m 个公因子载荷,公因子数 m 是根据前 m 个特征值之和在全部特征值之和中所占的比重来确定,根据样品监测的重金属数据,计算不同区域的特征根,如表 6-3 所示。不同区域的 m 值存在差异,市南区取 3 时,占全部特征值的 81.39%;市中区和市北区取 4 时,分别占全部特征值的 86.42% 和 88.49%;这就意味着市南区降尘中的重金属主要来源于 3 种不同的污染源,而市中区和市北区的重金属主要来源有 4 种不同的污染源。

以往的研究经验表明,对于清洁区域,因子分析通常选择初始因子负荷矩阵,而对于污染地区则采用经过旋转的因子负荷矩阵来分析。乌鲁木齐属于大气环境污染严重的城市,因此需计算旋转因子矩阵的最终因子载荷。通过对初始因子负荷矩阵采用方差极大旋转,得到旋转后的因子负荷矩阵,并对举证进行正规化还原,求得最终因子矩阵,如表 6-4 所示。通过对比可以看出,市南区的主要成分因子有 3 种,其累计率为 81.39%;而市中区和市北区的主要成分因子有 4 种,累计率分别为 86.42% 和 88.49%。说明城市不同区域间大气降尘的污染水平存在差异,且影响大气降尘的污染源也不尽相同。

表6-3 不同区域重金属含量的数理统计及富集因子(EF)计算

单位：mg/kg

重金属元素	市南区			市中区			市北区			土壤背景值	EF指数		
	最小值	最大值	均值	最小值	最大值	均值	最小值	最大值	均值		市南区	市中区	市北区
Cu	24.97	107.02	54.06	27.91	109.85	59.05	24.06	117.17	53.07	26.70	3.00	3.28	2.95
Cr	21.02	91.75	60.83	20.91	120.78	66.05	28.22	137.57	73.31	49.30	1.83	1.99	2.20
Mn	142	604	391	143	594	403	171	897	494	688.00	0.84	0.87	0.98
Fe	2 666	10 535	7 537	2 598	13 102	8 655	2 894	12 222	8 013	278.00	40.18	46.14	42.72
Ni	18.80	68.86	45.36	18.45	94.98	48.79	18.28	133.33	53.74	26.60	2.53	2.72	2.99
Zn	194	2 358	667	207	2 718	806	314	2 012	818	68.80	14.38	17.37	17.62
Cd	0.29	1.85	0.99	0.37	4.54	1.39	0.54	2.72	1.46	0.12	12.22	17.17	18.00
Pb	4.66	76.02	35.18	3.58	96.67	33.94	5.28	73.76	35.70	3.00	17.38	16.77	17.64
As	27.5	1 006.5	210.4	25.1	329.2	151.5	36.3	483.7	178.0	11.20	27.84	20.05	23.55

表 6-4 特征根

地区	因子	特征根	方差/%	累积方差/%
市南区	1	4.03	44.81	44.81
	2	2.11	23.46	68.27
	3	1.18	13.12	81.39
市中区	1	3.41	37.89	37.89
	2	2.12	23.51	61.40
	3	1.44	15.98	77.39
	4	0.81	9.03	86.42
市北区	1	3.86	42.84	42.84
	2	2.08	23.11	65.95
	3	1.26	14.04	79.99
	4	0.76	8.50	88.49

6.5.3 讨论与分析

从富集因子计算结果可以看出,乌鲁木齐市不同区域的大气降尘中的重金属污染严重,且主要以人为源为主;所测得的元素中,除了 Mn 小于 1,元素来自自然源外,其他的元素均受到人为源的影响,不同区域间均有 50% 以上的重金属元素的富集因子指数大于 10,说明这些元素与人类的生产生活活动息息相关,这与前人的研究基本一致,也表明在城市化和经济发展的进程中,人们的生产生活已经严重影响了自身所存在的大气环境。

由富集因子的计算得知降尘中重金属的污染主要源于人为源,但是哪些源对不同区域有着相对显著的贡献?根据相关系数检验的临界值表,在 0.01 的置信度水平下,相关系数>0.71 视为显著相关,通过因子分析方法计算可以看出市南区、市中区和市北区中的第一个因子均与 Mn 和 Cu 显著相关,而富集因子的计算值 Mn 小于 1,说明其污染源主要源于自然源,即不同时期产生的扬尘或沙尘暴对大气环境的影响,这与城市周边裸露地表多,植被覆盖率低,易产生扬尘有着很大的关系;虽然富集因子计算中,不同区域 Cu 的指数均介于 1~10 之间(低于 3.5),存在人为源和自然源共同影响的可能,但是由于两者显著相关,所以有理由认为两者具有同源性,即主要受自然源的影响。由此认为第一个因子是代表自然源,其对市南区、市中区和市北区的贡献率分别为 37%、34.87% 和 28.31%。这个贡献率与乌鲁木齐市的地面风场和风向所研究的结果一致,市南区周边的裸露地面的尘土在东南风的作用下,输入到市区并通过自然降尘的方式沉积到地表或建筑物表面,由于在空间输送过程中建筑物的阻挡,风力降低,导致尘土的输送动力逐步减弱,而产生对不同区域的降尘差异性,故对不同区域的影响也有差异。不同区域旋转成分矩阵如表 6-5 所示。

表 6-5 不同区域旋转成分矩阵

元素	市南区			市中区				市北区			
	a_1	a_2	a_3	a_1	a_2	a_3	a_4	a_1	a_2	a_3	a_4
Cu	0.83	0.41	−0.21	0.85	0.48	0.07	0.05	0.81	−0.02	0.44	−0.03
Cr	0.07	−0.04	0.93	0.07	0.07	0.04	0.94	0.02	0.16	0.96	0.09
Mn	0.82	0.17	−0.25	0.89	−0.12	−0.08	−0.12	0.89	0.23	−0.17	−0.08
Fe	−0.12	0.89	0.20	−0.19	0.83	0.23	0.28	0.11	0.80	0.00	0.47
Ni	0.11	0.94	−0.11	0.17	0.85	−0.11	−0.08	0.04	0.47	0.76	−0.19
Zn	0.64	0.40	0.34	0.31	0.81	0.11	−0.02	0.60	0.67	−0.05	0.33
Cd	0.04	0.84	0.40	0.26	−0.01	0.95	0.12	0.09	0.18	−0.01	0.96
Pb	−0.14	0.89	−0.11	−0.32	0.63	0.58	−0.17	−0.26	0.84	−0.24	−0.04
As	−0.07	0.79	0.04	0.28	0.75	−0.14	−0.46	0.07	0.77	−0.43	−0.27
成因率/%	37.00	29.67	14.71	34.87	22.87	14.94	13.73	28.31	23.07	21.70	15.41
累积率/%			81.39				86.42				88.49

第二个因子与在不同区域主要与 Ni、Fe、Pb 和 As 显著相关(市中区的 Pb 和市北区的 Ni 除外)。根据富集因子计算,As、Pb 和 Fe 明显大于 10,而 As 是煤炭污染排放的主要指示元素,Fe、Pb 和 Ni 通常也被认为是燃煤排放的主要重金属元素,元素间显著相关,说明具有同源性。虽然有研究认为 Pb 是机动车尾气的指示元素,但目前乌鲁木齐机动车基本上选用的是无铅汽油或双燃料(即:汽油和天然气,由于经济因素天然气机动车所占比例较大),因此可以认为降尘中 Pb 的主要来源应该是燃煤。故有理由认为燃煤是第二污染因子,其在市南区、市中区和市北区的贡献率分别为 29.67%、22.87% 和 23.07%。这与先前研究认为乌鲁木齐是典型的煤烟型污染的结论基本一致。但略低于燃煤污染对城市贡献率为 30% 的结

论,这主要是因为计算燃煤污染贡献率的采样范围主要是在市南区,而忽略了市中区和市北区的环境容量,仅从市南区来比较两者结论基本相符。燃煤对大气降尘重金属的贡献率远小于同样是煤烟型污染严重的兰州市(燃煤贡献率 41.04%),主要是因为,近年来各地均加大了对燃煤锅炉排放的控制,其次本试验采取的是市区均匀布点的方式,有效地避免了因某一个点污染特别严重而带来的影响。

第三个因子在市南区和市北区与 Cr 显著相关,而在市中区与 Cd 显著相关。Cr 在市南区和市北区的富集指数分别为 1.83 和 2.20,介于自然源和人为源共同作用的区间。而市中区的 Cd 富集指数为 17.17,属人为源的作用。根据前人的研究结果分析,Cr 的人为源主要来自燃煤和金属冶炼,因为第二个因子中已经讨论了燃煤的指示性元素 As,且 Cr 与第二个因子相关度较低,所以认为 Cr 主要源于金属冶炼排放的污染物质。从空间来看,市南区属老城区有部门工业企业尚未搬迁,而市北区与城市规划的工业园区较近,且有大量的小工业企业存在,这与监测的结果相吻合,故可以认为第三个因子在市南区和市北区是金属冶炼排放的因子,其对大气降尘中重金属的贡献率分别为 14.71% 和 21.70%。市中区 Cd 元素明显是人为源造成,根据以往研究结果认为主要是垃圾焚烧导致的结果,这与市中区西侧有全市的垃圾填满和焚烧厂是否有直接的关系,尚需进一步探讨研究,其贡献率为 14.94%。

因子分析未计算出市南区的第四个因子,说明前三个因子是构成市南区的大气降尘污染的主要来源,其他污染源的影响甚小;而市中区和市北区第四个因子分别与 Cr 和 Cd 显著相关。从第三个因子的分析可以得知,Cr 与金属冶炼排放相关,而 Cd 和垃圾焚烧有关。市中区的 Cr 除了与区域内尚未搬迁的工业企业有一定关系外,还与不同风向输入进来的污染物质有着密切的关系;而市北区原属城市边缘,基础设施条件较差,周边农田较多,秸秆焚烧和垃圾焚烧都是导致 Cd 元素增加的主要原因。通过分析可以看出,第四个因子在市中区的污染是金属冶炼,而在市北区的污染则是垃圾焚烧,其贡献率分别为 13.73% 和 15.41%。

6.5.4　本节小结

通过对乌鲁木齐市不同区域大气降尘中重金属含量的分析,可以得出大气降尘中重金属含量与土壤背景值相比明显偏高,污染严重,受人为原因影响十分显著。从因子分析得出,不同区域间的污染源存在差异,同种污染源对不同区域的影响也明显不同。按照不同因子的贡献率分析,可以看出不同区域间,第一因子是对污染贡献最大的土壤扬尘,贡献率在 $28.31\%\sim 37.0\%$ 之间;第二因子为燃煤消耗,贡献率在 $22.87\%\sim 29.67\%$ 之间;第三因子和第四因子存在差异,说明城市不同区域间污染的贡献率也存在差异。

根据乌鲁木齐大气降尘重金属污染来源的分析,加强城市周边环境的绿化减少沙尘和建筑扬尘是消减污染的重要手段和当务之急,其次降低原煤的消费仍然是一项改善大气环境质量的重要手段,减少石化和金属冶炼领域污染物排放,提高原料利用效率,也是不容忽视的环节;对于其他领域的贡献,需要从垃圾焚烧,机动车控制等更大范围入手进行治理。

6.6 乌鲁木齐市酸沉降量的空间差异性分析

自然降水对去除大气环境中的污染物起着重要的作用。近年来,科研人员通过分析降水样品中的化学组分来评价和判断大气环境质量以及降水酸化的机理。从目前国内的研究成果来看,降水中的离子主要为 SO_4^{2-}、NO_3^-、NH_4^+ 和 Ca^{2+},且呈现出北方城市高于南方城市的格局。而评价的内容主要是对降水的 pH 和酸雨频率进行讨论和分析,并未对酸沉降量进行深入的探讨,具有一定的局限性;而国外对酸沉降的研究均以沉降量作为评价污染状况的重要依据。因为,酸沉降不仅包括了酸雨频率和降水的 pH,同时还涵盖了沉降量这一重要指标。从降水 pH 来看,是受大气环境中酸碱性物质共同作用的结果,由于地理位置的不同,大气中酸碱物质的浓度差异很大,因此研究酸沉降量比单一的降水酸度更科学。因为对环境生态系统起作用的不是某次降水中的离子浓度,而是离子的沉降量,是客观反映每次降水中化学成分的绝对量。这既考虑了降水量的影响,同时也解决了以往研究中离子浓度不具累积的性质。因此,在研究生态环境效应时酸沉降量就显得更科学。

随着乌鲁木齐市不断的扩展和产业结构调整,原来大气环境污染的空间格局被打破,污染物在空间上的浓度随城市的走向呈现出不断北迁的趋势。为了探究酸沉降的空间差异性,本实验在城市南、中、北 3 个区域设置监测点位,并通过酸沉降量的计算来讨论,城市摄布过程中酸沉降量的差异性。

6.6.1 研究方法

1) 采样点及方法

根据酸沉降的监测技术规范的点位设置原则,分别在乌鲁木齐市区东南部(气象局)、中部(市环境监测站)及北郊(四宫,清洁对照点)各布设一个监测点(图6-9)。采样点完全依据国家标准设置,远离局地污染源,周围 2 m 范围内无障碍物。采样方法根据《酸沉降监测技术规范》(HJ/T 165—2004)规定,采用湿沉降采样器对大气降水样品进行采集。

2) 监测项目

根据国标方法对降水样品进行实验室分析,项目包括降水量、硫酸根(SO_4^{2-})、硝酸根(NO_3^-)、氯离子(Cl^-)、铵离子(NH_4^+)、钙离子(Ca^{2+})、镁离子(Mg^{2+})、钾离子(K^+)和钠离子(Na^+)。检测数据采用三级审核制,保证数据的正确性。

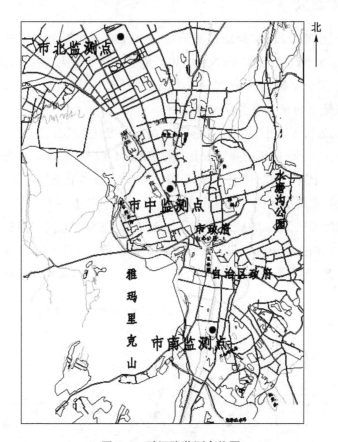

图 6-9　酸沉降监测点位图

3) 湿沉降指标的计算方法

$$D_{ij} = \sum_{j=1}^{n} C_{ij} Q_j \tag{6-3}$$

式中，C_{ij}为第j次降水中i离子浓度(mg/L)；Q_j为第j次降水量(mm)；n为降水总次数；D_{ij}为第i种离子湿沉降量(mg/m²)。

采用降雨量加权平均计算各离子浓度均值，湿沉降量采用通用的方法计算，即任何一种离子的年度湿沉降量表示在采样时间内沉降到$1\,m^2$土壤上某组分的量计算。

SO_4^{2-}湿沉降量乘以$1/3$即为SO_4^{2-}湿沉降贡献S湿沉降通量。NO_3^-、NH_4^+湿沉降量分别乘以0.23和0.78即为NO_3^-、NH_4^+湿沉降贡献N湿沉降通量。

6.6.2 监测结果

通过数据处理得出，实验结果显示乌鲁木齐市大气降水中的离子以硫酸根(SO_4^{2-})、硝酸根(NO_3^-)、铵离子(NH_4^+)和钙离子(Ca^{2+})为主，对酸沉降贡献明显，因此在这里主要分析硫、氮和钙组分的酸沉降变化趋势及差异。

1) 硫沉降量的变化趋势及空间差异

从监测结果可以看出，不同区域间硫沉降量的变化趋势存在差异，且波动幅度较大(图6-10)。市南区硫沉降量的变化幅度在$24.01\sim130.68$ mg/m²之间，而变化趋势呈现出"上升-下降-再上升-再下降"的态势，整体上呈"M"型，其中峰值出现在4月，而谷值则出现在2月。市中区的变化幅度在$45.41\sim157.28$ mg/m²之间波动，峰值出现在1月，随后呈"下降-上升-下降"的趋势；谷值出现在5月，而后呈上升态势，但幅度较小。市北区的变化幅度最大，在$38.95\sim236.01$ mg/m²之间波动，整体上呈"M"型；主峰值出现在4月，为236.01 mg/m²；次峰值出现在6

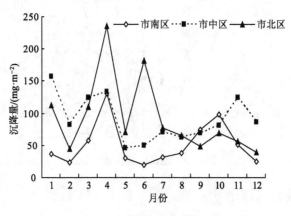

图6-10 不同区域硫沉降量的变化趋势

月,为 181.31 mg/m²;随后呈明显的下降趋势,直到 12 月出现谷值。从空间硫沉降量的变化来看,市南区的沉降量整体要小于市中区和市北区,而市北区在 3～7 月间的沉降量远大于市南区是市中区,8 月之后开始有明显的下降,而低于这两个区域。由计算公式可以看出,沉降量与降雨量、离子浓度有关。通过相关性检验得出,市南区、市中区和市北区的硫酸沉降与降雨量不具有显著相关性,而与离子浓度的显著相关性也存在差异,相关系数依次为:$R=0.698,p<0.05;R=0.712,p<0.01;R=0.903,p<0.01$。说明不同区域间,由于地理位置和气象条件的不同,硫酸沉降量受的影响存在差异;而由南向北,酸沉降量与离子的浓度的相关性呈现出明显的增加趋势。

2) 氮沉降量的变化趋势及空间差异

从氮沉降量的变化趋势来看,不同区域间的走势趋同,只是波动幅度存在着一定的差异。市南、市中、市北区的变化幅度分别为 16.93～85.26 mg/m²、21.46～51.65 mg/m²、15.51～44.72 mg/m²,峰值则分别出现在 9 月、1 月和 4 月,如图 6-11 所示。由于 TN 的沉降量是由 NO_3^--N 和 NH_4^+-N 合并计算而得,同时与降水量有着密切的关系,通关相关性检验,如表 6-6 所示,得出市南区 TN 沉降量与 NH_4^+-N、NO_3^--N 和降水量具有显著的相关关系;而市中区 TN 的沉降量仅与 NH_4^+-N 存在显著相关关系;市北区 TN 的相关关系与 NH_4^+-N 和 NO_3^--N 显著,而与降水量的相关性则不显著。

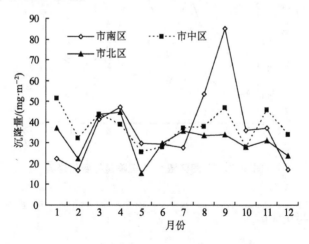

图 6-11 不同区域氮沉降量变化趋势

表6-6　不同区域TN的相关性检验系数

地区	NO_3^--N	NH_4^+-N	降水
市南区 TN	0.963**	0.974**	0.927**
市中区 TN	0.248	0.798**	0.317
市北区 TN	0.624*	0.825**	0.361

注：*表示在0.05水平(双侧)上显著相关，**表示在0.01水平(双侧)上显著相关。

3）钙沉降量变化趋势及空间差异

从Ca^{2+}沉降量曲线的波动幅度可以看出，市南区沉降量波动相对最小，为46.56～131.83 mg/m²，峰谷值分别出现在8月和2月；市中区较大，为119.11～216.57mg/m²，峰谷值出现在8月和12月；市北区最大，为89.78～248.3 mg/m²，峰谷极值出现在4月和12月，如图6-12所示。从曲线走势来看，市南区和市中区极为相似，只是在数量级上有明显的差别；市北区变化幅度较大，3～7月Ca^{2+}沉降量明显大于市南区和市中区，其余时段出现交替的现象。通过相关性检验得出，除了市北区Ca^{2+}沉降量与Ca^{2+}的离子浓度显著相关外($R=0.618$，$P<0.05$)，其他区域的各因子之间不具有显著相关关系。

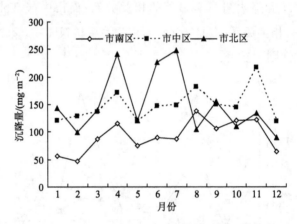

图6-12　不同区域Ca^{2+}沉降量的变化趋势

6.6.3　讨论与分析

通过结果可以看出，城市中不同区域间各种离子的酸沉降量存在差异，这与城市的功能区划和产业布局有着密切的关系，同时也与城市周边的自然环境有着必然的联系。从先前的研究中可以得出，乌鲁木齐市大气环境污染物有着十分明显的季节变化特征,但在酸沉降的研究中并未发现有类似的规律。以往通常认为市南区的 SO_2 污染在整个城市中最为严重,但从酸沉降量的监测中可以看出,该区域的硫沉降量明显低于市中区和市北区,这可能与近年来城市产业结构调整和城市撒布有着密不可分的必然联系。市南区作为老城区,原来重污染的企业已经搬迁,未搬迁的企业也通过技改和节能减排等多项措施减少了对大气环境含硫污染物排放;而市北区由于城市开发的强度不断增大,企业聚集,加之原来城乡接合部小企业的存在,含硫污染物的排放强度增大,可能导致硫酸沉降量的增加。从相关性检验可以看出,不同区域硫沉降量与降水量相关性不显著,说明硫沉降量主要源于空间硫离子浓度。硫沉降量与离子浓度的相关系数的差异说明,由南向北硫沉降量与空间硫离子浓度的关系越发密切。

不同区域,TN 沉降量也呈现出不同的特征,从相关性检验结果可以看出,市南区的 TN 沉降量与 NH_4^+-N、NO_3^--N 和降雨量均呈显著相关,说明该区域氮沉降受到的影响因素或者说干扰较多;而市中区的 TN 沉降量仅与 NH_4^+-N 显著相关,与 NO_3^--N 和降雨量相关但不显著,说明该区域氮沉降主要源于 NH_4^+-N 的贡献;市北区 TN 沉降量主要源于 NH_4^+-N 和 NO_3^--N 的贡献,从相关系数来看,NH_4^+-N 的贡献要大于 NO_3^--N 的贡献,这与市北区有大量的农田有关,通常认为农田对大气环境贡献大量的氨,源于作物和植被在生长过程中使用大量的氨肥导致,这种贡献随着季节的不同而变化,并通过自然降水到达地表。

Ca^{2+} 沉降量差异性与前两者呈现出相同的特征,即不同区域沉降量的曲线有着明显的不同。从以往的研究来看,Ca^{2+} 浓度除了与化石燃料燃烧排放有关外,还与不同区域土壤的理化性质有着一定的关系。监测结果显示,市北区的 Ca^{2+} 沉降量呈较高态势,与其所处的地理位置有着密切的关系,周边大量的农田和裸露的地表都有可能成为 Ca^{2+} 的贡献源。而 Ca^{2+} 沉降量与空间离子浓度不具有很高的相关性说明,大气环境中的 Ca^{2+} 可能随大气运动扩散出去或者以干沉降的方式到达地表。

6.6.4 本节小结

通过对城市不同区域酸沉降数据的分析,可以看出乌鲁木齐市的大气环境污染依然严重,而不同区域又呈现出不同的沉降特征。从酸沉降的监测数据来看,原来污染严重的市南区呈现出转好的趋势,无论是硫沉降、氮沉降还是钙沉降都明显低于其他两个区域;而原本认为环境质量较好的市北区则呈现出较高沉降量的态势,说明在城市摅布和产业结构调整的过程中,城北的大气环境已经受到了严重的污染,需要在今后的环境保护工作中予以重视。

酸沉降监测点位的数值能客观地反映不同区域大气污染状况,市北区的监测点原本为城市酸沉降的对照点(或者说是背景值监测点),在布设后从未进行过校正,在城市不断扩展和产业空间布局以及功能区划发生改变的大背景下,该对照点的监测数据已超过其他监测点位的监测数据,因而,失去了其作为对照点的意义。在大力整治环境污染的前提下,对照(背景值)监测点的选取具有十分重要的意义。因此,建议环境保护部门在城市规划或产业规划的调整过程中及时调整对照点的位置,使其能真正反映一个区域的背景值,从而能科学地判断大气环境的污染状况。

6.7 乌鲁木齐市 PM$_{2.5}$浓度与气象条件的耦合分析

快速的城市化在促进社会进步和人们生活水平提高的同时,也向环境系统排放各种污染物,颗粒物污染已成为我国城市大气污染的首要问题。PM$_{2.5}$是指环境空气中空气动力学当量直径小于或等于 2.5 μm 的颗粒物。PM$_{2.5}$粒径小,比表面积大,易携带有毒有害物质,不受任何抵挡直入人体肺部,对人体健康尤其是呼吸系统、心血管系统和心肺系统具有很大的危害。为了降低 PM$_{2.5}$对人体健康的危害风险,2006 年,美国主动将 PM$_{2.5}$的日均值标准由 65 μg/m^{3}调整为 35 μg/m^3,年标准仍为原来的 15 μg/m^3。2012 年我国新出台的《环境空气质量标准》(GB 3095—2012)中首次将 PM$_{2.5}$纳入环境质量评价范畴,规定 PM$_{2.5}$日标准值为 35 μg/m^3,年均值为 75 μg/m^3。美国环境空气质量管理最主要的特点就是对未达标区以及专门制订未达标区的管理和控制对策,依据未达标地区的人口、工业、能源结构以及当地气象条件,使其早日达到标准而制订专门的相应规定。Hart M. 研究结果显示:在冬季 PM$_{2.5}$浓度升高,主要是由于交通和化石燃料的燃烧所致,因为在极其寒冷的天气取暖需要消耗大量燃料,加之夜晚时间变长,对电的需求增加,供电又增加了燃料消耗量。根据 Johnson 等研究结果显示:冬季,交通对 PM$_{2.5}$的贡献率高达 30%;同时,当温度从 23℃降至－20℃时车辆的冷启动排放的颗粒物会增加一个数量级。大量的数据统计和建模研究发现:在一段时期内,当污染源的排放量基本不变时,污染物浓度的集聚或扩散就与气象条件(风向、风速、逆温层等)、下垫面条件(地形起伏、粗糙度、地面覆盖物等)呈显著相关。

Elminir 等研究发现：PM$_{2.5}$浓度在很大程度上取决于风速、风向、温度、相对湿度、混合高度、降水和云量。赵晨曦研究显示：北京冬季 PM$_{2.5}$ 和 PM$_{10}$ 的质量浓度分别与气温、相对湿度呈正相关，与风速呈负相关；并得出相对湿度是影响污染物质量浓度分布的主要因素。宋宇等指出大多数情况下 PM$_{10}$ 的质量浓度与温度呈现负相关性，但在持续高温条件下，颗粒物质量浓度反而会增高，因为气温越高，光化学反应越活跃，二次气溶胶越容易形成。

乌鲁木齐市地处西北干旱区，大气环境污染长期以来备受社会各界的关注。特别是作为"一带一路"倡议中重要的节点城市，环境质量就显得尤为重要。乌鲁木齐市大气污染物浓度的变化除受污染物排放源影响外，主要取决于气象条件。已有研究表明：乌鲁木齐市大气污染物浓度与逆温、风速、温度等气象条件呈显著相关性。魏疆通过建立乌鲁木齐市大气污染物浓度计量模型分析得出：逆温层厚度对不同污染物的浓度影响存在差异，其中逆温层厚度对大气污染物浓度的影响较风速更显著。风速在非采暖期对污染物的扩散和稀释作用大于采暖期。蔡仁研究结果显示：风速在 5.0 m/s 以内随风速增加，颗粒物浓度稀释扩散现象逐步加强；当风速达到 5.0 m/s 时，PM$_{10}$ 的浓度比静风时刻浓度（0.392 mg/m^3）下降了 0.241mg/m^3；但当风速大于 5.0 m/s 以后，PM$_{10}$ 的浓度缓慢攀升。此外，研究表明：气温通过影响逆温层和风速共同影响着污染物浓度的扩散和稀释。当前针对造成乌鲁木齐市雾霾天气的主要细颗粒污染物 PM$_{2.5}$ 的浓度时空变化特征以及与气象条件关系的研究较少，因此，本文根据 2013 年 10 月 10 日至 2014 年 11 月 30 日乌鲁木齐市 PM$_{2.5}$ 的逐时浓度以及同期气象站的逐时气象数据开展研究。

6.7.1　研究区概况及数据处理

1）研究区概况

乌鲁木齐市位于天山北麓准噶尔盆地南缘的乌鲁木齐河谷中，三面环山，地势呈东南高西北低缓慢坡降之势，属河谷型城市。气候类型为典型的中温带干旱大陆性气候，冬季漫长，静风频率高，逆温层厚度及强度大，大气稳定度类型多为中型和稳定类，气象条件极不利于大气污染物扩散，易形成严重的大气环境污染。

2）数据统计

本文使用了 2 类数据：PM$_{2.5}$ 数据和气象数据。PM$_{2.5}$ 数据是从 2013 年 10 月 10 日至 2014 年 11 月 30 日的 24 h 均值数据，根据每天的 24 h 数据求得算数均值，即为 PM$_{2.5}$ 的日均值。气象数据是采用了同期的乌鲁木齐市气象站（51463）的逐日地面气象要素数据(平均气温、平均气压、平均水汽压、相对湿度、风速等 5 种要素)。数据统计与分析采用 Excel 2010 和 SPSS 21.0 软件,风向玫瑰图和 $PM_{2.5}$ 小时变化图采用 Grapher 8.0 软件。

6.7.2 结果

1) $PM_{2.5}$ 浓度变化特征

乌鲁木齐市采暖期(2013 年 10 月 10 日—2014 年 4 月 10 日)$PM_{2.5}$ 浓度逐日变化特征见图6-13。结果显示:乌鲁木齐市采暖期 $PM_{2.5}$ 平均浓度达到了 84.70 $\mu g/m^3$,采暖期 $PM_{2.5}$ 浓度超标严重,超标天数总计达到了 92 天。11 月超标天数最多,达到了 22 天;12 月次之,为 20 天;接下来是 1 月,为 13 天;2 月和 3 月超标天数较少,分别为 8 天和 9 天。$PM_{2.5}$ 浓度最高值和次高值出现在 11 月 16 日和 1月 4 日,浓度值分别高达 263.46 $\mu g/m^3$、244.13 $\mu g/m^3$,这两天气象条件相对稳定,日均气温分别为 -3.25℃、-12.4℃,相对湿度分别为 88.54%、78.88%,平均风速分别为 1.21 m/s、1.28 m/s。$PM_{2.5}$ 浓度最低值出现在 2 月 1 日、3 月 26 日、11 月 21 日、11 月 22 日,浓度值分别为 14.13 $\mu g/m^3$、14.13 $\mu g/m^3$、14.1 $\mu g/m^3$、16.00 $\mu g/m^3$。通过分析气象数据发现:这几天均有不同程度的降水,降水量分别是 3 mm、13 mm、1 mm、0.5 mm。由图 6-13 可以看出:12 月 5 日—7 日,$PM_{2.5}$ 浓度出现缺失值,气象数据显示这三天为连续的降雪天气,并且降水量较大,分别为 327 mm、29 mm、327 mm。可见降水天气对 $PM_{2.5}$ 浓度值和 $PM_{2.5}$ 数据监测都有较大的影响。

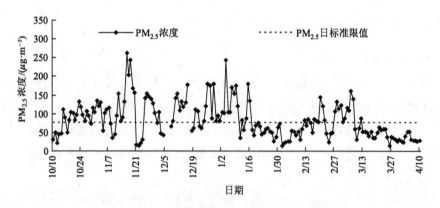

图 6-13 采暖期 $PM_{2.5}$ 浓度逐日变化图

非采暖期(2014年4月11日—2014年10月9日)PM$_{2.5}$浓度逐日变化特征见图6-14。结果显示:非采暖期PM$_{2.5}$浓度较低,其平均值为20.66 μg/m^3;7月平均浓度最低,月均浓度为19.44 μg/m^3;最低值出现在4月14日,浓度日均值为8.32 μg/m^3,气象资料显示当天的日照时数为0 h,降雨量为15 mm,平均风速为3.8 m/s;最高值和次高值分别出现在7月20日和4月25日,浓度值分别是84.33 μg/m^{3}和64.17 μg/m^3;这些天相对来说气象条件较稳定,平均气温分别为25.6℃、7.9℃,相对湿度分别为25%、40%,风速值分别为2.6 m/s、1.3 m/s,夏季持续的高温和风速相对较小的天气PM$_{2.5}$浓度较高。

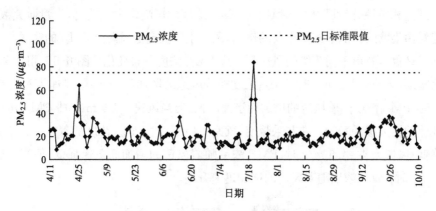

图 6-14 非采暖期 PM$_{2.5}$ 浓度逐日变化

2) 气象要素与PM$_{2.5}$浓度的相关分析

大量研究表明:PM$_{2.5}$浓度除了受污染源的影响以外,还与气象条件密切相关。将采暖期和非采暖期逐日的PM$_{2.5}$浓度数据与相对应的乌鲁木齐气象站逐日风速、降水量、相对湿度等气象要素进行Pearson性相关性统计分析,相关系数统计结果见表6-7。

表 6-7 PM$_{2.5}$ 浓度与气象要素的相关系数

项目	风速	气压	相对湿度	气温	水汽压
采暖期	−0.194**	0.97	0.160**	−0.139**	−0.125**
非采暖期	−0.109	0.83	−0.233**	−0.505	−0.031

注:** 表示在 $p < 0.01$ 水平(双侧)上极显著相关。

从采暖期来看,各气象条件与PM$_{2.5}$浓度相关性均有差异性。其中风速与PM$_{2.5}$浓度相关性最高,相关系数为−0.194;其次是相对湿度,相关系数为0.160;

接下来是气温和水汽压,相关系数分别为−0.139、−0.125;气压与$PM_{2.5}$浓度的相关性不显著。

从非采暖期来看,相对湿度与$PM_{2.5}$浓度呈显著负相关,相关系数为−0.233;其余气象条件与$PM_{2.5}$浓度具有相关性,但相关性不显著。

从正负相关分析可见:采暖期相对湿度、气压与$PM_{2.5}$浓度呈显著正相关以外,与风速、气温、水汽压均呈不同程度的负相关。非采暖期只有气压与$PM_{2.5}$浓度呈正相关,其余4种气象条件与$PM_{2.5}$浓度均呈负相关。

3)风速、风向对$PM_{2.5}$浓度的影响

通过相关性分析可以看出风速对$PM_{2.5}$浓度的影响最大。同时,大量研究表明:风速对污染物的扩散起到了重要的作用,风向主要决定上风向上$PM_{2.5}$的输送与扩散方向。乌鲁木齐市不同等级的风速下对应$PM_{2.5}$浓度分布变化见图6-15,可以看出:在采暖期,风速<2.5 m/s时,$PM_{2.5}$浓度随着风速的增加逐步递减;风速为2.5～3.5 m/s时,$PM_{2.5}$浓度随着风速的增加而迅速降低;但当风速>3.5 m/s时,$PM_{2.5}$浓度随着风速的增大缓慢攀升。在非采暖期,风速<4 m/s时,$PM_{2.5}$浓度随着风速的增加缓慢降低;风速为4～4.5 m/s时,$PM_{2.5}$浓度随着风速的增加而急速降低;但当风速>4.5 m/s时,$PM_{2.5}$浓度随着风速的增加迅速升高。

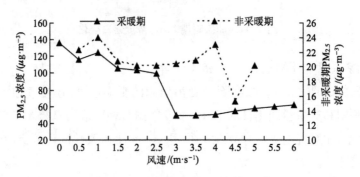

图6-15 风速对$PM_{2.5}$浓度的影响

乌鲁木齐市区(以乌鲁木齐市气象站为代表)采暖期主导风向为西南风和偏东风[图6-16(a)]。采暖期乌鲁木齐地区风速比较小,平均风速是1.74 m/s,静风频率(0～0.5 m/s)为4.3%,24 h平均风速为0.5～2 m/s的天数占到了采暖期的68.1%。并且在主导风向偏东风和西南风风向上,风速为0.5～2 m/s的分布范围较广,分别占到了34%和16%;西南风风向上,风速为3～4 m/s所占比例也较大,为15%。非采暖期,主导风向为西北风[图6-16(b)],平均风速比采暖期大,平均

风速是 2.4 m/s,静风频率(0~0.5 m/s)为 0,24 h 平均风速为 2~3 m/s 的天数占到了非采暖期的 57.69%。并且在主导风向西北风风向上,风速为 2~3 m/s 的分布范围较广,占到了 30%;全年的最大风速均分布在东南风风向上。

采暖期静风(0~0.5 m/s)状态下,全天 $PM_{2.5}$ 的小时浓度分布如图 6-16(c)所示。可以看出:$PM_{2.5}$ 大于 300 $\mu g/m^3$ 的浓度值在夜间 22:00—4:00 发生的概率较大,在白天 8:00—10:00 和 13:00—18:00 时间段出现的频率高;150~300 $\mu g/m^3$ 浓度值出现在全天所有时段,所占比例较大;浓度在 75~150 $\mu g/m^3$ 时主要出现在白天 12:00—17:00,概率达到了 32%;浓度在 0~75 $\mu g/m^3$ 时,空气质量为优良级别,虽然全天所有时段各有分布,但所占比例较小,仅为 18%。

采暖期风速在 2.5~3.5 m/s 时,$PM_{2.5}$ 浓度值较静风状态下有明显下降,如图 6-16(c)所示。$PM_{2.5}$ 大于 300 $\mu g/m^3$ 的浓度值在全天大多数时间点出现,但所占比例很低,仅为 0.3%;75~150 $\mu g/m^3$ 的浓度值在全天各个时间段都有分布,所占比例较大,14:00~18:00 出现的概率最大;0~75 $\mu g/m^3$ 的浓度值在全天各个时间点都有分布,且出现概率显著高于静风频率状态时,说明风速在 2.5~3.5 m/s 时,对 $PM_{2.5}$ 的输送与扩散有极好的效果。

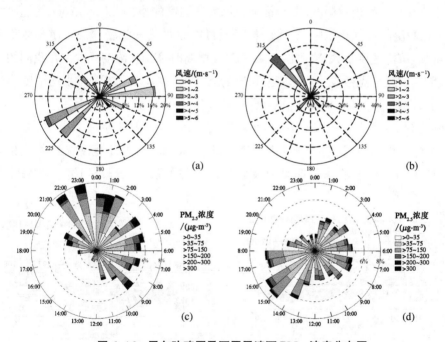

图 6-16　风向玫瑰图及不同风速下 $PM_{2.5}$ 浓度分布图

4) 气温对 PM$_{2.5}$ 浓度的影响

乌鲁木齐市 2013—2014 年采暖期日平均气温与 PM$_{2.5}$ 浓度分布变化特征如图 6-17(a)所示。在这段时间日平均气温介于−21.4~18.1℃之间,2013 年 10 月、11 月、12 月的月均气温分别是 8.85℃、0.21℃、−7.00℃,2014 年 1 月、2 月、3 月、4 月的月均气温分别是−11.17℃、−13.74℃、−0.07℃、12.33℃,PM$_{2.5}$ 超标天数更多地出现在温度低于 0℃和集中在温度介于−5~−15℃之间。24 h 的平均PM$_{2.5}$ 浓度随着温度的降低而升高。在这个采暖期温度在 0℃以上的超标天数占到总超标天数的 31%。温度在−5℃以下的超标天数占总超标天数的 56.18%。通过分析 PM$_{2.5}$ 浓度与温度的相关性发现:温度<−5℃和温度>−5℃时的相关系数分别是−0.131 和−0.024,因此,可以说明温度对 PM$_{2.5}$ 浓度也有一定的影响,很好地解释了在温度较低的月份,如 11 月、12 月和 1 月 PM$_{2.5}$ 浓度反而最高,并且在 11 月 16 日、1 月 4 日日均气温(−3.25℃、−12.4℃)较低时,PM$_{2.5}$ 浓度值达到了极大值。Elminir 和 Dawsont 对开罗、埃及和美国东部、阿拉斯加州的研究也发现了类似的相关性和结果表现。

5) 水汽压和相对湿度对 PM$_{2.5}$ 浓度的影响

水汽压(e_v)和相对湿度(RH)都是表示大气湿度的指标。Donateoet 等的研究表明:在潮湿的大气环境中,气溶胶粒子通过吸收水蒸气膨胀、凝结,使其体积和密度增加,沉降速度加快。因此,当 e_v 和 RH 增高时,PM$_{2.5}$ 浓度减少。在我们的研究中,63%的超标点数发生在 $e_v \leq 4$ hPa 的条件下,并且 24 h PM$_{2.5}$ 平均浓度与气压呈相关性(−0.125),相关性极显著[图 6-17(b)]。

阿普利亚(意大利城市)和洛杉矶航空公司揭露,当 RH 超过 70%时,会影响PM$_{2.5}$ 特性。然而,在我们的研究中发现,采暖期 PM$_{2.5}$ 与 RH 呈现极显著正相关关系[图 6-18(a)],非采暖期呈现极显著负相关关系[图 6-18(b)]。在采暖期

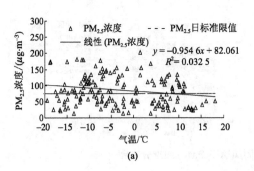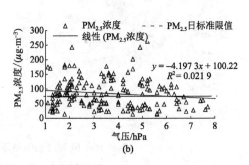

图 6-17 气温和气压对 PM$_{2.5}$ 浓度的影响

RH≥70％时,PM$_{2.5}$浓度超标天数占到总超标天数的64％,在非采暖期RH≥70％时,PM$_{2.5}$浓度达到最低值。此外,通过研究发现:在采暖期相对湿度和风速呈显著负相关,相关系数达到了-0.454($p≤0.01$),表明当风速较小时,相对湿度较大,该条件有利于大气近地面层保持稳定状态,逆温强度增大。

在非采暖期随着温度的升高,相对湿度增大时,PM$_{2.5}$颗粒物通过吸收水汽体积膨胀、凝结,密度增大,最终降落下来,PM$_{2.5}$浓度降低。因此,乌鲁木齐非采暖期相对湿度与PM$_{2.5}$呈负相关。

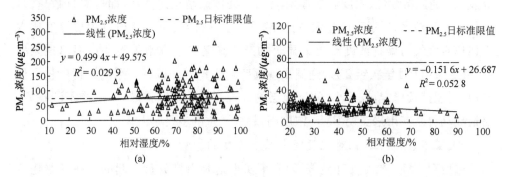

图 6-18　相对湿度对 PM$_{2.5}$ 浓度的影响

6.7.3　讨论

1) 风速与风向对 PM$_{2.5}$ 浓度的影响

乌鲁木齐采暖期PM$_{2.5}$浓度严重超标,除了依赖于排放源以外,还与气象条件具有相关性,其中地面风力对污染物稀释与扩散具有直接作用,这与符传博对我国1960—2013年雾霾污染的时空变化的研究相一致。但是乌鲁木齐采暖期平均风速较小,仅为1.74 m/s,研究结果显示风速在2.5～3.5 m/s时,才能很好地稀释和扩散污染物。采暖期风速较小,对污染物的水平输送能力差,扩散能力低,污染物容易沉积在低空中因而增加了大气中颗粒物的浓度,这与沈家芬等研究广州市的大气能见度特征一致,并指出风可以使大气中的沙尘和污染物快速扩散从而使沙尘或烟雾淡化能见度增大。结合采暖期的风向图6-16(a),可以看出在主导风向东北风和西南风风向上风速为0～2 m/s的分布范围较广,对污染物不能起到及时扩散的作用,并且风速≥5 m/s的情形多出现在东南风风向上。如此,一方面南郊的污染物被输送到市区;另一方面,东南大风发生后,往往容易将南部郊区地面的裸露尘土携带至空中,被大风输送到市区,从而导致市区的颗粒物浓度增加。这与李霞等对乌鲁木齐气象因素对大气污染的影响研究结论相符。受风速、风向和多方面因素共同的作用导致乌鲁木齐采暖期大气污染严重。

2) 逆温对 $PM_{2.5}$ 浓度的影响

大气扩散理论研究和相关实验研究表明:在不同的气象条件下,同一污染源排放所造成的地面污染物浓度可相差几十倍乃至几百倍,其中大气稳定度对污染物的扩散影响很大,冬季大气逆温层的存在会抑制污染物的垂直扩散和稀释。研究发现:逆温持续性、强度和层厚对大气污染扩散呈正比关系,即逆温日数越多,超标污染日越多,逆温强度越大,污染越重。也有研究表明:大气逆温层厚度比水平风速对大气污染物浓度有更为显著的影响。乌鲁木齐市采暖期逆温出现频率高,其冬季(11月至次年2月)逆温出现频率高达87%~92%。采暖期污染物大量排放,逆温持续稳定,风速小,使近地层的大气污染物难以扩散,污染物不断积累,是造成乌鲁木齐市采暖期 $PM_{2.5}$ 浓度高,超标严重的主要原因。

3) 温度、水汽压、相对湿度对 $PM_{2.5}$ 浓度的影响

温度对 $PM_{2.5}$ 浓度具有显著影响,事实上这是由排放量引起的。在冬季随着温度的骤降,夜晚时间增长,取暖和供电所需的耗能量增加,大气污染物排放量增加,使得 $PM_{2.5}$ 浓度升高。另外,随着温度的降低,交通对 $PM_{2.5}$ 浓度贡献率增高,因为在极其寒冷的天气里,汽车冷启动、空运转和短距离的车辆使用量增加。Johnson 等研究结果也表明:交通对 $PM_{2.5}$ 的贡献率高达30%;同时,当温度从23℃降至−20℃,车辆的冷启动排放的颗粒物会增加一个数量级。

在逆温存在的天气里,温度越低,水汽压越小,$PM_{2.5}$ 浓度越高。在我们的研究中显示,63%的 $PM_{2.5}$ 超标点数发生在 $e_v \leqslant 4$ hPa 的条件下,这与美国 Huy N. Q. Tran 的研究结论极其相似,即在逆温条件下,温度$\leqslant$20℃,$e_v \leqslant 4$ hPa 时,$PM_{2.5}$ 超标率高达97%。

相对湿度对 $PM_{2.5}$ 的影响,实际上也是逆温对 $PM_{2.5}$ 的影响。在我们的研究结果中显示采暖期相对湿度与 $PM_{2.5}$ 浓度呈显著负相关,并且相对湿度和风速也呈显著负相关,表明当风速较小时,相对湿度较大,该条件有利于大气近地面层保持稳定状态,逆温强度增大,从而抑制了 $PM_{2.5}$ 等污染物在垂直和水平方向的扩散,加重了颗粒物的积聚污染,使其质量浓度居高不下。即便是相对湿度达到100%,伴有降雪出现时,$PM_{2.5}$ 也不能迅速递减。而当降雪过程结束,天气恢复晴朗后,颗粒物浓度才比降雪之前有显著的降低。因此,通常是降雪的次日,空气质量才有所

提高,冬季降雪对于降低大气中颗粒物的质量浓度具有一定的滞后性。

6.7.4　本节小结

(1) 乌鲁木齐市 $PM_{2.5}$ 浓度超标严重,尤其是采暖期,其 $PM_{2.5}$ 平均浓度达到了 84.70 $\mu g/m^3$,超出了国家二级标准限值(75 $\mu g/m^3$),是非采暖期(20.66 $\mu g/m^3$)浓度的 4 倍多。11 月、12 月、1 月三个月 $PM_{2.5}$ 浓度超标天数最多,依次是 22 天、20 天、13 天。$PM_{2.5}$ 浓度日平均值最高值和次高值出现在 11 月 16 日和 1 月 4 日,浓度值分别高达 263.46 $\mu g/m^3$ 和 244.13 $\mu g/m^3$,主要是受到气象条件的抑制。研究发现在 11 月 16 日和 1 月 4 日前后 10 天之内,大气层结构稳定,无降水、风速较小,相对湿度较大,气温较低,不利于 $PM_{2.5}$ 浓度的水平扩散。

(2) 乌鲁木齐市采暖期平均风速为 1.74 m/s,风速较小,不利于 $PM_{2.5}$ 浓度的水平扩散。研究表明:当风速处于 2.5~3.5 m/s 之间时,才能很好地扩散和稀释 $PM_{2.5}$ 浓度;当超过阈值时,反而会使 $PM_{2.5}$ 浓度增加;采暖期主导风向为偏东风和西南风时不利于大气污染物的扩散。

(3) 乌鲁木齐市采暖期除了排放源强度以外,逆温是造成 $PM_{2.5}$ 浓度高、超标严重的主要原因。乌鲁木齐市采暖期逆温出现频率高,并且持续稳定,风速小,抑制了地层的大气污染物的水平和垂直扩散,使得污染物不断积累。

(4) 温度对 $PM_{2.5}$ 浓度的影响,实际上是由排放量引起的。在冬季随着温度的骤降,夜晚时间增长,取暖和供电所需的耗能量增加,大气污染物排放量增加,使得 $PM_{2.5}$ 浓度升高。另外,随着温度的降低,交通对 $PM_{2.5}$ 浓度贡献率增高,因为在极其寒冷的天气里,汽车冷启动、空运转和短距离的车辆使用量增加。水汽压、相对湿度对 $PM_{2.5}$ 浓度的影响也是逆温对 $PM_{2.5}$ 浓度的影响。

第7章　绿洲城市化进程对水环境的影响

7.1　引言

　　水作为一种特殊的生态资源,是人类生存与发展的命脉,是支撑整个地球生命系统的基础。我国是一个水资源相对短缺的国家,水资源人均占有量只有2 500 m³,约为世界人均水平的1/4,被联合国列为13个贫水国之一。早在1972年,联合国第一次环境与发展大会就明确提出"石油危机之后,下一个危机就是水"。在过去的几十年里,人口明显、快速地增长,但世界各地城市发展的动力却各不相同,城市水文学学科依然相对年轻,并且变得越来越重要。传统研究试图评估流域规模对城市发展的响应,以确定上游城市发展对下游水文和水质动态的影响。在发展中国家,城市的增长在较大的空间范围内继续发生,往往是在短时间内完成整个城市的建设。相比之下,发达国家的城市发展主要是在地方尺度发生,典型的是单个建筑物或小型住宅,这部分得益于监测技术(例如高分辨率遥感平台)的进步,这些技术可以监测城市环境中的动态变化。

　　城市景观对气象和水文动力学都有明显的影响。城市的人工热学性质和增加的颗粒物会影响降雨的产生方式,并增加顺风降水,并可能增强对流性夏季雷暴的产生。城市空间的扩展导致不透水面景观的增加以及人工排水网络的扩大,促进径流的大小、路径和时间的变化,从单个建筑物到更大的开发规模。各个建筑物的结构可以改变降雨转化为径流的方式,并且透水和不透水面的相互联系的性质会影响降雨事件中的地表排水情况。此外,供水和污水处理基础设施的存在有助于在城市地区转移大量的水和废水。传统上,城市水文学试图将基础设施与自然水文分析分开,尽管人们日益认识到效率低下和缺陷的网络会导致水和污染物向自然系统的大量涌入,导致迈向了两个循环的整合。

　　城市化是中国 21 世纪上半叶经济发展的主要特征之一,是世界各国发展的共同趋势。水资源是城市生态系统的重要组成部分,城市经济发展、居民生活都离不开水资源。城市是人口最为密集、人类活动最为频繁的区域,其对水资源的压力和影响也更大。我国 668 个建制市中缺水城市达 400 多个,其中严重缺水的城市达 110 个,年缺水量 60 多亿 m^3,影响工业产值达 2 000 多亿元。根据对我国 118 个大城市的浅层地下水调查,97.5% 的城市浅层地下水受到不同程度的污染,其中 40% 的城市受到重度污染。随着中国大规模城市化进程的高速推进,城市数量和质量出现了一个大的飞跃。城市化的发展对水资源环境产生了较大的影响,包括水资源的短缺和水环境质量恶化两个方面。城市化引起的水资源和水环境问题已成为全球关注的热点。城市化最显著的特征之一就是不透水面迅速增加。不透水面是由各种不透水建筑材料所覆盖的表面,如由瓦片、沥青、玻璃、水泥混凝土等材料构成的交通用地(如高速公路、停车场、人行道等)、广场和建筑物屋顶等。城市不透水面具有蓄水能力差以及阻碍气流传输等特点,严重影响城市的地表水文循环和城市水资源质量,是导致城市水环境变化的重要原因。不透水面增加引起的水环境污染日益严重。特别是当点源污染被控制后,雨水径流的污染就十分突出,雨水径流所引起的非点源污染已成为城市水环境污染的重要因素。作为典型的非点源污染,城市非点源污染——降雨径流污染的研究已成为水环境问题中不可缺少的部分。

　　我国西北地区深居内陆,远离海洋,又因重重高大山脉的阻挡,海洋暖湿气流难以到达,所以就形成了我国西北地区干旱少雨,冬寒夏暑,昼夜温差大的气候特点,降水不仅稀少且年际变化大,这严重制约着西北地区的经济社会发展。随着西部大开发政策的落实,西部地区城市崛起,城市人口急剧增加。一方面促进了西北地区经济的发展,另一方面却给城市环境资源带来了压力,破坏了城市生态环境,尤其是对水资源的索取与污染,使得西北干旱区水资源短缺问题更为突出。

　　乌鲁木齐市是典型的干旱区绿洲城市,人均淡水资源占有量仅为全国人均的 1/5,世界的 1/21,是我国 30 个严重缺水的城市之一。乌鲁木齐市的水源主要有冰川融水、地表径流和地下径流等少量降水补给。近年来,在城市化不断扩张的过程中,城市不透水面也得以扩张,不透水面阻隔了雨水下渗,改变了雨水径流结构,因此,就会造成城市雨水径流增加,这些不透水面上期积累的污染物随着雨水径流进入城市管网,最终导致城市水质污染。城市路面径流污染是城市地表径流污染源的主要组成部分。

本章以乌鲁木齐市为例,选取了不同等级的道路路面和不同不透水面类型,重点研究了降雨径流中重金属污染物的动态变化、初期冲刷效应,雨水径流中污染物的累积迁移过程、污染负荷规律;并对重金属污染的时空变化特征进行分析讨论,分析了重金属污染物之间的相关关系,以及利用人工实验方式进一步解析重金属污染物的来源,为城市水环境建设提供有效的管理建议。同时,对于预测污染物的冲刷规律,控制和减少水体非点源污染源污染方面有着重要的意义。

7.2 国内外研究综述

7.2.1 城市化对水环境影响的研究

城市水文学家越来越关注城市面积扩大对水质的影响,并寻求减轻水体及其河流生境退化风险的方法。从城市表面产生的径流可能携带一系列污染物,包括重金属,主要养分(例如钠、硝酸盐和磷),道路上的垃圾和橡胶残留物。在发展中国家,未经处理的废水直接排放到自然流中仍然存在相当大的威胁,对水生完整性具有深远的影响。在发达国家,越来越多的人将雨水视为可再生资源,而不仅仅是滋扰或危害。正在实施可持续管理做法和对水越来越敏感的城市设计战略,以减少城市中的暴雨事件的影响。此类策略已在新的城市发展中得到广泛实施,但也越来越多地应用于个人建筑。为了解决城市水质的恶化以及接收水的物理、化学和生物条件,已经进行了广泛的讨论。尽管该领域的研究不断扩展和进步,但仍然存在许多不确定性领域和我们知识的巨大空白,特别是由于出现了优先污染物。随着人们寻求可持续的方式来管理流量和水质,了解城市水质的时空变化将继续推动研究。在发达国家和发展中国家,城市水质退化的主要驱动因素仍然存在差异。

我国学者开展城市化与资源环境之间关系的研究起步于 20 世纪 80 年代。最早进行城市和资源环境问题研究的是生态学领域的学者,他们应用生态学的概念、理论和方法研究城市生态系统的结构、功能和行为。20 世纪 90 年代以后,随着世界可持续发展理论研究的深入,国内学者先后从经济、环境、生态和地理的角度对城市可持续发展进行了研究,城市化及其资源环境相关研究也就随之统一到可持续发展的框架之下,呈现出多元化的发展趋势。20 世纪 90 年代中期以后,城市可持续发展成为我国城市化健康发展及资源环境问题研究的蓝图,城市化及其资源环境问题的研究进入多元化阶段。21 世纪,相关研究更为活跃,有些学者还专门研究了城市化进程中的人口、经济、产业活动与城市土地利用、气候、水文、水循环、生物多样性等方面的交互作用问题,并对城市-经济-资源环境不协调的应对措施提出建议。就城市化与水环境的相互作用及影响研究方面,以钱正英院士为首的专家通过对西北干旱区水资源配置、生态环境建设和可持续发展战略的研究,认为西北地区城市化率在 2010 年将达到 40%,2030 年将超过 50%,相应的城市用水需求到 2030 年将增长一倍。由此提出了建设"高效节水防污的城镇体系"的观点,强调城市化发展要严格遵循"顺自然、依水源、靠全局、有重点、重质量"的原则。城市和城市带的发展规模不能超过当地水资源供应的可能,同时水资源约束下城市化问题研究也成为区域经济与资源环境问题研究的热点。此外周海丽以深圳市为例,运用主成分分析和相关性分析法,研究了深圳市从 20 世纪 90 年代以后城市人口迁移、产业结构升级、城市土地利用扩张等城市化因素同深圳市地表水环境质量演变的定量关系,得出深圳市地表水环境质量的恶化主要是由于城市土地利用扩张的结论。刘引鸽采用 1983—1999 年宝鸡市地表水质监测资料及城市发展中有关的社会经济统计数据,采用 ROSS 评价指数方法,分析了宝鸡市区地表水质的时空变化特征及城市化对地表水质的影响。欧阳婷萍以珠江三角洲地区作为研究对象,运用 3S 一体化技术,借助动力学熵增理论,引入环境熵概念,结合综合指数法对珠江三角洲地域城市化过程对地表水、大气环境的物理化学过程进行定量评价。汪军英、达良俊等以生态学的理论和方法为基础,从人口空间分布、产业活动、自然环境因素及环保角度分析上海快速城市化进程对地表水环境的影响。刘耀斌通过综合多方面的理论研究,提炼出城市化与资源环境相互作用的 EPSR 框架概念,利用系统论的方法定量描述了二者相互作用与约束的内在机制,而且采用协同学和复合生态理论的观点解释了二者的协调关系,并建立协调度评价模型,借助江苏省水资源与城市化相关数据进行了计量分析。从上述国内外学者的研究来看,对城市化和水环境问题的研究可以归纳为城市化的作用机制、城市化与水环境演变的关系、城市化引发的水环境污染问题及危害、水资源约束条件下城市化的可持续发展等 4 个主要方向。

7.2.2　城市不透水面对城市降雨径流、水质的影响研究进展

在城市不断扩张的过程中导致城市土地利用/覆被变化,其显著特征表现为不透水面不断增加。随着不透水面的增加,降雨无法渗入土壤和地下水,导致地表径

流不断增大,雨水径流将地表长期积累的污染物冲进城市管网,最终,注入河流湖泊,因此造成城市水质恶化和生态环境破坏。不透水表面的扩张被认为是区域水环境质量恶化的重要因素之一。目前,对城市不透水面变化的水文环境效应研究主要集中在两方面:一方面是不透水面变化对径流量、径流历时及最大洪峰等水文的影响;另一方面是城市不透水面对水环境的影响。

(1)城市不透水面对地表径流的影响研究。从已有研究来看,在短期的水文过程中,由于不透水表面的阻隔作用,降水落到城市地面无法及时下渗,将迅速转化为地表径流,从而加大了径流量,加快径流汇集,缩短径流历时,甚至迅速形成洪峰。在长期变化中表现出城市流域的基流量减少和总径流量增加。UNESCO(联合国教科文组织)的研究指出城市不透水面的增加最为突出的影响是导致雨水下渗量减少、洪峰流量增大。Kauffman等利用观测数据研究了美国特拉华州地区19个小流域的基流量与不透水表面的关系,认为不透水表面的增加降低了基流量。在国内,袁艺等以深圳市布吉河流域为例,通过监测城市地区小流域,建立了城市不透水表面与城市水文变化之间的影响关系,应用水文模拟对快速城市化过程中土地利用变化对暴雨洪水过程的影响进行了分析,认为城市扩展导致的不透水表面增加是导致洪峰提前及降雨下渗量减少的主要原因。在长期水文变化研究中,主要是建立基于不透水面为参数的降雨径流关系,通过模拟不同不透水面情景条件,进而预测在年际尺度上不透水面变化对水文过程的影响程度,表现为城市流域的基流量减少和总径流量增加。White等分析了美国加利福尼亚州南部地区1966—2000年城市化对径流流量流速的影响,研究时期内流域城市区域占比由9%增加到37%,导致旱季径流量和洪水等级显著增加。Sohl等研究了美国中西部地区城市化过程中水文过程的变化,发现城区扩张导致区域地表径流量增加10.5%,基流量减少了7.3%。秦莉俐等以浙江流域为例,利用L-THIA模型探讨分析了城市化对径流的长期影响,发现随着城市化水平的提高,径流深度和径流系数将会有显著增加。

(2)城市不透水面对水环境的影响研究。国外城市化过程的水环境影响研究始于20世纪70年代。从Arora等的研究表明土地利用对河流水质有影响,逐步过渡到Nagy等对美国Apalachicola海岸流域研究发现不透水面与污染负荷的特征,再到目前Lee等研究韩国Kyeongan流域总不透水面率与水质的关系,应用总不透水面率预测水质变化情况。Pradeep K Behera等通过雨水径流累积和冲刷指数函数生成的概率分析模型模拟污染物负荷的迁移转化过程。D. Kss等使用的离散时间序列,运用连续时间序列在大尺度流域对雨水径流污染进行模拟预测,实验结果很成功。

国内城市化对水环境的影响研究起步较晚,随着对北京、上海、武汉、杭州及深圳等大城市的非点源污染进行监测和模拟,开始调查城区非点源污染的性质,研究成果仅限于短期的降雨径流污染,甚少涉及城市化过程的长期水环境变化响应。在城市地区,不透水表面变化导致的水质变化主要表现为非点源污染,主要为氮、磷以及重金属等依附在地表的污染物随着降雨迅速进入河道,影响河流水质。魏建兵等研究了深圳市石岩水库流域的城市化对次降雨形成径流水质的影响,通过每次降雨时的水质监测数据分析,认为城市建设用地扩张给自然流域径流水质带来严重的影响。根据陈利顶等人的研究可知城市不透水面的增加对城市饮用水源地水质、城市非点源污染负荷的贡献及城市过境水质退化有很大的影响。郝芳华等通过对流域水质建立模型并进行模拟实验,结果表明不同的不透水表面盖度对水质变化的作用不同,随着盖度的增长和不透水面积的增加,水质受到的非点源污染负荷愈发严重。

7.2.3　城市路面径流污染研究进展

城市路面污染是城市地表径流污染源的主要组成部分,现已成为国内外非点源污染研究的热点问题,主要集中在以下几个方面:①路面径流中污染物的成分、含量及影响含量成分的因素研究。②污染物从路面到收纳水体的迁移过程分析研究。③污染物质对受纳水体的影响研究。路面径流中的污染成分复杂而多样,主要污染成分为 SS、COD、重金属(如 Pb、Zn、Cu、Cr、Ni、Fe、Cd 等)、N、P 营养物、氯化物、油和脂、农药和多环芳烃(PAHs)等。德国的 G. Stozes 等对三条交通量近似的公路进行径流测试后发现,路面径流中的污染负荷率从大到小依次是 SS>COD>Pb>Zn。Deletic Orr 等指出:道路表面尤其是交通活动频繁的城市道路表面,能够通过汽车尾气排放、轮胎和路面磨损以及油脂的渗漏等累积大量的悬浮颗粒、营养盐、重金属和 PAHs 等污染物质。张千千等通过国内外路面径流污染物对比研究发现:我国城市道路径流中 COD、TP、TN 和 Pb 的平均质量浓度偏高,超过了国家地表水环境质量 V 类标准。路面径流污染物的排放一般都具有一定的时间尺度特征,通常径流中污染物的含量会随着降雨历时的延长而逐渐降低,往往在径流形成之初污染物的浓度最高,这种现象被称为初始冲刷效应(first flush effect)。Taeb 和 Droste 等研究了路面径流污染物的初始冲刷现象,并分析了初始冲刷与

降雨强度和 2 次降雨间隔之间的关系。在国内孟莹莹等对北京城区机动车道降雨
径流水质调研后得出,污染物的浓度初期效应明显,且易溶性污染物最容易发生初
期效应。常静等对上海中心城区路面的径流进行监测分析,发现污染物在各功能
区内都呈现出了不同强度的冲刷特征:不同功能区之间,商业区初始冲刷效应较
强,其次为居民区和工业区,交通区由于受交通行为扰动较大,冲刷强度较弱。
TSS 和 COD 污染物在商业区和工业区冲刷强度要大于氮磷污染物,交通区和居民
区分异特征不明显。路面污染物质对受纳水体的污染研究较多。Perdikaki 等的
研究显示:由于城市道路具有高度的不透水性,各种污染物质在降雨期间会被道
路表面产生的雨水径流溶解、冲刷,并通过城市排水管网迁移进入水体,对受纳水
体的水质造成明显的破坏。我国在路面污染监测方面起步相对较晚。张亚东等在
对北京城区道路雨水径流水质分析的基础上,讨论了主要污染物之间的相关性,为
道路雨水径流水质监测、定量分析及制定有效的控制措施等提供了一定的依据。

7.3 相关理论

7.3.1 城市化地区水资源承载力

1921 年 Park 和 Burgess 在有关的人类生态学研究中,首次提出了承载力的概
念。他们认为可以根据某地区的食物资源来确定区内的人口承载力。20 世纪 80
年代初,联合国教科文组织开展了承载力的研究,正式提出了资源承载力的概念。
水资源承载力这一概念则是由我国学者在 20 世纪 80 年代末提出。目前,不同学
者针对研究区域的不同对水资源承载力的理论解释不尽一致。但水资源承载力强
调的都是一个地区的水资源对该地区社会经济和生态环境的"最大支撑能力"或
"最大支撑规模",最终目的都是为了指导该地区的水资源合理配置,解决水资源短
缺、水环境污染和社会经济的持续发展问题。随着城市化的发展,城市缺水和水环
境污染引起了人们的高度关注,明确某一地区或城市的水资源承载力,对区域社会
经济、生态环境可持续发展有着极其重要的作用。城市化地区水资源承载力是指:
某一地区在城市化进程中,以可持续发展为原则,在维护生态与环境良性发展为前
提的条件下,根据当时的科学技术和经济发展水平,该地区水资源所能支撑最大的
社会经济规模。

7.3.2　城市化对水环境的影响机制

水环境是指围绕人群空间及可直接或间接影响人类生活和发展的水体,其正常功能的各种自然因素和有关的社会因素的总体,主要包括城市自然生物赖以生存的水体环境、抵御洪涝灾害的能力、水资源供给程度、水体质量状况、水利工程景观与周围的和谐程度等多项内容。水环境是人类生存和发展的物质基础,同时也是人类经济活动产生污水的排放场所和自然净化场所,水环境与经济发展之间有着不可分割的密切联系。快速的城市化进程加大了农业用地向非生产性用地转移的力度与规模,导致大面积地表永久密闭,使其彻底失去生产力和生态功能,并直接改变了地表径流特征以及地表水质量,从而对水的流动、循环、分布,水的物理化学性质,以及水与环境的相互关系产生各种各样的影响。如图 7-1 所示。

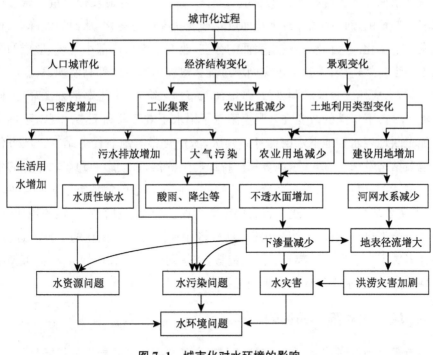

图 7-1　城市化对水环境的影响

7.3.3　城市化对城市水文循环的影响

所谓水文循环,指的是一种自然生态演化过程,这一过程具有十分复杂的特点。水文循环的主要空间载体为大小河流、湖泊、各类湿地和水塘、溪流、河谷地以及河漫滩等。地表水文环境河流中水的流动起源于重力作用,在重力作用下,河水由高向低流淌在起伏不平的地表,并对自然形成的河堤、河床和河漫滩等产生冲击效应,这种冲击力同与此相伴的泥沙淤积,以及河水自身具有的下切力和侧蚀力共同作用之下形成一种平衡,构成了河流边界。各类溪流、湖泊、湿地和水塘等水文要素则是以吸纳雨水,同干流水体进行相互补给和调蓄,使地表的自然水体达到一种平衡,处于自然演化中的水文环境和水文循环系统表现为一种正常平衡状态。城市化是一个非常复杂的空间动态社会经济发展过程,它直接或间接地影响城市水文循环,从而对城市水资源产生各种各样的影响。在大规模城市化建设中,城市的面积在快速膨胀,使承接雨水的下垫面受到了大规模的干扰而出现变化,各类建筑的屋顶,经过铺装的广场、柏油马路,以及通过人工整理的密实地表等不透水平面对城市水循环产生各种各样的影响。首先,城市化影响地表径流量。城市快速扩张和新城镇的建设必然导致下垫面以及地表状况迅速变化,从而导致降雨、径流过程发生了变化。大面积不透水表面的存在,改变了城市局部小气候,形成的蒸发蒸腾不同于自然过程,干扰了水文循环过程。也容易形成局部高温现象,影响城市局地气候,形成热岛效应和雨岛效应,增加城市地区降水,促进蒸散发循环,加剧城市径流。城市下垫面的改变在客观上阻碍了雨水正常蒸发和下渗。城市不透水面的增加阻断地表水和地下水的循环。其次,城市化影响地表径流结构。城市化建设对地表结构带来干扰,导致地表结构特征产生变化,直接影响到与之相关的生态环境。最后,城市化降低水文系统调节能力。生态系统通常都具有某种自我调节能力,水文系统也不例外。这种自我调节能力促使径流运动存在一定的规律性,但这种调节能力也存在极限,当超出极限后,将导致极端水文变化的出现。近些年,国内许多城市的水文数据都具有同化趋势,如暴雨出现频率增高,洪涝灾害频率增大,这些都产生于水文循环系统遭到干扰和破坏。

7.3.4 城市化对降水的影响

城市规模的不断扩大,在一定程度上改变了城市地区的局部气候条件,又进一步影响到城市的降水条件。城市化进程对于降水的影响主要表现在对降水形成过程的物理机制产生影响,具体表现在城市热岛效应、城市阻碍效应和城市凝结核效应3个方面。由于人类活动的影响,城市地区的温度、湿度等条件发生变化,气温普遍高于城市周边地区,即热岛效应城市地区和周边地区由于热岛效应所产生的高低温差导致对流加速,形成了不稳定的空气结构,当空气中水汽增多时则容易形成对流云和对流雨现象,城市地区降雨量将会增大。城市化过程中,建筑物高度的不断增加,加大了城市地区的地表粗糙度,对降水系统产生阻碍作用,缓进冷风、静止切边以及静止锋等移动速度放缓,在市区范围内停滞时间延长,使得地区降水时间延长。由于大气污染导致在城市上空的空气中粉尘杂质增多,为冷云性质降水提供了丰富的凝结核。在大体积粉尘作用下,加大的水滴促进了降雨的发生。另一方面,在暖云中,由于降雨的形成机理不同,降水主要来自大小水滴的冲碰使云滴增大,这种情况下凝结核的存在反而不利于降水的形成。

7.3.5　城市化对蒸发量的影响

城市化不断加速,导致绿地迅速减少,可渗水面积减少,降水对地下水的垂直补给量减少,使得地表及树木的水分蒸发和蒸腾作用相应减弱,包气带蒸散发减少,从而影响总蒸发量,使总蒸发量减少。尤其是大片农田改变为人工路面及建筑群,城市化截断了包气带蒸发,使地表蒸发减少。

7.3.6　城市化对城市水质的影响

随着城市化的发展,人口和产业不断空间集聚。使城市成为整个社会最大的污染来源地。特别是废水排放总量、工业废水排放量以及城镇生活污水排放量显著增加,对地表和地下水环境造成极大威胁,各类水环境污染事件不断出现。同时,城市化的快速发展使不透水地面面积迅速增长,雨水径流量也随之增加,雨水径流污染的威胁日益严重,特别是当点源污染被控制后,雨水径流的污染就更为突出。早在 1981 年,美国就预计城市径流带入水体的生化需氧量约相当于城市污水经处理后的生化需氧量排放总量。而且通过研究发现,129 种重点污染物中有约50％在城市径流中出现。同时,城市化进程中将导致废污水排放量增加,废污水通过城市管网汇入地表水体,渗入地下,造成对地表水和地下水的污染。当废污水污染物含量超过水体自身的自净能力时,水体的生态平衡将遭到破坏,尤其在枯水期和高温期,更容易导致城市水体水质的恶化,从而影响城市水体功能,破坏整个地区的生态环境。

7.3.7　城市化对水量的影响

近年来,城市化进程迅速,引发的水资源危机严重。据文献显示,20 世纪 80

年代我国有 236 座城市缺水,日缺水量 1 200 万 m³;20 世纪 90 年代缺水城市 300 座,日缺水量 1 600 万 m³;进入 21 世纪后,全国缺水城市达 400 余座,日缺水量超过 2 000 万 m³。以深圳市为例,规划 2010 年深圳全市总需水量达 21 亿 m³,而供水能力仅为 9.09 亿 m³/a,供需总缺口 11.91 亿 m³,加上规划中的污水回用 0.36 亿 m³/a、海水利用 0.55 亿 m³/a,供需总缺口仍达 11 亿 m³/a。2020 年总需水量达 26 亿 m³,供需总缺口更大,缺水更严重。目前,我国地表水利用率已达 43%～68%,地下水开采程度已达 40%～84%,许多城市超采地下水,动用了储存量,却得不到有效补给,导致地下水位持续下降,地面沉降加大,沉降漏斗面积不断扩大。如河北平原目前地下水年开采量已接近 119 亿 m³,占地下水补给量的 124%,储存量累计消耗至 350 亿 m³,浅层地下水位下降速度已达 0.5～1.0 m/a,深层地下水位下降速度为 1.5～2.0 m/a,水位持续下降区面积占全省总面积的 40%。

7.4 快速城市化地区雨水径流重金属污染特征研究

随着城市化进程的加速,水环境污染问题已成为国内外学者讨论的热点问题。城市非点源污染成为制约城市可持续发展的重要组成部分,城市建设过程中必然导致不透水面积的迅速增加,在雨季时节,加速了地表产生径流的过程,经由大气沉降、工业区排放的粉尘和有害气体、道路交通造成的扬尘和汽车尾气等方式累积地表污染物通过降雨径流等传输途径在地表迁移,给城市水环境带来负面效应。本节以乌鲁木齐市为例,选取了不同等级的道路路面和不同不透水面类型,以 2012 年、2013 年采集的雨水样品、人工实验样品为分析资料基础,通过实验室试验方法检测出雨水中重金属的化学指标和数学模型来分析乌鲁木齐城市雨水径流污染物特征规律,重点研究了降雨径流中重金属污染物的动态变化、初期冲刷效应,并对重金属污染的时空变化特征进行了分析讨论,为城市水环境建设提供有效的管理建议。

7.4.1 研究区概况及实验设计

1) 研究区概况

乌鲁木齐(东经 86°37′33″～88°58′24″,北纬 42°45′32″～44°08′00″)深处亚欧大陆腹地,是新疆维吾尔自治区首府,地处天山中段北麓、准噶尔盆地南缘,三面环山,地势东南高、西北低,全市平均海拔 800 m,属典型的冲洪积扇绿洲城市,属中温带大陆性干旱气候,春秋较短,冬夏较长,昼夜温差大。年平均气温为 7.0℃,光热充足,年平均日照时数多达 2 500 h 以上;年平均降水量 236 mm,可降水量年内分配不均,7 月平均可降水量最大,1 月最小;2010 年全市水资源总量为 12.28 亿 m³,其中地表水资源量为 11.78 亿 m³,地下水资源量为 5.28 亿 m³,人均占有水资源量为 515 亿 m³,相当于全国人均水平的 1/5;市辖七区一县,自 1980 年以来,随着经济的快速发展,乌鲁木齐城市化进程不断加快,城市建成区面积急速扩大,从 1985 年的 49 km² 增加到 2009 年的 339 km²;市内交通路网发达,估计到 2020 年,乌鲁木齐机动车拥有量将从 1999 年的 12.3 万辆增加到 30 万辆,非机动车总保有量从 57.4 万辆(1999 年)增加到 150 万辆。

2) 实验设计

(1) 降雨和地表径流样品的采集方法

由于时间的降雨条件的限制,在 2012 年 9 月—2013 年 12 月之间共收集 3 次自然降水样品,一次人工实验径流样品,一次地面灰尘样品。

自然降雨地面径流样品的实验设计过程包括:① 实验前准备,按照《地表水和污水监测技术规范》(HJ/T 91—2002),使用去离子水以及硝酸盐洗并浸泡 500 mL 聚乙烯塑料采样瓶。② 采用人工收集雨水径流的方式,以径流时间为基点,在下水井口完成径流样品的采集。实验中第一次自然降雨径流样品采样间隔时间为采完第一瓶样品后分别间隔 5 min、10 min、15 min、30 min,共收集径流样品 15 个。实验中第二次和第三次自然降雨径流样品采样间隔时间为采完第一瓶样品后分别间隔 5 min、5 min、10 min、10 min、15 min,共收集径流样品 18 个。③ 样品采集后,将样品中加入 10% 浓硝酸定容并送实验室进行分析。④ 降雨雨强采用从杭州泽大仪器有限公司购买的 SL3-1 翻斗式雨量传感器测定。

(2) 人工实验样品采集

实验材料主要包括:1 m³ 塑钢材料方形水样采集框、去离子水(排除水样中其他因素的干扰)、喷壶、毛刷、采样品。实验过程为在采样点放置采集框,并将 4 个角固定使得水样不流出框内。准备妥当后,在采集框内喷洒 1 000 mL 的去离子水(模拟雨水的冲刷模式),用毛刷反复刷洗路面使得地面上的污染物充分溶解在水中,之后使用去离子水和硝酸浸泡处理过的 500 mL 聚乙烯塑料采样瓶采集框内的污水。采样过程中,由于路面的渗透性,去离子水将路面上的污染物充分溶解,最终框内采集所剩的水样为 300 mL。6 个采样点共采集 12 个水样,采集结束后加入 10% 的浓硝酸定容后进行分析。

(3) 雨水样品的分析测试方法

2012 年 10 月 9 日以及人工实验径流样品测定的重金属指标包含铜(Cu)、镉(Cd)、铅(Pb)、锌(Zn)。径流样品用 0.45 μm 滤膜过滤,采用 ICP 原子发射光谱法测定 Cu、Pb、Zn,采用原子吸收光谱仪测定 Cd,定量分析采集的样品中的重金属含量。仪器的 Zn、Pb、Cu、Cd 4 个重金属元素的测定波长分别为 202.55 nm、220.35 nm、324.75 nm、214.44 nm。2013 年 8 月 26 日和 2013 年 9 月 16 日降雨径流样品测定的重金属指标包含铜(Cu)、镉(Cd)、铅(Pb)、锌(Zn)、镍(Ni)。径流样品用 0.45 μm 滤膜过滤,采用 ICP 原子发射光谱法测定 Cu、Pb、Zn,采用原子吸收光谱仪测定 Cd,定量分析采集的样品中的重金属含量。仪器的 Zn、Pb、Cu、Cd、Ni 5 个重金属元素的测定波长分别为 202.548 nm(213.856 nm)、220.353 nm、231.604 nm、211.209 nm(327.396 nm)、214.438 nm。

(4) 灰尘样品分析测试方法

用万分之一天平准确称取 10 g 样品,置于 1 L 烧杯中并用去离子水定容至 1 L。采用旋叶搅拌器,调节转速至 200 r/min,搅拌,待混合液混合均匀后,准确量取 10 mL 混合液加入微波消解罐中,待消解。将烧杯中混合液通过 100 目筛网过滤,滤液收集至一个洁净干燥的 1 L 烧杯中,过滤完毕后,将滤液在搅拌过程中准确量取 10 mL 加入另一消解罐中,待消解。重复以上操作,将滤液分别通过 200 目、360 目筛网过滤并分别量取 10 mL 混合液,分别加入不同的消解罐,待消解。上述操作完成后,将收集至 1 L 烧杯的滤液通过 0.45 μm 滤膜的砂芯抽滤器过滤,同样量取 10 mL 滤液至于消解罐中,待消解。向上述各装有 10 mL 滤液的消解罐中分别加入 15 mL 的 HNO_3、2 mL 的 HF,按照微波消解条件表进行消解。消解完毕后,用电热板恒温 120℃,对各消解溶液进行赶酸至 1 mL,加 1 mL 硝酸,再定容至 50 mL 容量瓶中,待测。

7.4.2　乌鲁木齐市道路雨水径流中重金属污染特征

道路作为城市汇水面的重要组成部分,也是城市受纳水体非点源污染的主要污染源之一。由于频繁的交通活动带来的轮胎磨损、汽车尾气、道路老化、大气干湿沉降污染源而积累的重金属等污染物,在暴雨期间伴随着雨水径流冲刷直接进入地表水体,造成城市水环境的污染,给人类健康带来一定的风险。本节主要以乌鲁木齐城市不同等级道路为研究对象,重点分析了道路径流雨水中重金属污染物的时空变化、相关关系及重金属元素的污染程度。

1) 道路雨水径流水质参数统计特征

道路雨水样品采集时间为 2012 年 10 月 19 日,降雨平均雨强为 0.05 mm/h,

降雨量为 6 mm,降雨历时 2 h,晴天数为 12 天。监测期间采集的雨水样品重金属水质参数的描述性统计见表 7-1。从中可以看出,样品水质中重金属元素 Cd 的含量最小,3 个采样点中采样点 HNL 的变化幅度最大,含量最高;采样点 XTX 的平均浓度最低,变化不明显;重金属元素 Pb 的含量变化幅度较明显,3 个采样点的均值相差不大;重金属元素 Cu 的含量较高,采样点 XTX 的变化幅度明显,含量较高,采样点 BJL 比采样点 XTX 初始浓度较高;重金属元素 Zn 是 4 种元素中含量最高的,其中采样点 BJL 的含量最大,采样点 HNL 的变化幅度较大,采样点 XTX 的含量最小。4 种重金属元素中,Zn 的含量最高且变化幅度较大,Cu 和 Pb 的变化幅度较为明显,说明前 3 种重金属离子元素污染物在径流中含量比较高,而 Cd 的含量在径流中的含量本身就很低。

表 7-1 样品水质参数的统计特征   mg/L

重金属元素	采样点 BJL		采样点 HNL		采样点 XTX	
	范围	平均值	范围	平均值	范围	平均值
Cd	0.000 9~0.001 5	0.001 0	0.002 1~0.005 2	0.003 3	0.000 3~0.001 1	0.000 7
Pb	0.059 5~0.089 2	0.074 2	0.045 6~0.165 0	0.084 5	0.040 7~0.189 7	0.097 3
Cu	0.139 8~0.367 3	0.209 7	0.116 8~0.495 0	0.223 8	0.111 0~0.513 6	0.237 4
Zn	0.647 2~0.875 8	0.745 5	0.435 4~0.901 5	0.662 1	0.292 7~0.845 3	0.530 4

2) 乌鲁木齐市道路雨水径流污染物时空变化特征

(1) 道路路面雨水径流重金属污染物时间变化

根据监测结果分析,3 个采样点降雨事件的汇水面雨水径流中重金属污染物浓度变化趋势如图 7-2 所示。不同路段污染物浓度随雨水径流冲洗变化态势几乎相同,即随着降雨和径流的延续,重金属的浓度会逐渐达到最大值,随后持续下降。图 7-2(a)显示了 3 个采样点中重金属元素 Cu 的变化曲线,随着时间变化采样点 HNL 最先达到峰值,其次是采样点 BJL,最后为采样点 XTX;虽然达到峰值的时间不同,但变化趋势都较明显。从图 7-2(b)可以看出 3 个采样点中重金属元素 Pb 的含量随时间变化趋势明显,且达到峰值的时间不同,但基本上呈现出在采样初始阶段较低,5 min 后开始逐渐增加,达到峰值后又降低的趋势。采样点 HNL 相对于采样点 BJL 和 XTX 来说,重金属元素 Pb 的含量较高,最先到峰值,而采样点

XTX重金属元素的变化曲线不是很明显。由图7-2(c)分析可以看出3个采样点的重金属元素 Zn 的含量在10 min 后开始达到高峰,4 种重金属元素中 Zn 的含量最高。由图7-2(d)可以看出重金属元素 Cd 的含量是最少的,采样点 BJL 和采样点 XTX 的曲线无明显变化趋势,但采样点 HNL 的含量远远超出了采样点 BJL、XTX,在5 min 后逐渐增高达到峰值。

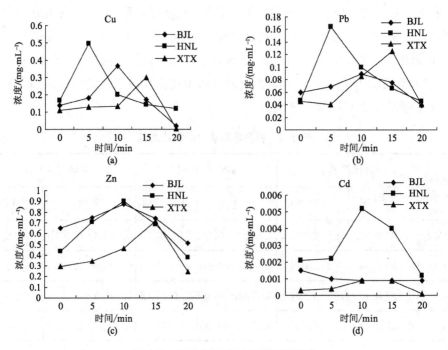

图7-2　重金属元素浓度的时间变化

(2) 道路路面雨水径流重金属污染物空间变化

在不同地区同一降雨事件或是同一地区不同降雨事件中,由于降雨过程中污染物质量浓度受降雨特征、区域性质、采样误差等不确定因素的影响,污染物质量浓度差别很大,并且降雨事件本身特征的差异性也会导致降雨径流污染物的浓度变化有差异。由此,美国环保局于1979年到1983年设立城市径流计划(NURP)并提出"降雨径流污染事件平均浓度"(Event Mean Concentration),用来评估污染物质量浓度及其污染程度。美国地质局调查局(USGG)随后又更新了 EMC 资料,在评估城市降雨径流污染负荷、管理措施有效性及其对受纳水体的影响等方面得到了广泛的应用。EMC 被定义为一场降雨事件中径流全过程样品污染物的平均浓度,其公式如下:

$$EMC = \frac{M}{V} = \frac{\int_0^t C_t Q_t \, \mathrm{d}t}{\int_0^t Q_t \, \mathrm{d}t} \qquad (7-1)$$

由于在实际监测的过程中无法得到连续的浓度数据,且污染物浓度的数据量远小于流量数据,常用下列公式计算 EMC:

$$EMC = \frac{M}{V} = \frac{\sum_{i=0}^n C(t_i) Q_i}{\sum_{i=0}^n Q_i} \qquad (7-2)$$

式中:EMC ——污染物的次降雨事件的平均浓度(mg/L);

　　M ——整个降雨过程中总的污染物含量(g);

　　V ——整个降雨过程中相对应的污染物的总径流量(L);

　　t ——径流时间(min);

　　C_t ——随时间变化的污染物含量(mg/L);

　　Q_i ——随时间变化的径流量(L/min);

　　$C(t_i)$ ——第 i 次取样的污染物质量浓度(mg/L);

　　Q_i ——第 i 次取样的径流量(L/min);

　　n ——瞬时样品的数量。

通过公式(7-2)计算的结果见表 7-2,4 种重金属元素在不同的采样区域含量不同,采样点 BJL 中 4 种重金属元素的 EMC 值大小排列顺序 EMC 值(Zn)>EMC 值(Cu)>EMC 值(Pb)>EMC 值(Cd);采样点 HNDL 中 EMC 值大小排列顺序为 EMC 值(Cu)>EMC 值(Zn)>EMC 值(Pb)>EMC 值(Cd);采样点 XTX 中的大小排列顺序为 EMC 值(Zn)>EMC 值(Pb)>EMC 值(Cu)>EMC 值(Cd);总体而言,3 个采样点中 Zn、Cu、Pb 的质量浓度较高,而 Cd 的含量最小。

对照《地表水环境质量标准》(GB 3838—2002),3 个采样点的重金属元素 Zn 浓度均超过地表水环境质量Ⅲ类标准但低于Ⅳ类标准,尤其是采样点 HNDL 中 Zn 元素的 EMC 值在 3 个采样点中最高,且超过地表水标准Ⅲ类的 1.8 倍。3 个采样点中,Cu 的含量也较高,采样点 BJL 中 Cu 的 EMC 值低于地表水环境质量Ⅱ类标准;采样点 HNDL 中 Cu 的 EMC 值远远超过地表水环境质量Ⅴ类标准,是标准的 2 倍多;采样点 XTX 中 Cu 的 EMC 值虽低于地表水环境质量Ⅱ类标准,但大于采样点 BJL。4 种重金属元素中,Pb 的含量也是比较高的。3 个采样点中的 Pb

的 EMC 值都超过地表水环境质量 Ⅴ 类标准。采样点 BJL、XTX 中 Pb 的 EMC 值高于地表水环境质量 Ⅴ 类标准的 3 倍多。采样点 HNDL 中 Pb 的 EMC 值远远超过地表水环境质量 Ⅴ 类标准,是标准的 12 倍。3 个采样点路面径流中 Cd 的含量最小,采样点 BJL 和 HNDL 中 Cd 的 EMC 值超过地表水环境质量 Ⅳ 类标准,接近地表水环境质量 Ⅴ 类标准。采样点 XTX 中 Cd 的 EMC 值虽低于地表水环境质量 Ⅳ 类标准,但大于采样点 BJL。

表 7-2　重金属的平均浓度及地表水环境质量标准的项目限值　　　　mg/L

项目	Cd	Cu	Pb	Zn
EMC 值(采样点 BJL)	0.005 8	0.443 9	0.335 1	1.274 2
EMC 值(采样点 HNDL)	0.009 9	2.527 6	1.252 1	1.834 3
EMC 值(采样点 XTX)	0.001 6	0.264 4	0.367 1	1.062
小于或等于 Ⅰ 类	0.001	0.01	0.01	0.05
小于或等于 Ⅱ 类	0.005	1.0	0.01	1.0
小于或等于 Ⅲ 类	0.005	1.0	0.05	1.0
小于或等于 Ⅳ 类	0.005	1.0	0.05	2.0
小于或等于 Ⅴ 类	0.01	1.0	0.1	2.0

(3) 不同重金属之间相关性分析

运用 SPSS 软件计算分析路面径流中重金属之间的相关性,结果如表 7-3 所示。从表 7-3 中可以看出,2012 年 10 月 19 日降雨中,4 种重金属相关系数范围在 0.262~0.889 之间。重金属元素 Cu、Zn 和 Pb 之间存在明显的相关性,Cd 与其他元素之间的相关性较低。

表 7-3　重金属元素浓度间的相关系数(2012 年 10 月 9 日)

重金属元素	Zn	Pb	Cu
Pb	0.288		
Cu	0.889**	0.539*	
Cd	0.262	0.062	0.074

注：* 表示在置信度(双侧)为 0.05 时,显著相关；** 表示在 0.01 水平(双侧)时,显著相关。

7.4.3　乌鲁木齐市道路降雨中重金属污染程度分析

1) 金属元素时间变化特征的讨论

通过雨水径流时间变化规律分析可以看出,3 个采样点重金属浓度均在 5~15

min 时达到高峰,随着径流的减少,浓度也逐渐减低(图 7-2)。以图 7-2(a)为例,在降雨初期,重金属元素含量较低,随着降雨的持续重金属元素达到峰值随后下降。由于干燥期路面积累的重金属在初期就被径流雨水冲洗而迁移,随着路面径流的不断冲洗,路面中的重金属越来越少,因此监测出的重金属浓度的含量也就随之降低。由此,可以得出乌鲁木齐城市道路雨水径流中的重金属污染物符合"浓度初期冲刷规律"。从图 7-3(a)中可以看出,重金属含量最高的为采样点 HNDL,因城市建设发展,其道路的单行车道数与面积均大于采样点 BJL 和 XTX。采样点 HNDL 位于行车道内侧,距红绿灯很近,且靠近商业区,车流量大,车辆往往是低速行驶,燃料并没有充分燃烧,轮胎的磨损和金属车身、部件的剥落易造成路面重金属污染。采样点 XTX 位于居民区附近,该路段清洁度高,附近车流量少,雨水径流不易形成污染物的堆积,相比前两个采样点而言重金属浓度相对含量较低。

2) 重金属元素 EMC 值分析

由表 7-2 分析可以得出,重金属 Zn、Cu、Pb 污染较严重,采样点 HNDL 的路面径流中的 Zn、Cu、Pb 都是含量最高的,其中 Cu 的含量是地表水环境质量 V 类标准的 2 倍多,Pb 是地表水环境质量 V 类标准的 12 倍多,所以乌鲁木齐市路面雨水径流重金属污染严重,Pb、Cu、Zn 质量浓度较高,污染贡献率大,为径流主要重金属污染物。采样点 HNDL 较之 BJL、XTX,车流量最大,周边商铺林立,道路密集,绿化面积较小,不利于污染的扩散,由此重金属含量也较高。因此可知影响道路重金属污染的主要因素是交通流量大小,但也与其他因素相关。不同道路等级之间重金属质量浓度不同,等级越高,交通活动越密集,重金属元素含量也越高。

3) 重金属元素相关性讨论

通过表 7-3 可以看出,重金属元素 Cu、Zn 和 Pb 之间相关性较高,说明这些重金属的来源具有相似性,这与现代汽车制造业中多使用合金金属有很大的关系。例如,黄铜就是由 Cu、Zn 和 Pb 三种金属冶炼而成。有研究表明,道路雨水中的污染物主要来源于轮胎磨损、防冻剂使用、车辆的泄漏、丢弃的废物等,污染物成分主要包括有机或无机化合物、氮、磷、金属、油类等。而道路污染物中重金属元素 Pb 的主要来源是含铅汽油、轮胎磨损,重金属元素 Zn 的主要来源是轮胎磨损、发动机润滑油,重金属元素 Cu 的主要来源是金属电镀、轴承及制动部件磨损,重金属元素 Cd 的主要来源是轮胎磨损。综上所述,城市道路中重金属元素的沉积大部分来源于频繁的交通活动造成的轮胎磨损以及汽油的使用等。降雨发生时,在晴天时累积的污染物随着雨水的冲刷流入城市排水管网,给城市环境带来一定的影响。

4）与其他城市重金属元素 EMC 值的比较

选择研究区与国内其他城市交通量相当的路面进行雨水径流重金属 EMC 值比较，结果如表 7-4 所示。乌鲁木齐市路面径流中重金属元素 Cd 的污染水平较小，与其他城市基本上持平，除了重金属元素 Zn 外，Cu、Pb 的含量均超过了其他城市，污染较为严重。与车流量略大于乌鲁木齐市的广州市比较，乌鲁木齐市雨水径流中重金属元素 Cu、Pb 测定值也高于广州市，远高于其他 3 个城市。北京市路面雨水径流中 Pb 浓度最高，广州与重庆是 Zn，乌鲁木齐则是 Cu。总体而言，乌鲁木齐道路雨水径流中重金属元素污染严重，且与其他城市雨水径流的重金属来源存在差异性。

表 7-4　不同城市路面雨水径流重金属 EMC 值比较

城市	单向平均日交通量/(pcu·d^{-1})	重金属元素 EMC 值/(mg·L^{-1})			
		Cu	Zn	Pb	Cd
北京	—	0.002 0	0.006 0	0.030 6	0.010 0
广州	22 000	0.160 0	2.060 0	0.115 2	0.001 6
重庆	8 000	0.000 9	0.010 1	0.002 2	0.000 5
天津	36 000	0.007 0	—	—	0.010 0
研究区	20 000	2.527 6	1.834 3	0.367 1	0.001 6

7.4.4　控制条件下的径流重金属污染物特征

由于降雨条件的限制，为测试不同道路类型路面重金属含量的特征，采取人工实验方式，在乌鲁木齐市选取了 6 种不同道路类型进行样品收集。表 7-5 为监测期间采集的所有样品水质参数的统计信息。从表 7-5 可以看出，重金属离子的水质参数的变化幅度比较明显。样品水质的重金属元素 Zn 的变化幅度为 0.173 8～0.507 9 mg/L，平均值为 0.388 9 mg/L；重金属元素 Cu 的变化幅度为 0.041 1～0.131 7 mg/L，平均值为 0.077 2 mg/L；重金属元素 Pb 的变化幅度为 0.022 6～0.246 8 mg/L，平均值为 0.088 1 mg/L；重金属元素 Cd 的变化幅度为 0.000 3～0.003 7 mg/L，平均值为 0.001 3 mg/L。4 种重金属离子中 Cd 的变化幅度最小，这可能与这种污染物在路面中含量本来就比较低有关。其他 3 种重金属离子 Cu、Pb、Zn 的变化幅度较为明显，说明这些污染物在路面中的含量比较高，路面重金属污染贡献率较高的应该来源于这 3 种重金属离子。

表 7-5　样品水质参数的统计特征　　　　　　　　　　mg/L

参数	Cd	Cu	Pb	Zn
样品数/个	12	12	12	12
最大值	0.003 7	0.131 7	0.246 8	0.507 9
最小值	0.000 3	0.041 1	0.022 6	0.173 8
平均值	0.001 3	0.077 2	0.088 1	0.388 9
中间值	0.000 7	0.046 6	0.040 0	0.413 8
标准差	0.001 1	0.041 1	0.079 6	0.149 6

1）机动车道重金属污染物变化

由图 7-3（a）可见,显示了通过人工实验采集的交通道路面路面重金属含量的特征,6 个采样点中都选取了不同功能区内的交通路面,路面材料均为沥青路面,重金属离子中 Zn 的含量是最高的,其次为 Cd,Pb,Cu 的含量是最少的。不同功能区重金属含量的高低排序为重金属含量（XHDL）＞重金属含量（MDGYY）＞重金属含量（ZSL）＞重金属含量（HSJ）＞重金属含量（JHYXQ）＞重金属含量（NHGC）,即重金属含量（西虹东路）＞重金属含量（米东工业园）＞重金属含量（中山路）＞重金属含量（黄山街）＞重金属含量（嘉华园小区）＞重金属含量（南湖广场）。西虹东路属于交通密集区,来往车辆较频繁,由于尾气的排放、轮胎和路面磨损、部件腐蚀以及油脂渗漏等因素导致了重金属颗粒的沉积,由此 6 个采样点中交通密集区的重金属离子含量最高。米东工业园于乌鲁木齐市重工业区,工业园主要以石油化工、天然气化工、氯碱化工、煤化工及精细化工为主,由此在生产中产生的污染物粉尘掉落在附近的路面上,造成路面重金属离子的沉积,由此米东工业园区附近的重金属含量较高,且 Cd 离子的浓度是最高的,这是由于附近来往车辆多属于重型汽车,轮胎磨损较为严重。中山路属于商业密集区,来往车辆较为频繁,但相比西虹东路和米东工业园污染较小,而嘉华园居民小区内的交通路面以及南湖广场旁的交通路面,因来往车辆较少,所以在 6 种功能区内污染是最少的。

2）非机动车道重金属污染物变化

由图 7-3（b）可见,显示了通过人工实验采集的人行道道路路面重金属含量的特征,6 个采样点中都选取了不同功能区内人行道路面,路面材料均为砖石路面,人行道路面中重金离子属含量特征基本与交通路面相似,4 种重金属离子中 Zn 的含量是最高的,其次为 Cd、Pb,Cu 的含量是最少的,不同功能区重金属含量高低

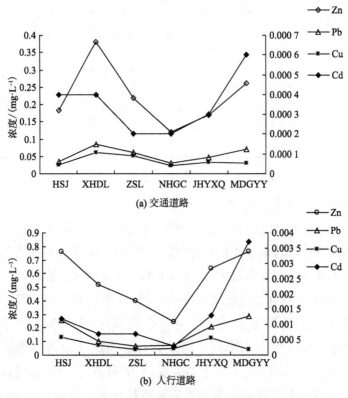

(a) 交通道路

(b) 人行道路

图 7-3　道路路面重金属含量

排序为重金属含量(HSJ)＞重金属含量(MDGYY)＞重金属含量(JHYXQ)＞重金属含量(XHDL)＞重金属含量(ZSL)＞重金属含量(NHGC),即重金属含量(黄山街)＞重金属含量(米东工业园)＞重金属含量(嘉华园小区)＞重金属含量(西虹东路)＞重金属含量(中山路)＞重金属含量(南湖广场)。相比交通道路路面而言,人行道路面的 4 种重金属含量都比较高,这可能与道路清扫以及路面材料有关。城市道路一般采用道路清洁车和人工清扫,由此交通道路路面的清扫频率高于人行道路面,但这两种方式会使交通路面的沉积物粉尘扬起并落在旁边的人行道路面上,而人行道路面的材料为方块砖石,这样可能会导致一些污染物在缝隙中沉积。在本次实验中由于使用毛刷将路面上的污染物充分与去离子水溶解,这可能就是导致人行道路面的重金属含量比道路高的原因。在 6 种不同的功能区中,黄山街和重工业区附近重型汽车来往频繁,且清扫率不如市中心的路面,重金属的含量较高;嘉华园小区内的道路清扫率较低且有一些生活垃圾的排放,导致重金属污染物的含量较高。

3)（非）机动车道污染情况对比

从对重金属含量特征的分析来看：不同交通道路路面重金属含量不同，交通密集区的重金属含量在 6 种功能区中居高，而居民区和行政区域因交通活动较少，重金属含量较少。不同的人行道道路路面的重金属含量特征与交通道路路面相似，但略有不同。人行道路面由于道路清扫率和路面材料的因素使得重金属含量略高于交通路面。交通路面和人行道路面均属于城市道路路面，通过人工实验测定城市道路路面重金属含量可以看出在城市化进程中，由于交通活动的频繁，汽车尾气排放、轮胎和路面磨损、部件腐蚀以及油脂渗漏和有机物等污染物在路面的积累，在降雨发生时，沉积在路面的污染得到溶解随着雨水排入城市下水管网，流入城市周围的水体中，对环境造成一定的污染。

7.4.5　乌鲁木齐市不同不透水面雨水径流重金属污染特征

城市雨水径流冲刷地表不透水面引起的污染是非点源污染的重要组成部分，城市化中强烈的人为活动导致地表植被和地形遭到破坏，城市建筑、道路、停车的建设导致了不透水地面面积迅速增加，雨水的径流量也随之增加，导致雨水地表径流污染日益严重，影响城市水环境。本节主要以乌鲁木齐市不同不透水面为研究对象，通过收集 2013 年 8 月 25 日和 2013 年 9 月 16 日两次雨水样品，从不同不透水面雨水径流中重金属污染物的时间变化特征、空间变化特征及重金属元素之间的相关性进行了分析。

1)同不透水面雨水径流水质参数统计特征

不同不透水面雨水样品采集时间为 2013 年 8 月 25 日和 2013 年 9 月 16 日，表 7-6 为研究期间典型降雨的基本特征。

表 7-6　典型降雨的基本特征

事件日期	降雨量/mm	降雨历时/h	采样点	降雨强度/(mL·h^{-1})	雨前干燥期/d
2013-08-25	6		WD	0.04	7
	6	10	TCC	0.04	7
	8		KSDL	0.03	7
2013-09-16	10		WD	0.03	17
	10	3	TCC	0.04	17
	24.00		KSDL	0.04	17

通过监测 2013 年 8 月 25 日采集的不透水面雨水样品重金属水质参数的描述性统计(表 7-7)分析可以看出,3 个采样点的样品水质中重金属元素 Cd 与 Ni 的含量都是最小的;重金属元素 Zn 的含量最高,但 3 个采样点相差不是很大;重金属元素 Cu 的含量也比较高,采样点 TCC、KSDL 的变化幅度明显,含量较高,采样点 TCC 比采样点 KSDL 初始浓度高。重金属元素 Zn 是 5 种元素中含量最高的,3 个采样点含量相差不大,平均值都比较接近,其中采样点 WD 的初始浓度较低,但变化幅度较大。重金属元素 Pb 的含量变化幅度最大,采样点 KSDL 的初始浓度最小,变化幅度最小;采样点 WD 的变化幅度最大,平均值在 3 个采样点中居于首位。5 种重金属元素中,Zn 的含量最高,但变化幅度较小,Cu 和 Pb 的变化幅度较为明显,而 Cd 和 Ni 的含量在径流中的含量本身就很低。

表 7-7　样品水质参数的统计特征(2013 年 8 月 25 日)　　　　mg/L

重金属元素	WD		TCC		KSDL	
	范围	平均值	范围	平均值	范围	平均值
Cd	0~0.001	0.000 5	0~0.001	0.000 2	0~0.001	0.000 2
Cu	0.05~0.072	0.055 7	0.086~0.116	0.099 7	0.078~0.103	0.092
Ni	0.06~0.096	0.075 3	0.069~0.076	0.072 8	0.056~0.067	0.061 2
Pb	0.01~0.22	0.046 5	0.012~0.019	0.015 8	0.011~0.022	0.013 7
Zn	0.131~0.368	0.197 8	0.162~0.242	0.199 7	0.149~0.186	0.170 5

通过监测 2013 年 9 月 16 日采集的不透水面雨水样品重金属水质参数的描述性统计(表 7-8)分析可以看出,3 个采样点中样品水质中重金属元素 Cd 的含量非常少,平均值是 5 种元素中最低的。总体来看,重金属元素 Ni 的含量也处于较低值,但变化幅度稍明显;重金属元素 Zn 的含量最高且变化幅度非常明显,采样点 TCC 的平均值是 3 个采样点中最高的;3 个采样点中重金属元素 Cu 的含量也较高,采样点 KSDL 的变化幅度较大,采样点 WD 的平均值最高。总体来看,相比较其他重金属元素而言,3 个采样点重金属元素 Pb 的含量居于中间位置,采样点 TCC 的含量最高,采样点 WD 的变化幅度最为明显,而采样点 KSDL 的初始浓度最高。

通过两次实验测得的结果来看,3 个采样点中重金属元素 Cd 和 Ni 的含量是最低的,且变化幅度不大;重金属元素 Zn 的含量在 5 种元素中含量较高且变化幅度较为明显;重金属元素 Cu 和 Pb 的含量虽然不是最高的,但变化的幅度也比较明显。总体来看,采样点 TCC 的重金属元素含量都较高,采样点 KSDL 次之,采样点 WD 的含量最少。

表 7-8　样品水质参数的统计特征(2013 年 9 月 16 日)　　　　mg/L

重金属元素	WD		TCC		KSDL	
	范围	平均值	范围	平均值	范围	平均值
Cd	0.001~0.002	0.001 2	0.002~0.003	0.002 3	0~0.002	0.001
Cu	0.021~0.1	0.117 3	0.068~0.112	0.123 2	0.029~0.114	0.057 7
Ni	0.017~0.04	0.029 2	0.071~0.086	0.077 8	0.016~0.054	0.03
Pb	0.023~0.095	0.048 8	0.051~0.095	0.064 8	0.014~0.066	0.033
Zn	0.15~0.125	0.341 5	0.334~0.742	0.518 5	0.099~0.368	0.200 8

2) 乌鲁木齐市不同不透水面雨水径流污染时空变化特征

(1) 不同不透水面雨水径流污染物的时间变化

图 7-4 显示了 2013 年 8 月 25 日降雨事件的不同透水面雨水汇流中重金属污染浓度变化的趋势。根据监测结果分析,不同不透水面中重金属元素的浓度随着时间变化呈现出不同的变化规律。由图 7-4 来看,不同重金属元素浓度变化态势相同,随着降雨和径流的延续,重金属元素浓度持续增加并达到峰值,随后持续降低。图 7-4(a)显示了 3 个采样点中重金属元素 Pb 的变化曲线,随着时间变化采样点 WD 最先达到峰值,采样点 TCC 和采样点 KSDL 的变化曲线较为相似,整体看来变化不是很明显。由图 7-4(b)可以看出,3 个采样点中重金属元素 Zn 的含量随时间变化趋势较为明显,且达到峰值的时间不同;采样点 WD 的变化幅度较大,基本上在采样过程中间时段达到峰值,浓度随着时间和径流的持续慢慢降低,采样结束前浓度又达到最大值。采样点 TCC 和 KSDL 的变化较为平缓,表现为在采样初始阶段较低,随着降雨和径流的持续,浓度慢慢增加。相比而言,采样点 KSDL 重金属元素 Zn 的含量较高,但变化曲线不明显;采样点 WD 虽然个别值大于其他两个采样点,但总体看来重金属元素 Zn 的含量还是比较低的。由图 7-4(c)分析可以看出 3 个采样点的重金属元素 Cu 的浓度变化趋势不是很明显,在采样的初始阶段和结束阶段浓度都比较高,采样点 WD 的重金属元素 Cu 的含量在 20 min 后达到高峰;相比采样点 TCC 和 KSDL,重金属元素 Cu 的含量较低,采样点 WD 重金属元素 Cu 的含量最少。图 7-4(d)为 3 个采样点中重金属元素 Ni 的变化曲线,通过分析可以看出,3 个采样点中重金属元素 Ni 的含量都比较少,随时间变化采

样点 WD 最先达到峰值,且变化幅度较大,含量最高。采样点 KSDL 重金属元素 Ni 的含量要高于采样点 WD,但两者相差不大。由图 7-4(e)可以看出 3 个采样点中重金属元素 Cd 的浓度变化曲线,3 个采样点中重金属元素 Cd 的含量都非常低,变化趋势较为相同。总体而言,5 种重金属元素中 Zn、Cu 和 Pb 的浓度最大,变化幅度也较为明显,重金属元素 Ni 的含量比较低,而重金属元素 Cd 的含量微乎其微。

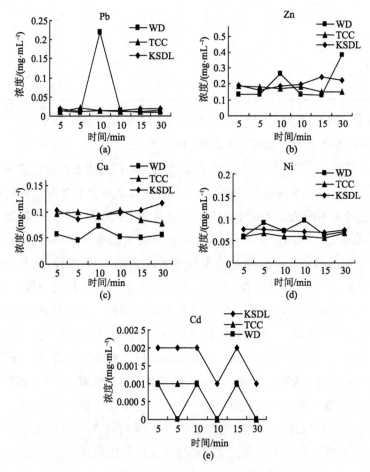

图 7-4　重金属元素浓度随时间的变化(8 月 25 日)

图 7-5 显示为 2013 年 9 月 16 日降雨事件的不同透水面雨水汇流中重金属污染浓度变化的趋势。由图 7-5 可以看出,在 9 月 16 日降雨过程中,不同透水面重金属元素变化趋势较为明显,不同的重金属元素变化曲线明显存在差异性。图

7-5(a)显示了 3 个采样点中重金属元素 Pb 的变化曲线。在采样初始阶段,采样点 TCC 中重金属元素 Pb 的浓度较高,随着降雨和径流的延续,浓度逐渐降低,在采样结束阶段又有增加;采样点 WD 的变化幅度较大,在采样初始阶段浓度较高,5 min 后达到最小值,10 min 后出现峰值,然后持续降低;采样点 KSDL 中重金属元素 Pb 的变化趋势较为明显,采样开始后 5 min 浓度达到峰值随后持续降低。由图 7-5(b)可以看出 3 个采样点中重金属元素 Zn 的含量变化曲线,3 个采样点重金属元素 Zn 的变化趋势都较为明显且达到峰值的时间不同。其中采样点 WD 中重金属元素 Zn 的含量最高且变化幅度最大,采样初始阶段浓度非常高,在 10 min 后又达到峰值,随着降雨和径流的持续,浓度随之降低;采样点 KSDL 在采样初期重金属元素 Zn 的含量变化不大,呈直线状态,采样结束阶段达到峰值;相比其他两个采样点,采样点 TCC 中重金属元素 Zn 的含量较少,5 min 后达到峰值,然后逐渐降低,最高值出现在采样结束阶段。由图 7-5(c)分析可以看出 3 个采样点的重金属元素 Cu 的浓度变化趋势很明显,3 个采样点达到峰值的时间有所不同,采样点 KSDL 和 WD 在采样的初始阶段都比较高。采样点 TCC 的重金属元素 Cu 的变化幅度较大,出现峰值的时间较晚,采样后期阶段重金属元素 Cu 的浓度出现最高值;采样点 WD 的峰值在采样初期,但随着雨水和径流的持续,重金属元素 Cu 的含量逐渐减少,并趋于平衡;采样点 KSDL 中重金属元素 Cu 的含量最高,在采样 5 min 后出现高峰,随之持续降低。图 7-5(d)为 3 个采样点中重金属元素 Ni 的含量变化曲线图。通过分析可以看出,3 个采样点中采样点 KSDL 的 Ni 含量最高,重金属元素 Ni 的浓度在采样 5 min 后达到最大值,随后持续降低。采样点 WD 和 TCC 中重金属元素 Ni 的含量在初始阶段较高,随着时间的持续重金属元素 Ni 的浓度慢慢减小,在 20 min 后达到最低值。在 2013 年 9 月 16 日降雨事件中,3 个采样点中 Cd 元素含量非常之少,甚至未检测出。综上所述,4 种重金属元素中 Zn 浓度最高,且变化幅度也较为明显,重金属元素 Cu 和 Ni 的浓度次之,重金属元素 Pb 的浓度较小。

(2) 不同透水面径流污染物空间变化

通过公式 7-2 分别计算 2013 年 8 月 25 日和 9 月 16 日降雨事件中重金属污染物平均浓度结果见表 7-9。由表 7-9 可以看出,在 8 月 25 日的降雨事件中,3 个采样点中不同重金属含量各不相同,采样点 WD 中 5 种重金属元素 EMC 值大小排列顺序为 EMC 值(Cu)>EMC 值(Pb)>EMC 值(Zn)>EMC 值(Ni)>EMC 值(Cd);采样点 TCC 中 5 种重金属元素 EMC 值大小排列顺序为 EMC 值(Zn)>

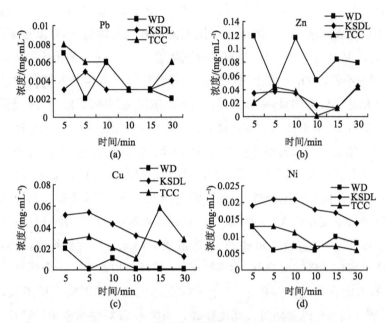

图 7-5　重金属元素浓度随时间的变化(9 月 16 日)

EMC 值(Pb)＞EMC 值(Cu)＞EMC 值(Ni)＞EMC 值(Cd);采样 KSDL 中 5 种重金属元素 EMC 值的大小排列顺序 EMC 值(Pb)＞EMC 值(Cu)＞EMC 值(Zn)＞EMC 值(Ni)＞EMC 值(Cd)。总体而言,3 个采样点中 Cu、Pb、Zn 的质量浓度较高,而 Ni 和 Cd 的质量浓度较小。在 9 月 16 日的降雨事件中,3 个采样点中不同重金属 EMC 值的大小排列顺序为:采样点 WD 中 4 种重金属元素 EMC 值大小排列顺序为 EMC 值(Pb)＞EMC 值(Ni)＞EMC 值(Zn)＞EMC 值(Cu);采样点 TCC 中 4 种重金属元素 EMC 值大小排列顺序为 EMC 值(Pb)＞EMC 值(Cu)＞EMC 值(Zn)＞EMC 值(Ni);采样 KSDL 中 4 种重金属元素 EMC 值的大小排列顺序 EMC 值(Pb)＞EMC 值(Zn)＞EMC 值(Cu)＞EMC 值(Ni)。由此可以得出,3 个采样点重金属元素 Pb 的质量浓度最大,Zn 和 Cu 次之,重金属元素 Ni 的质量浓度最小。

对照《地表水环境质量标准》(GB 3838—2002),在 2013 年 8 月 25 日的降雨事件中,重金属元素 Pb 的质量浓度是最高的,3 个采样点的重金属元素 Pb 的平均质量浓度均远远超过地表水环境质量 V 类标准,采样点 KSDL 中重金属元素 Pb 的 EMC 值在 3 个采样点中最高,远远超过地表水环境质量 V 类标准的 28 倍,采样点 WD 和 TCC 分别是 V 类标准的 7 倍和 10 倍多。3 个采样点中,重金属元素 Cu 的含量也较高,采样点 WD 及 TCC 中 Cu 元素的 EMC 值是地表水环境质量Ⅰ类标准;采样点 KSDL 中重金属元素 Cu 的 EMC 值是地表水环境质量Ⅴ类标准的 1.8 倍多。5 种重金属元素中,Zn 元素的含量也比较高。采样点 WD、KSDL 中 Zn 元素的 EMC 值高于地表水质量Ⅰ类标准,但没有超过地表水质量Ⅱ类标准;采样点 TCC 中 Zn 元素的 EMC 值约为地表水环境质量Ⅲ类标准的 1.3 倍。3 个采样点中重金属元素 Ni 的 EMC 值均超过地表水环境质量标准Ⅳ类标准,其中采样点 TCC 中重金属元素 Ni 的 EMC 值是Ⅳ类标准的 4.5 倍多。3 个采样点中不同透水面雨水径流中 Cd 的含量最小,采样点 TCC 和 KSDL 的 EMC 值基本符合地表水环境质量Ⅰ类标准,采样点 WD 中 Cd 元素的 EMC 值超过地表水环境质量Ⅳ类标准,接近地表水环境Ⅴ类标准。

由表 7-9 可以看出,在 2013 年 9 月 16 日的降雨事件中,5 种重金属元素中 Pb 的质量浓度是最高的,3 个采样点中重金属元素 Pb 的质量浓度都远远超过了地表水质量Ⅴ类标准,其中采样点 KSDL 中 Pb 元素的 EMC 值约是Ⅴ类标准的 32 倍,是 3 个采样点中最高的。3 个采样点中,重金属元素 Zn 的含量也比较高,采样点 WD 中 Zn 元素的 EMC 值低于地表水环境质量Ⅱ类标准;采样点 TCC 中 Zn 元素的 EMC 值介于地表水环境质量Ⅲ类标准和Ⅳ类标准之间;采样点 KSDL 中重金属元素 Zn 的 EMC 值略高于地表水环境质量Ⅴ类标准,在 3 个采样点中位于最高值。重金属元素 Cu 的质量浓度在 5 种元素中也排在前面,采样点 WD 和 KSDL 中 Cu 的 EMC 值都低于地表水环境质量Ⅱ类标准,但采样点 KSDL Cu 元素 EMC 值大于采样点 WD;采样点 TCC 中 Cu 元素的 EMC 值高于地表水环境质量Ⅴ类标准,是标准的 1.4 倍多。3 个采样点中重金属元素 Ni 的 EMC 值都超过了地表水环境质量Ⅴ类标准,采样点 WD 和 KSDL 中 Ni 的 EMC 值都是Ⅴ类标准的 1 倍多,而采样点 TCC 中 Ni 元素的 EMC 值是 3 个采样点中最高的,是地表水环境质量Ⅴ类标准的 4.5 倍多。

总体而言,两次降雨事件中重金属元素 Pb 的质量浓度都是最高的,均超过了地表水环境质量Ⅴ类标准。5 种重金属中,Ni 元素的 EMC 值虽然不是最高的,但在 3 个采样点中,它的平均质量浓度均高于地表水环境质量Ⅴ类标准;5 种元素中,重金属元素 Cu 的含量也是比较高的,2013 年 8 月 25 日事件中采样点 WD 和 KSDL 中重金属元素 Cu 的 EMC 值都大于 2013 年 9 月 16 日降雨事件,而采样点 TCC 则反之。在两次降雨事件中,3 个采样点的重金属元素 Zn 的含量也比较高,采样点 WD 都超过了地表水环境质量Ⅰ类标准,采样点 TCC 则高于地表水环境质量Ⅲ类标准。在 2013 年 9 月 16 日的降雨事件中,采样点 KSDL 中重金属元素 Zn 的 EMC 值是地表水环境质量Ⅴ类标准的 1 倍多。两次降雨事件中,Cd 元素的含量都非常少。

表 7-9　重金属的事件平均浓度及地表水环境质量标准的项目限值　　　　mg/L

项目(2013-08-25)	Cd	Cu	Ni	Pb	Zn
采样点 WD	0.008 0	0.898 3	0.121 6	0.750 4	0.319 3
采样点 TCC	0.001 2	0.685 2	0.455 6	1.017 9	1.271 0
采样点 KSDL	0.001 8	1.818 7	0.132 9	2.889 3	0.364 4
项目(2013-09-16)	Cd	Cu	Ni	Pb	Zn
采样点 WD	0.005 7	0.099 6	0.145 0	0.655 5	0.140 7
采样点 TCC	—	1.442 0	0.461 7	2.292	1.282 2
采样点 KSDL	—	0.329 6	0.166 3	3.175 2	2.751 8
小于或等于Ⅰ类	0.00	0.01	0.01	0.01	0.05
小于或等于Ⅱ类	0.01	1.0	0.05	0.01	1.0
小于或等于Ⅲ类	0.01	1.0	0.05	0.05	1.0
小于或等于Ⅳ类	0.01	1.0	0.1	0.05	2.0
小于或等于Ⅴ类	0.01	1.0	0.1	0.10	2.0

3) 乌鲁木齐市不透水面雨水径流重金属污染物分布

(1) 不同重金属污染物之间相关性分析

运用 SPSS 软件对两次降雨事件不透水面雨水径流样品中重金属之间的相关性进行分析计算后,结果如表 7-10、表 7-11 所示。2013 年 8 月 25 日降雨中,5 种重金属元素相关系数范围在 0.220~0.533 之间。重金属元素中 Cu、Zn 和 Pb 之间有着显著的相关性,重金属元素 Cd 与 Pb 相关性很高,重金属元素 Ni 与其他元素之间没有明显相关性。表 7-11 反映了在 2013 年 9 月 16 日的降雨中不同重金属元素之间的相关性,5 种重金属元素相关系数范围在 0.161~0.498 之间。重金属元素 Cu 和 Zn、Ni 之间的相关系数都很高。两次降雨事件中,重金属元素 Cu、Zn 与 Pb 之间的相关性都比较明显,但不同的重金属元素之间的相关性不同,讨论不同重金属元素之间的相关性有利于分析其来源,并找出对污染源的控制对策。

表 7-10　重金属元素浓度间的相关系数(2013 年 8 月 25 日)

重金属元素	Zn	Pb	Ni	Cu
Pb	0.336*			
Ni	0.093	0.185		
Cu	0.467**	0.380*	0.093	
Cd	0.227	0.533*	0.220	0.263

注：* 表示在置信度(双侧)为 0.05 时,显著相关;** 表示在 0.01 水平(双侧)时,显著相关。

表 7-11　重金属元素浓度间的相关系数(2013 年 9 月 16 日)

重金属元素	Zn	Pb	Ni	Cu
Pb	0.159			
Ni	0.166	0.085		
Cu	0.382*	0.175	0.498**	
Cd	0.467*	0.407	0.089	0.161

注：* 表示在置信度(双侧)为 0.05 时,显著相关;** 表示在 0.01 水平(双侧)时,显著相关。

(2) 降雨中重金属污染程度分析

① 重金属元素时间变化特征的讨论

通过雨水径流时间变化规律分析可以看出,8 月 25 日降雨事件中 3 个采样点重金属元素的浓度随着雨水径流的持续呈现出高低变化的趋势。采样点 WD 中重金属元素浓度均在采样开始 5～10 min 时达到高峰,随着径流减少,浓度也逐渐降低,在采样结束阶段浓度又有所提高,在降雨初期,重金属含量较低,随着降雨持续重金属元素浓度达到峰值随后下降,然后升高或趋于平衡。由于在干燥期不透水面累积的重金属在初期就被径流雨水冲洗而迁移,因此采样初期,重金属元素浓度含量较少;当降雨量增加时,不透水面中重金属元素得到充分溶解,重金属元素浓度达到峰值;在采样后期阶段,随着不透水面径流的不断冲洗,不透水面中重金属含量就越来越少;采样结束阶段,由于不透水面渗水量达到饱和,重金属元素的含量会有所增加或趋于平衡状态。由此,可以得出乌鲁木齐市不透水面雨水径流中的重金属污染物符合"浓度初期冲刷规律"。从图 7-5 可以看出,采样点 WD 中重金属元素 Pb、Zn 和 Ni 的含量都比较高,采样点 TCC 和 KSDL 中重金属元素的含量相差不是很大。采样点 WD 为楼房屋顶,在干燥期累积了大量的污染物诸如大气降尘、空气中的灰尘颗粒物等等,当降雨产生时,会随着降雨径流流入排水管道。屋顶的材质是沥青,且不常清扫,下水道管口的地势较低,由此污染物的浓度较高。采样点 TCC 为乌鲁木齐友好商业区富成百货公司的停车场,来往车辆较多,车流量较大,因此重金属元素 Cu、Zn 的含量较高些。采样点 TCC 属于商业区范围,来往行人较多,产生的生活垃圾较多,但其路面材质为砖石,当降雨发生时,路面累积的污染物溶解后一部分随雨水渗透到土壤中去,一部分被排入下水管道中。采样点 KSDL 为城市边缘,该路段清洁度高,且距居民小区较近,周围绿化环境范围较大,相比于其他两个采样点而言,重金属浓度含量较少。

由图 7-5 可以看出,在 2013 年 9 月 16 日降雨事件中雨水径流时间变化幅度较大,这与降雨特征有一定的关系。不同采样点的径流开始时间不同,因此重金属污染物浓度变化会受到一定的影响。而降雨量大小会影响雨水对不透水面的冲刷作用,在此次降雨过程中,采样开始阶段降雨量较大,平均降雨强度大,对路面的冲刷作用比较强烈;采样中期,雨量有所下降,重金属污染物含量有所减少,由此重金属污染物的浓度呈现出不同的变化曲线。在采样初期,采样点 WD 和 TCC 由于降雨量较少,形成径流的时间较晚,在晴天时积累的污染物较多,因此采样初期重金属元素的含量较高;采样点 KSDL 中重金属元素浓度变化符合"浓度初期冲刷规律",即在径流产生 5 min 后,重金属质量浓度达到最大值,随着雨水和径流的延续,污染物浓度有所下降,在采样后期由于雨量的减少,污染物的浓度有所上升。以图7-5(c)为例分析可以看出,采样点 KSDL 中重金属元素 Cu 的含量是最高的,随着径流的持续,污染物浓度的含量也随之减少,虽然采样点 WD 的初始浓度较高,但冲洗过程与采样点 KSDL 还是比较相似。采样点 TCC 在采样后期污染物浓度达到最大值,可能是由于降雨量的变化引起的。3 个采样点中,采样点 KSDL 中重金属元素 Cu 和 Ni 的含量较高,主要是由于采样点 KSDL 车流量大,来往车辆较多引起的。采样点 WD 虽然位于新疆师范大学教学区内,但教学楼距道路较近,周围商业区林立,且附近有公交车站和红绿灯,由此频繁的交通活动带来的污染物会在屋顶沉积,加上楼顶常年无人打扫,因此污染物的浓度较高。

通过分析两次雨水径流时间变化规律,我们可以看出,3 种不同透水面重金属元素浓度变化规律不同。相对于沥青材质地面而言,砖石材质的地面对于分解污染物有一定的效果。采样点 WD 和 KSDL 的地面材料均属于沥青路面,由于风吹日晒和车辆磨损,对于路面也有一定的磨损,因此也会产生污染物。除此之外,晴天积累天数、降雨强度、降雨量和降雨历时等降雨特征都会不同程度地影响重金属污染的浓度大小。

② 重金属 EMC 值分析

由计算结果（表7-9）分析可以得出，重金属元素 Zn、Cu、Pb、Ni 污染较严重，采样点 TCC 的雨水径流中 Zn、Cu、Pb 的含量都比较高。2013 年 9 月 16 日降雨中，Pb 的质量浓度约是地表水环境质量 V 类标准的 23 倍；采样点 KSDL 中 Pb 元素的含量约是地表水环境质量 V 类标准的 32 倍；采样点 WD 虽然低于其他两个采样点，但也超过了地表水环境质量 V 类标准的 6 倍。重金属元素 Ni 在 5 种元素中虽不是含量最高的，但是在 3 个采样点，其 EMC 值都超过了地表水环境质量 IV 类标准，在采样点 TCC 其 EMC 值则高于地表水环境质量 IV 类标准的 4 倍。所以乌鲁木齐市不同不透水面雨水径流重金属污染较严重，Zn、Cu、Pb、Ni 质量浓度较高，污染贡献率大，为径流主要重金属污染物。采样点 WD 虽然位于文教区内，但由于其地理位置处于城市繁华区，采样点地面材质为沥青材质，周边多为车辆维修类商铺，附近建有公交车站，道路密集，车流量较大，增加了污染物的累积量，由此重金属的含量较高。采样点 TCC 位于商业区的停车场，靠近商业区，车流量大，车辆都是低速行驶，燃料并未能充分燃烧，容易造成重金属污染物的累积。采样点 KSDL 位于道路内侧，该路段路面材质为沥青路面，其污染物主要来源于频繁的交通活动造成的路面磨损、燃料燃烧、轮胎的磨损和金属车身及部件的剥落。总体来说，3 个采样点中重金属元素质量浓度较高的是采样点 KSDL，其次是采样点 TCC，最后为采样点 WD。

③ 重金属元素相关性讨论

通过表7-10、7-11 可以看出，重金属元素 Cu、Zn 和 Pb 的相关性较高，这与现代工业多使用合金金属类的材料有很大的关系。道路雨水中主要的污染物是由有机或无机化合物、磷、氮、悬浮颗粒物、金属、油类等组成的，而道路雨水污染物中重金属元素 Zn、Pb、Ni、Cd 主要来源于轮胎的磨损，发动机润滑油及含铅汽油；重金属元素 Cu 的主要来源是金属电镀、轴承及制动部件磨损。随着城市化进程的加速，城市大多数家庭都拥有车辆，现代汽车业得到了极大的发展。随着城市车辆增加，由于交通活动而产生的大量的污染物便在晴天时累积在地面、屋顶等不透水面上，一旦降雨发生，这些污染物就会随着雨水排入城市下水管道，造成城市水环境的污染。

7.4.6　乌鲁木齐市不透水面重金属的解析特征

本节主要分析与讨论城市地表不透水表面干燥颗粒物中重金属的特征,城市雨水径流是城市水环境污染重要的污染源之一。降雨发生时,城市地表不透水面表面颗粒物会被雨水径流冲刷进入周围的水体之中,无论是溶解态,还是吸附态的污染物都会对水体造成污染,尤其是通过雨水进入城市下水管道,可能会对城市地表水体造成负面影响。重金属元素可能会通过排水管道流入江河湖泊,从而在水生生物体内累积并造成伤害。人类若是食用了这样的水产品,也有可能因此受到损害。减少重金属污染物对于城市水环境的管理和保护有重要作用。

1) 干燥颗粒物的质量分数

图 7-6 为经过干筛之后,每一个粒径范围内颗粒物的质量分数。结果表明,屋顶颗粒物的粒径相对较小,85%的质量都集中在 40~74 μm 的颗粒物上,这可能与屋顶颗粒物的来源有关。而喀什东路和停车场中地表颗粒物中<40 μm 粒径范围内的颗粒物质量分数较高,分别达到了 28%和 39%。喀什东路与停车场干燥颗粒物质量分布规律较为相似,颗粒物在<300 μm 粒径范围内的分布相差不是很大,这主要是由于道路和停车场较大车流量和人流量对地表颗粒物产生了较强的碾压作用。

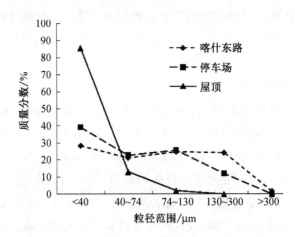

图 7-6　不同粒径范围干燥颗粒物的质量分数

2) 湿筛后重金属浓度特征

图 7-7 显示了经过连续筛分后滤液中重金属的浓度。结果表明,3 个采样点采集到的颗粒物上重金属在不同粒径范围内的分布具有相似性。其中喀什东路路

面颗粒物中重金属浓度的排列顺序为浓度(Zn)＞浓度(Cd)＞浓度(Cr)＞浓度(Cu)＞浓度(Pb)＞浓度(Ni)，屋顶屋面颗粒物中重金属浓度的排列顺序为浓度(Cd)＞浓度(Zn)＞浓度(Cu)＞浓度(Pb)＞浓度(Cr)＞浓度(Ni)，而停车场路面颗粒物中重金属浓度的排列顺序为浓度(Cd)＞浓度(Zn)＞浓度(Cu)＞浓度(Pb)＞浓度(Cr)＞浓度(Ni)。6 种不同的重金属元素中，Cd 和 Zn 的总浓度最高，Ni 的

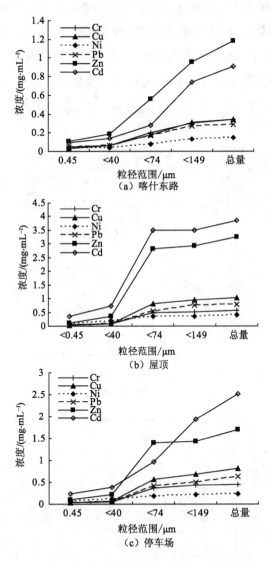

图 7-7　通过不同孔径筛子的滤液中重金属元素浓度

浓度最低,Cu、Cr 和 Pb 的浓度之间浓度高低趋势不是很明显。总体来看,屋顶颗粒物中所附着的重金属的浓度高于道路和停车场路面颗粒物。通过图 7-7 可以看出,3 个采样点中,不同重金属元素浓度与筛子粒径大小呈正相关的关系,即筛子的粒径范围越大,重金属元素的浓度越高。

3）颗粒物重金属元素浓度分析

通过图 7-7 分析可知,湿筛后 3 个采样点中吸附态重金属元素的浓度随着颗粒物粒径的增大而增大,污染物主要吸附在颗粒物表面,粒径大小决定了颗粒物的表面积,在一定程度上影响其污染程度的高低。不同粒径级别污染物含量差异,3 个采样点中不同重金属元素浓度在不同粒径下变化趋势相似,6 种重金属在屋顶

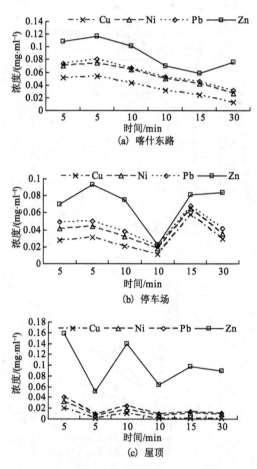

图 7-8 雨水径流中重金属元素浓度变化趋势

颗粒物中以吸附态存在,粒径在 74～149 μm 区间的重金属含量为总量的91%～94%;而喀什东路和停车场粒径在 74～149 μm 区间的重金属含量分别为总量的54%～84%和75%～81%。将过筛后滤液中重金属总含量与雨水径流中重金属元素含量(见图 7-8)对比可以看出,过筛后滤液中吸附态重金属元素的浓度,略高于雨水径流中的值。监测过程中,3 个采样点中雨水径流中重金属元素含量的排序均为:Zn>Pb>Ni>Cu>Cd;而经过筛分后滤液中重金属元素在不同采样点的排序为:喀什东路,Zn>Cd>Cr>Cu>Pb>Ni;友好和停车场,Cd>Zn>Cu>Pb>Cr>Ni。由此可见,重金属元素 Zn 的浓度最高,且比较容易溶解于雨水中。3个采样点中重金属元素 Cd 的含量极少,而经过筛分后滤液中重金属元素 Cd 的含量却很高,这说明重金属元素 Cd 经过雨水冲刷,大部分污染物未能充分溶解在雨水中,而是吸附在颗粒物上。由此可知,对于屋顶颗粒物,吸附态污染物在总量中占较大比例,喀什东路和停车场路面颗粒物中溶解态重金属元素占较大的比例。因此,提高城市屋顶清洁的频率,建立合理的雨水排水工程有助于提高城市环境建设。

7.5　本章小结

(1) 对乌鲁木齐市区 3 条不同道路路面雨水径流进行了取样监测,采用原子发射光谱法分析了径流中的 Cu、Cd、Pb、Zn 4 种重金属元素含量,发现路面径流的重金属具有明显的径流初期冲洗特征:在径流的初始阶段,重金属含量的浓度达到最大值,随着降雨和径流的延续,重金属浓度持续下降,最终趋于稳定,即乌鲁木齐市道路雨水径流中重金属污染物符合"浓度初期冲刷规律"。3 个采样点中 Zn、Cu、Pb 的质量浓度较高,而 Cd 的含量最小。其中城市交通密集区路面径流重金属浓度最高,支路路面重金属的含量相对较低。乌鲁木齐市路面径流中重金属污染水平高于其他城市,反映出乌鲁木齐市在道路路面环境维护和管理上与其他城市的差距。路面径流中不同重金属元素间相关性强,说明重金属污染物具有同源性。

(2) 通过对乌鲁木齐市区 3 种不同不透水面雨水径流的分析讨论,发现不同不透水面雨水径流符合"浓度初期冲刷规律",不同的降雨特征参数对路面径流重金属污染物浓度影响不同,晴天积累天数、降雨强度、降雨量和降雨历时都会影响重金属污染的浓度变化。5 种重金属元素中,Pb 的 EMC 值最高,远远超过国家地表水环境质量标准 V 类标准;重金属元素 Cu、Zn、Ni 的质量浓度也较高,污染贡献率大。3 种不同不透水面中,道路中的重金属 EMC 值是最高的,停车场次之,屋顶的最小。道路中重金属污染较为严重。

(3) 通过对不同不透水表面采集的地表灰尘实验分析可知,不同不透水面中屋顶颗粒物的粒径相对较小,85%的质量都集中在 $40\sim74~\mu m$ 的颗粒物上,喀什东路和停车场中$<40~\mu m$ 粒径范围内的颗粒物质量分数较高,分别达到了 28% 和39%。喀什东路与停车场干燥颗粒物质量分布规律较为相似,颗粒物在$<300~\mu m$粒径范围内的分布差异性较小。对于屋顶颗粒物,吸附态污染物在总量中占较大比例,喀什东路和停车场路面颗粒物中溶解态重金属元素占较大的比例。

7.6　对策和建议

随着城市发展脚步的加快,各类资源之间的供需矛盾日益加大,其中城市水环境已成为城市可持续发展关注的焦点问题。城市化带动的经济的发展和工业化以及人口聚集会直接导致污染物的加剧排放。城市化进程中对土地利用方式的改变,严重影响了景观中水文、区域气候、土壤、水量和水质的物质循环和能量分配,大量自然景观被改造成适应城市发展的工业园区、商业区、住宅区、城市街道,停车场、下垫面及地表状况的改变影响了降雨—径流系数的变化,影响了当地的雨洪径流形成条件,导致径流增加,从而增加了城市发生洪水的可能性。研究表明,城市不透水面面积增加,加速了雨水产生径流的时间,城市地表在晴天累积的污染物会迅速随地表雨水径流排入城市排水管道中,从而造成受纳水体的污染,进而造成城市水环境的污染。很多的研究表明,城市化进程会对大气环境造成不良影响,诸如产生城市热岛效应和城市增温现象。近年来大气中的雾霾现象就是城市化进程对环境造成的恶劣影响之一,雾霾中含有对人类健康有害的颗粒物,工业区排放的粉尘、有害气体,道路交通产生的城市扬尘和悬浮颗粒等,这些污染物都会在晴天时在城市地表累积,降雨一旦发生,就会引起城市非点源污染。

鉴于以上所述,城市非点源污染的控制管理已成为城市化进程中不得不提的重要议程,基于本文研究内容,提出以下几项对策,以期为城市地表雨水径流的控制和管理提供有效的措施:

(1) 城市雨水资源化。由于城市化的进展,大多数城市都会面临水资源的供需矛盾,而雨水是自然界水循环系统中重要的组成部分,对于部分地区缓解水资源紧张的压力有着极为关键的作用。因此,加强集流技术,改善雨水水质,建立合理的雨水利用综合工程,必定能成为解决水资源短缺的有力途径。

　　(2) 控制雨水径流系数。根据不同的土壤性质、地质条件等情况,推广使用各种透水透气型路面,诸如孔径较大的沥青路面、空心砖纹嵌草路等,尽量加大地表径流的渗透量。加大绿地面积的建设,强化城市绿地保护措施,使透水面的面积得以增加,改变雨水的径流系数。

　　(3) 使用低污染性的防水材料。在长时间的高温日晒等物理作用下,沥青油毛毡面的防水材料容易老化并分解出一些有机物融入雨水中,造成污染物的累积,建议增加使用板式或屋瓦面的材料,并使用环保型的涂料,尽可能地减少因建筑物材料引起的污染。

　　(4) 加强环保意识的宣传。城市管理部门可以定期召开有关城市环保问题的会议,邀请城市居民参与讨论,宣传环保理念,推广环保技术。诸如组织"周末不开车"活动,或是"为家园添绿色植树"活动等等。

第8章 绿洲城市交通与植被光合特性研究

8.1 引言

城市是人类聚居的场所,活动的中心。城市生态系统是人类通过社会经济活动在适应自然环境基础上建立的一种典型的社会-经济-自然复合生态系统或人工生态系统;是以人为主体的系统,既包含自然因素,也包含人类及其他社会经济要素。近年来,随着城市化过程在全球范围内的迅速发展,城市作为一种特殊的生态系统,在显示出对经济和社会发展巨大推动作用的同时,也不断暴露出其自身发展过程中的生态和环境问题。快速城市化致使城市环境遭到严重破坏,综合性的城市病开始出现并影响城市人群生产、生活。其中,生态环境问题是最令人不安的,城市生态功能退化、环境污染(水污染、大气污染、固体废弃物)加剧,对城市良性发展产生阻碍和威胁。城市植被作为城市生态系统的重要组成部分,对促进城市生态系统的平衡方面有着极为重要的意义。城市植被是指城市里覆盖着的生活植物,它包括城市里的街道、公园、校园、寺庙、广场、球场、庭院、农田以及空闲地等场所拥有的森林、灌丛、绿篱、花坛、草地、树木、作物等所有植物的总和,是以人工植被为主的一种特殊的植被群落,具有完全不同于自然植被的性质和特点。城市植被具备生态、美化、使用等功能,它可以加快蒸腾,吸收二氧化碳、释放氧气、净化空气、改善局地气候,也可降低城市噪音,指示和监测环境污染。在维系城市生态系统的安全和稳定性方面,以及满足居民物质和精神生活需求方面起着不可替代的作用,同时,对促进城市化的建设和发展有着至关重要的意义。

然而,城市化进程中工业、交通的高度密集以及城市扩张引起的土地利用和土地覆盖的变化,对城市植被面积、活动强度以及多样性产生负面影响。城市交通作为城市生态环境的重要组成部分,是城市生态组织结构演变的一个最重要的决定力量。城市交通体系质量的好坏极大地影响着城市生态环境。在城市化进程中,随着汽车工业的快速发展和城市交通机动化(机动车拥有量的快速增长)的加快,车辆成倍增加,城市交通量激增。拥挤的交通、超负荷的车流量加剧交通污染,致使交通污染成为城市乃至全球大气环境和噪声污染的主要污染源,并且这种趋势仍在继续发展,对城市植被、城市大气等生态环境的安全以及城市居民健康造成严重威胁。诸多学者研究表明,交通尾气含有毒性污染物质,其中也包括一些 Pb、Cu、Sb 等重金属。而一般而言,交通污染不仅仅是指机动车排放的尾气所造成的 CO、HC、SO_2、NO_x、苯并芘等物质的污染,而且机动车尾气的排放、机械部件及轮胎的磨损等同样会对道路两侧的土壤和植物产生重金属污染。此外,交通污染范围主要限于道路两侧 150 m 以内,交通污染的程度随着距交通主干道空间距离的增加以及交通流量的减少而下降。换言之,作为城市植被中园林绿地系统的重要组成部分,也是城市文明的重要标志之一的城市道路绿化带,会不可避免地受到污染。城市道路绿化带不仅对城市美观起到其应有的功能,而且对交通尾气扩散具有缓冲作用。而交通污染加剧则会降低植被光合作用速率,释放氧气的初级生产力,使植被生长受到抑制。此外,城市绿化带长期置于交通污染环境中,可较好地反映出路段的交通污染程度。再加上光合作用又是植物的基础物质代谢,对环境的变化十分敏感。因而,城市绿化植被可作为城市交通污染指示器,通过监测交通密集区道路绿化植被的光合特性,研究交通污染对道路绿化植被的生长及生理状况影响,探究城市道路绿化带植被对交通污染的响应,对于城市交通污染诊断和防治、园林绿地功能多样性保护以及城市绿化具有重要意义。本章便以此为出发点,选取乌鲁木齐交通密集区——河滩路旁绿化带的紫丁香和爬山虎为研究对象,通过春季野外控制实验,设置不同 CO_2 浓度的实验样地,测定爬山虎和紫丁香叶片光合特性对不同 CO_2 浓度的响应变化差异,比较光合参数,以此探讨城市绿化带植被对交通尾气的响应,为新疆绿化植被的抚育和管理提供良好的理论依据。

8.2　研究进展与相关理论

8.2.1　研究进展

近年来,随着城市经济的高速发展和城市人口的急剧增加,城市化对生态环境产生的胁迫作用日益突出,快速的城市化带来了大气污染、水体污染、酸雨、城市垃圾、噪声等环境问题,城市绿地的缺乏、景观多样性的丧失、城市生物的匮乏等生态问题,严重威胁着人类自身的生存以及城市可持续发展。城市化过程对植被影响主要表现在三方面:一是随着城市空间扩展和土地利用类型的变化,城市植被生存空间发生改变,植被面积减少、生物多样性下降;二是频繁的城市人类活动加剧了大量污染物的排放,造成植被退化,使其处于动荡不稳定状态;三是城市人工引种增加,城市植被结构、种类、多样性等趋于复杂。

针对城市化与城市植被响应,学者们主要从宏观和微观两大角度出发,对其进行了研究。宏观的响应研究主要是应用景观生态学的理论与方法、植物学观点等,对城市植被多样性、分类、应用方面做了分析。(1)城市植被多样性方面:城市化进程中,吴丽娟等运用景观生态学的原理,在 GIS 支持下对北京五环内城市绿地景观斑块的等级与分布、空间结构的度量进行了研究和分析,并对该市的城市绿地景观按城市梯度进行了综合评价,结果表明城市绿地景观格局沿城市梯度呈一定的规律性变化,总体表现为人类活动干扰增强,绿地景观破碎化加剧,景观多样性降低,分布较为均匀,整体绿地景观受面积影响较大。宋树龙等在分析广州市植被景观现状的基础之上,应用景观生态学原理,选取多样性指数、优势度、分离度和破碎度 4 个指标,从景观的类型多样性、格局多样性和斑块多样性 3 个方面,对广州市城市植被景观进行多样性分析。且研究结果表明,频繁的人类活动对广州植被具有影响。宋坤通过对上海市中心、市郊和郊县居住区的植被调查,比较了城乡梯度上居住区绿化观赏植物、杂草和自生逃逸植物的多样性和物种组成。江天远通过对城市特殊的自然系统的分析,提出了城市中的生物多样性保护应该从景观多样性入手,自上而下。进而,运用景观生态学的方法,指出城市绿地系统结构和城市绿地控制性规划是实现城市生物多样性的主要途径,生物多样性保护是城市绿地系统的重要目标。此外,其他学者也相继对北京市建成区、怀化市、南宁市、佛山市、武汉市、保定市等城市绿地植物多样性进行了研究,并探讨快速城市化进程中,人为活动干预对城市植被多样性的影响。(2)城市植被分类与应用方面:黄银晓等研究了北京、天津城市植被主要植被类型受城市化的影响,使用了城市植被的概念。尹林克等根据人为干扰程度、群落功能以及优势建群种,对乌鲁木齐市城市植被类型进行划分,并对植被的分布格局进行分析。徐文铎等探讨了沈阳市区植物区系特点和城市植被类型的分类及其特征,并试图以植被为依据,以功能为辅,进行城市植被分类,并建立城市植被分类系统,为沈阳城市森林生态建设提供科学依据。张友静等基于面向对象方法,利用高空间分辨率卫星影像对 6 种城市植被进行分类。采用相对误差方法鉴别和确定地物尺度;在确定类型样本函数库后,利用模糊分类方法对植被对象进行语义识别。此外,她还利用高分辨率卫星影像 IKONOS,以实验区与验证区城市植被类型信息为对象,在对常用的参数和非参数分类方法进行对比实验的基础上,构建了基于 SVM 决策树的城市植被类型分类模型。与传统分类方法相比,SVM 的决策树分类方法精度更高。潘灼坤采用 EO-1 卫星过境广州市东边建成区所采集的 Hyperion 高光谱影像,通过选取合适的植被指数进行分类,以及混合像元分解获得植被丰度这两种方法进行植被胁迫的识别。

城市化与城市植被微观响应研究主要聚焦于城市污染物对植被的影响及指示作用、植被生态特性、解剖生理等方面。(1)城市污染物对植被的影响及其指示作用:康玲芬以西北地区大气污染严重的兰州市为研究对象,采集交通主干道两侧及远离交通主干道的槐树叶片和土壤样品,研究了交通污染对城市和土壤的影响。王爱霞选择经济发展速度较快的南京市为调查地点,通过测定道路旁树种叶片重金属含量及其生理指标,利用功能分类法,从中筛选出抗污、吸污能力强的树种,以期为城市森林生态和园林绿化的功能多样性保护提供理论依据。韩贵锋基于长三角地区 1998—2005 年 NDVI 时间序列影像,利用移动平均法计算了上海、杭州、南京、常州、无锡和苏州 6 个城市的城区与各缓冲带的平均植被物候。温家石研究了杭州和台州城市化对建成区植被碳吸收和碳储存的影响。(2)植被生态特性、解剖生理方面:陈崇选择北京市银杏、雪松、碧桃、金银木、绦柳这 5 种园林绿化树种进行研究,比较不同种类植物光合能力和水分利用效率的差别,为北京市园林植物的选择和栽培管理提供了理论依据。李海梅等研究了沈阳市绿化树种丁香的光合特性,揭示丁香光合作用的基本生理生态学特征和规律。李隆芳根据哈尔滨环境监测结果,选择哈尔滨市大气污染指数相对较高的路段作为交通污染区,大气污染指数最低的江北作为相对洁净区,分析了 5 种树种对交通污染区和相对洁净区光合生理响应的差异,探讨了 5 种树种对交通污染胁迫的抗性差异。(3)具体到城市绿化常用植被紫丁香和爬山虎,学者们也做了较多研究。紫丁香属于落叶灌木,因其耐寒、喜光,对土壤要求不高,且同时具备观赏美化和净化环境作用,被普遍用于道路绿化。针对紫丁香,学者们在丁香属植物的解剖生理和生态特性方面和在城市行道树方面分别进行研究:① 在丁香属植物的解剖生理和生态特性方面,高艳、崔洪霞等利用光镜观察制片和扫描电镜制片等方法研究 7 个丁香属植物叶片表皮形态特征与环境适应的关联。结果表明,暴马丁香和紫丁香比其余 5 个区域分布种显示出更强的适应性环境响应能力,从而得出丁香表皮形态各指标与环境适应关系的结论。汤智慧等通过介绍暴马丁香的生物特性,并从苗圃地选择、种子采收、整地、播种时间、种子处理、播种方法等几个方面介绍其在干旱地区的育苗技术。严俊鑫等利用 LI-6400 便携式光合测定系统对 6 种丁香的光合特性的各个指标进行研究和比较。结果表明,白丁香、暴马丁香、紫叶重瓣洋丁香、紫丁香、红丁香和关东丁香的净光合速率日变化均呈"单峰"曲线,无明显的光合"午休"现象。6 种丁香净光合速率季节变化趋势基本一致,并且对 6 种丁香进行了排序。王静、方峰等就大气中 CO_2 浓度增加后对植物光合、呼吸、蒸腾等作用的影响,以及与光照、温度等环境指标相互作用后对植物的影响进行了研究。同时杨金艳等也重点研究了 CO_2 和温度增加的相互作用对 C_3 植物光合作用的影响。② 在城市行道树方面,吴永波等探求城市行道树结构、城市行道树对环境的适应和城市行道树的生态功能,以及城市行道树绿化管理方面的研究。陶晓、吴泽民等抽样调查合肥市区 100 km² 范围主要道路行道树现状,根据各健康等级所占的比例计算各树种健康指数 RPI,反映其相对健康状况,从而估算生态经济效益。张建强等利用污染指数法对东京行道树表层土壤的重金属污染特征进行分析,掌握其道路受重金属污染的状况,得出不同树种间对其捕获能力的差异。针对爬山虎的研究,国内文献众多,以往的研究工作大多集中在对其的分类、生长习性以及应用等方面。郑元研究并建立了爬山虎光合生理光响应、CO_2 响应曲线的拟合方程,为进一步更好地发挥爬山虎的生理生态效益提供了一定的参考价值。但是上述均未对爬山虎对环境变化的响应做出量化研究。相关 CO_2 对植物生物学效应的研究主要集中在常规的农业作物增产和植物对环境的适应性研究等方面。施建敏等证实了短期 CO_2 浓度升高对植物具有一定的促进作用。樊良新发现 CO_2 浓度倍增对苜蓿的生长具有一定的施肥效应,并能够减缓水分胁迫对苜蓿的伤害,增强其抗旱能力。以上均是研究植物对短时期内 CO_2 浓度升高的响应,但是并没有涉及长时间高 CO_2 浓度对植物生长状态的影响,尤其是对新疆五叶爬山虎此方面的研究几乎不见文献报道。

8.2.2 相关理论

1) 生态系统论

生态系统论是英国生态学家坦斯利首先提出的,他把"系统"和"生态"两个概念结合起来,从整体上认识自然群落的功能和作用。生物群落和环境之间,具有能量转换、物质循环、信息传递的功能,从而形成一个稳定的自然系统。从生态学的角度看城市,城市也是一个大的生态系统。城市内部各要素之间,均存在一种生态系统的关系,相互依存,相互作用。城市生态系统的主体是人,基础是自然生态系统。城市生态系统最大的特征是由自然、社会、经济组成的复合生态系统,生态园林是复合生态系统的核心。园林生态系统结构决定生态系统的功能。因此,要建立生态园林网络,形成植物结构配置系统化,空间绿化立体化,景观结构艺术化,功能效益多元化,充分发挥园林的整体功能。

2) 绿色城市理论

面对工业化带来的城市环境问题,英国著名社会学家霍华德在 100 年前提出了田园城市理论,最具有代表意义。1930 年勒·柯布西耶提出了绿色城市思想,主张充分利用高层建筑空间,建设立体的花园城市。此后,又出现了新的"绿色城市"和"生态城市"概念等。我国著名科学家钱学森先生多次提出"山水城市"概念,其核心是"人离开自然又要返回自然",用中国山水诗、中国园林建筑和中国山水画融合创立具有中国特色的"山水城市"。经过百年实践与发展、更新与淘汰,我国已形成了从城市的自然条件与城市发展现状出发,综合体现城市的生态功能、游憩功能和景观功能等三大功能,在规划建成区和城市外围地区形成新型的点、线、面相结合,各种环、带、线、网、楔相结合的城市生态、游思与景观绿地的立体网络结构体系,对整个城市各类绿地类型、规模特色与结构布局进行的综合部署和统筹安排。规划的目的是追求生态环境优良、游憩娱乐方便、景观优美、安全舒适的城市生存环境。

3) 山水城市理论

"山水城市"的构想是由我国著名科学家钱学森先生于 1990 年首先提出的,它与自然保护主义的"绿色城市"是不同的,并不是简单地增加绿色空间,单纯追求优美的自然环境,而是以人与自然相和谐,社会、经济、自然持续发展为取向,实现既能满足今世后代生存与发展的需要,又能保护人类自身的生存环境。

4) "生态环境与健康呈正相关"理论

高度的城市化和工业化给人类社会带来了"文明病""忙人病"等不良后果,健康长寿已成为现代人的主要追求目标之一。当中,以植被为主体的森林、绿地所具有的生态效益正好满足了人们的需求。植物所释放出来的芬多精便是一种重要的资源。植物精气资源国外又叫芬多精,中国称为植物芳香气。这些挥发性有机物主要是萜烯类有机物如单萜烯、倍半萜烯等。1980 年以后日本诸多学者进行了这方面的研究。研究证明萜类化合物的生理功效有镇痛、驱虫、抗菌、抗组胺、抗炎、抗风湿、抗肿瘤、促进胆汁分泌、利尿、祛痰、降血压、解毒、镇静、止泻等作用。近代日本的"森林浴""森林健康医院",德国的"森林山地疗法"等都是通过对森林环境和植物精气的利用来治疗"文明病""忙人病"。

5）生态城市论

城市是人类的政治、经济、文化、生活的中心。面对生态环境的挑战,怎样建设一个环境优美、经济发达、社会和谐的城市,已成为人们积极探索的主题。绿色城市、园林城市、山水城市的提出,表达了人类对未来的追求和向往。以人为本,以环境为中心的城市发展观,正在逐步深入人心。城市应该是市民的生活家园,处处体现人性的氛围,要有足够的绿地,优美的环境,以满足市民美好生活的需要。城市还要有舒适高效的工作环境,建立完整的生态网络,做到产业生态化,低消耗,高产出,无污染。达就是生态城市所追求的城市发展目标。生态城市的本质,就是要把城市的发展纳入生态建设的轨道,建立以生态经济为主体的可持续发展的三大体系,即以森林植被为主体的城市生态安全体系,以建设生态产业为主体的城市生态产业体系,以建设高雅文化的生态文明体系,推动城市跨越式发展,奔向美好的明天。

6）碳氧平衡理论

城市由于燃料的燃烧和人的呼吸作用,导致空气中二氧化碳浓度一般大于郊区,这对人体健康不利。当空气中二氧化碳浓度达 0.05% 时,会影响人的呼吸;当含量达到 0.2%～0.6% 时,对人体就会产生危害。二氧化碳又是主要的温室气体。近年来由于工业化、煤、石油、天然气等消耗量激增,使二氧化碳等温室气体在大气中的含量急剧增长,导致温室效应增强,对全球气候和生态平衡带来了严重的不利影响。城市绿化对调节大气中的碳氧平衡和降低温室效应都有重要作用。绿色植物进行光合作用时,吸收空气中的二氧化碳和土壤中的水分,合成有机物质并释放氧气。虽然植物的呼吸作用也要吸收氧排放二氧化碳,但是植物的光合作用比呼吸作用大得多,因此绿色植物是大气中二氧化碳的天然消耗者和氧的制造者,起着使空气中二氧化碳和氧相对平衡稳定的作用。所以城市二氧化碳浓度的分布与绿化覆盖率有明显的关系。由于空气的对流、乱流混合作用以及城市环流的存在,城郊空气不断交换,可以从城外绿地补充城区氧的过度消耗。为保证城市居民呼吸氧量,也应规划一定的城市绿地面积生产氧,这是现代城市建设不可缺少的。而且,确保城外郊区一定的绿地面积,是维持城市碳氧平衡的重要因素。

7）绿色人居环境理论

该理论为刘滨谊先生首创。从人类聚居环境学的理论研究高度,提出绿色人居环境规划三元论,包括绿色人居环境规划设计哲学观、目标、方法论、理论研究学科专业组成。基于国际现代景观环境规划建设的实践经验总结,提出中国绿色人居环境规划建设的三部曲。即规划在先,为百年后的绿色人居环境保护、预留、建设大量的综地、风景园地,这是第一步;第二步是将这些足够量的自然风景园地串联成网,组成环、楔、廊、道之类的绿脉系统;第三步是在这样一种足够丰富的风景园地系统中,寻求以生物多样性为最高目标的良性循环的生态化风景园林,至此,才能真正步入风景园林的理想王国,实现人类"伊甸园"的梦想。这 3 个步骤正在并且成为中国绿色人居环境建设发展的三部曲。

8) 景观连接度和渗透理论

景观连接度是对景观空间结构单元相互之间连续性的量度,它包括结构连接度和功能连接度。前者指景观在空间上直接表现出的连续性,后者是以所研究的生态学对象或过程的特征尺度来确定的景观连续性。景观连接度对生态学过程的影响,具有临界阈限特征。渗透理论已被广泛应用于景观生态学的研究中,在景观生态学中主要考虑能量、物质和生物在景观镶嵌体中的运动。生态学中的不少现象,都在不同程度上表现出临界阈限特征。因此,渗透理论对于研究景观结构(特别是连接度)和功能之间的关系,具有启发性和指导意义。景观连接度和渗透理论对于城市绿色空间规划具有重要的指导意义。廊道密度指数是体现绿地景观连接度的重要指标,它对绿地生态系统中物流、能流和信息流等的运动和功能具有重要意义。

8.3 实证研究

乌鲁木齐城市植被可划分为自然植被、半自然植被和人工植被。其中人工植被类从生态功能和景观特征角度可划分为园林绿地植被组和农业植被组。人工植被中园林绿地植物群落高度人工化,层次结构和植物组成明显区别于自然和半自然植被,就植被类型而言,以两、三层结构居多,即乔木-花灌木或乔木-花灌木-草坪结构。紫丁香和爬山虎是乌鲁木齐城市园林绿化中的典型植被。紫丁香属于落叶灌木或小乔木,喜光、喜温暖,具有一定耐寒性和较强的耐旱力,对土壤的要求不严,耐瘠薄,生长习性强,姿态优美,栽培管理容易,对多种环境胁迫具有很强的适应性,同时又具备美化和净化环境的作用。爬山虎属多年生大型落叶木质藤本植物,是垂直绿化的优选植物,具有耐寒、耐旱、耐贫瘠,生性随和,适应性强,生长快等优点,对二氧化硫和氯化氢等有害气体有较强的抗性,对空气中的灰尘有吸附能力。因此这两种植被普遍应用于道路两旁绿化种植。然而,伴随着城市化进程的加快,乌鲁木齐道路交通发展规模不断扩大,车辆成倍增加,交通量激增,城市交通污染加剧,破坏植被的光合作用,释放氧气的初级生产力,严重影响城市绿化带植被的生态和美化功能。因此,通过野外实验,探寻交通所产生的温室气体 CO_2 对爬山虎和紫丁香的生长状况影响及这两种植被对交通气体的响应,对乌鲁木齐交通绿化以及绿化植被选择和管理具有重要意义。

8.3.1　材料与方法

1) 试验地概况

乌鲁木齐(东经 $86°37'33''\sim88°58'24''$,北纬 $42°45'32''\sim44°08'00''$)深处亚欧大陆腹地,是新疆维吾尔自治区首府,地处天山中段北麓、准噶尔盆地南缘,三面环山,地势东南高、西北低,属典型的冲洪积扇绿洲城市,属中温带大陆性干旱气候,春秋较短,冬夏较长,昼夜温差大。年平均气温为 7.0℃,光热充足,年平均日照时数多达 2 500 h 以上,年平均降水量 236 mm,全市平均海拔 800 m。市辖七区一县,自 1980 年以来,随着经济的快速发展,乌鲁木齐城市化进程不断加快,城市建成区面积急速扩大,从 1985 年的 49 km² 增加到 2009 年的 339 km²。城市化进程的加快促使城市交通发展规模日益加大,河滩路是乌鲁木齐主要的高速公路,是贯穿乌鲁木齐南北的交通主动脉,为乌市经济发展及市民出行做出重要贡献。该路是在乌鲁木齐河中游的干涸河床基础上改建而成的公路,承载着全市 47% 的交通量,每天约有 30 万辆各类车辆通行,高度密集的交通使得该区域交通尾气污染十分严重。本次试验地点设在河滩路和新疆师范大学校本部校内,S1 样地(低浓度 $CO_2\approx430\ \mu mol/mol$)为新疆师范大学本部校内(位于距乌市新医路立交桥步行 15 min,并无车辆温室气体排放);S2 样地(高浓度 $CO_2\approx480\ \mu mol/mol$)位于乌市河滩快速路附近(车流量极大,早晚高峰明显,并有堵车现象)。每个试验样地面积约为 1 m²,土壤质地相同,水分良好(使用 HH2 型土壤湿度计测定土壤初始体积含水量均在 20%~23%)。选取长势一致的紫丁香和爬山虎健康植株。

2) 实验方法

自然光照下,选择长势一致的紫丁香和爬山虎健康植株,使用 Li-6400XT 便携式气体交换系统(Li-COR, USA)测定,配 2 cm×3 cm 标准透明叶室,每个样地选取 5 株生长良好的中部外围成熟功能叶进行测定,自 8:00(北京时间,下同)起至

20:00,每隔 2 h 测定 1 次,每片叶测定 3 次,分析数据取算数平均值。Li-6400XT 便携式气体交换系统直接输出净光合速率[Pn, μmol/(m^2·s)]、胞间 CO_2 浓度 (Ci, μmol/mol)、气孔导度[Gs, mol/(m^2·s)]、蒸腾速率[Tr, mmol/(m^2·s)]等光合生理参数,光合有效辐射[PAR, μmol/(m^2·s)]、温度(Ta, ℃)、大气 CO_2 浓度(Ca, μmol/mol)、大气相对湿度(RH,%)等环境因子参数。计算参数:叶片水分利用效率(WUE,%),水分利用效率(WUE)=净光合速率(Pn)/蒸腾速率(Tr)。

3) 数据处理

实验数据使用 Microsoft Excel 2007(Microsoft 公司,美国)进行预处理,Origin 8.0(OriginLab 公司,美国)制图,SPSS 17.0(IBM 公司,美国)进行单因素方差分析(One-way ANOVA),Mathematica 5.2(Wolfram Research Inc 公司,美国)进行数值积分。

8.3.2　结果与分析

1) 距河滩路不同位置下的紫丁香光合特性

(1) 距河滩路不同位置下环境指标的比较与分析

① 光有效辐射(PAR)和温度变化

总体来看,在每个时段,不同位置下的光合有效辐射强度是基本一致的,因此,距离的不同对光合有效辐射强度基本没有影响。从时间段上看,其大致呈"凸"型曲线,12:00—14:00 时光合有效辐射达到最大值[分别为 1 326.33 μmol/(m^2·s)和 1 346.69 μmol/(m^2·s)]。在 100 m 的试验点上,14:00 时与 16:00 时光合有效辐射[分别为 787.41 μmol/(m^2·s)和 302.07 μmol/(m^2·s)]明显低于 10 m 试验点的光合有效辐射,原因是测定时天气状况不佳,光照不足。同样,在不同位置下,温度也没有较大的差异。10 m 试验点的日平均温度(20.06℃)稍高于 100 m 点的日平均温度(18.53℃)。从时间段上看,温度大致呈正态型曲线,10 m 试验点温度在 16:00 时达到最大值(24.16℃),100 m 试验点在 14:00 时温度达到最大值(21.28℃)。因此,排除天气状况以及其他因素影响,两个样地的光合有效辐射和大气温度大致相同。如图 8-1 所示。

② 环境 CO_2 浓度

总体来看,距离 10 m 时 CO_2 浓度大致在 440 μmol/mol 左右,校园内 CO_2 的浓度大致保持在 400 μmol/mol 左右,说明汽车尾气中含有大量的二氧化碳,距离越近,浓度越大。而二氧化碳又是植物光合作用的必需原料,因此,它的浓度变化直

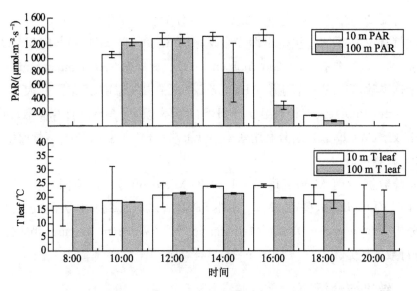

图 8-1　不同位置下环境因素的日变化

接影响着植物的光合速率。从时间角度分析,校园内 CO_2 浓度大致保持稳定,在 10 m 试验点上,CO_2 浓度在早 8:00 时和 10:00 时较高(分别为 447.21 μmol/mol 和 443.69 μmol/mol),8:00 时处于日出前后,光合有效辐射较弱,紫丁香呼吸作用强于光合作用;而 10:00 时处于上班高峰期,车流量较大,因此 CO_2 浓度较高。随着光合有效辐射的不断增强,紫丁香开始进行光合作用,不断消耗 CO_2,光合作用强于呼吸作用,因此 CO_2 浓度逐渐减少,在 20:00 时光合有效辐射几乎为零,紫丁香呼吸作用强于光合作用,此时处于下班高峰期,汽车尾气排放量较大,因此 CO_2 浓度增加。具体见图 8-2。

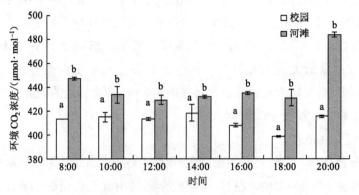

图 8-2　不同位置下 CO_2 浓度日变化

（2）距河滩路不同位置下的植物指标

① 植物光合速率（Pn）

植物光合速率是反映植物光合效率最直接的指标。同时也反映着植物对环境的响应程度。10 m 试验点由于环境 CO_2 浓度较高，因此在 12:00 前，光合速率高于校园试验点，两个样地最高值[分别为 20.69 $\mu mol/(m^2 \cdot s)$ 和 15.55 $\mu mol/(m^2 \cdot s)$]都出现在 14:00 时，然后逐渐下降，在 20:00 时光合有效辐射较弱，几乎为零，出现最小值[分别为 -2.07 $\mu mol/(m^2 \cdot s)$ 和 -0.01 $\mu mol/(m^2 \cdot s)$]。两个样地紫丁香的光合速率大致都呈正态分布曲线。具体见图8-3。

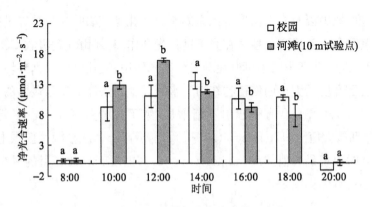

图 8-3　不同位置下光合速率的日变化

② 胞间 CO_2 浓度（Ci）

胞间 CO_2 浓度是指植物进行光合作用时叶片气孔内的 CO_2 浓度。它的大小决定着植物将其转化为有机物的效率。在 10 m 试验点上，其浓度大致保持在 380～400 $\mu mol/mol$ 左右（日平均浓度为 407.43 $\mu mol/mol$），在 12:00 时有下降趋势，这是因为此时光合有效辐射最大，紫丁香光合效率最高，光合速率最大，因而消耗 CO_2 最多；在校园试验点上，其浓度大致保持在 220～400 $\mu mol/mol$ 左右（日平均浓度为 322.08 $\mu mol/mol$），在 12:00 时降到最小（217.47 $\mu mol/mol$），产生原因与 10 m 试验点相同，即光合有效辐射最大，光合效率最高。两个样地在 14:00 后浓度都在不断增加，这是因为随着光合有效辐射强度的不断减小，紫丁香的光合作用强度降低，所需 CO_2 逐渐减少，从而导致胞间 CO_2 浓度不断增加。具体见图 8-4。

③ 植物蒸腾速率

蒸腾速率是指植物在一定时间内单位叶面积蒸腾的水量。它主要受到光、水

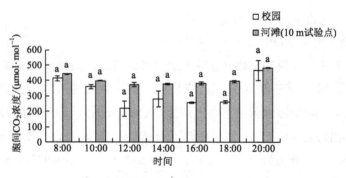

图 8-4　不同位置下胞间 CO_2 浓度的日变化

分状况、温度、风力以及 CO_2 浓度等因素影响。气孔是植物叶片与外界进行气体交换和水分蒸腾的主要通道。植物在光下进行光合作用,经由气孔吸收 CO_2,所以气孔必须张开,但气孔开张又不可避免地发生蒸腾作用,气孔可以根据环境条件的变化来调节自己开度的大小而使植物在损失水分较少的条件下获取最多的 CO_2。在10 m 试验点上,随着光合有效辐射不断增加,紫丁香的蒸腾速率也不断增加,在18:00 时达到最大值[4.178 mmol/(m^2 · s)],随后减小。在校园试验点上,蒸腾速率在 18:00 时出现最大值[6.87 mmol/(m^2 · s)],随着光有效辐射的减少,蒸腾速率也在减小。具体见图 8-5。

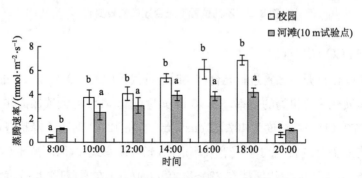

图 8-5　不同位置下植物蒸腾速率(Tr)的日变化

(3) 紫丁香自身指标与环境指标的相关性分析

通过对数据的处理分析可知,植物本身指标中,有效光合速率与光有效辐射密切相关,相关系数为 0.974,与 CO_2 浓度呈负相关,但受叶温的影响较大。胞间 CO_2 浓度与光有效辐射和叶温呈负相关,和 CO_2 浓度相关性较小。而蒸腾速率与光有效辐射和叶温呈正相关关系、与 CO_2 浓度相关性较小。具体数据见表 8-1 和表 8-2。

表 8-1 紫丁香本身指标与环境指标的相关性

项目	PAR	CO_2R	Tleaf
Pn	0.974**	−0.775	0.932**
Ci	−0.879*	0.387	−0.823*
Tr	0.892*	−0.558	0.967**

注：* 表示显著相关；** 表示极显著相关。

表 8-2 PAR 与紫丁香本身指标的回归方程

项目	10 m 试验点	校园试验点
Pn	$y=-5\times10-11x^4+1\times10-7x^3-0.0001x^2+0.0288x-0.4348$	$y=-3\times10-11x^4+5\times10-8x^3-3\times10-5x^2+0.0314x-0.405$
Ci	$y=-4\times10-7x^3+0.0009x^2-0.5487x+431.34$	$y=-4\times10-7x^3+0.0009x^2-0.5487x+431.3$
Tr	$y=7\times10-9x^3-1\times10-5x^2+0.0084x+1.0818$	$y=-9\times10-9x^3+1\times10-5x^2+0.0014x+0.89$

注：变量 y 分别代表 Pn、Ci、Tr；x 代表 PAR。

2）爬山虎净光合率、水分利用率特征

（1）环境因子的日变化

环境因素中，光合有效辐射（PAR）与大气温度（Ta）呈正相关，先增加再逐渐降低，早晚处于较小值（图 8-6），两个处理 PAR 于 12:00 和 14:00 达到极大值 [PAR>1 190 $\mu mol/(m^2 \cdot s)$]，Ta 均在 14:00 时达到最大值。实验中各时刻（除 10:00，14:00，16:00，18:00），两个处理的 PAR 差异不显著（P 值>0.01），各个时刻两个处理的 Ta 差异不显著（P 值>0.01），表明测定时 PAR 和 Ta 条件基本一致。两个处理空气 CO_2 浓度日变化趋势不同，S1 样地 CO_2 浓度清晨处于较大值，下降到 10:00 后至 18:00 时趋于平稳，后有所上升；S2 样地 CO_2 浓度受交通量影响较大，早高峰通（10:00）和晚高峰（20:00）的 CO_2 浓度较高。两个处理各时刻（除 20:00，$P=0.0444<0.05$）的 CO_2 浓度差异极显著（P 值<0.01），表明测定时条件有较大差别。

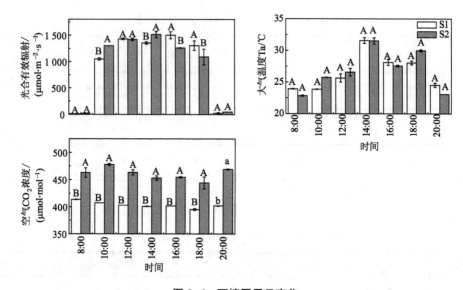

图 8-6　环境因子日变化

［注：不同字母表示差异显著，大写字母表示差异极显著（$p=0.01$），小写字母表示差异显著（$p=0.05$）。］

（2）不同 CO_2 浓度下五叶爬山虎净光合速率（Pn）日变化

如图 8-7 所示，两个处理下五叶爬山虎叶片的净光合速率（Pn）日变化趋势基本相同，强光时段 10:00—16:00，处理 S2 的 Pn 极显著高于处理 S1，可以初步得出，高 CO_2 浓度对五叶爬山虎净光合速率的影响极显著（p 值均<0.01）。Pn 在一定程度上代表了植物的瞬时生长量。单因素方差分析结果表明，2 个处理的 Pn 平均值差异极显著（$p<0.01$），说明存在较大 Pn 值，因此在 2 个处理中有 1 个处理有着较好的表现。在 Excel 中对 2 个处理下五叶爬山虎的 Pn 添加多项式进行数值拟合，并保持较大 R^2，形成了多处理的回归方程。按照 Pn 对 PAR 从 1 至 7 积分可得，2 个处理下五叶爬山虎的 Pn 积分值为 Pn 积分值（S2）>Pn 积分值（S1）。说明高 CO_2 浓度（480 $\mu mol/mol$）对五叶爬山虎光合有较好的促进作用。

表 8-3　净光合速率回归方程

不同 CO_2 浓度	回归方程	相关系数	积分值
430 $\mu mol/mol$	$y=-0.069\,6x^5+1.273\,8x^4-8.211\,2x^3$ $+20.658x^2-11.8x-1.977\,7$	1	
480 $\mu mol/mol$	$y=-0.015\,6x^5+0.071\,6x^4+1.899\,7x^3$ $-18.943x^2+58.307x-41.604$	0.999 8	

注：不同字母表示差异显著，大写字母表示差异极显著（$p=0.01$）；变量 y 代表 Pn，x 代表 PAR。

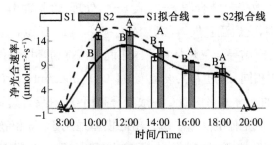

图 8-7　不同 CO_2 浓度下五叶爬山虎净光合速率(Pn)

[注：不同字母表示差异极显著($p=0.01$)。]

(3) 不同 CO_2 浓度下五叶爬山虎水分利用效率(WUE)的定积分比较

单因素方差分析结果表明，2 个处理下 WUE 的平均值差异极显著($p<$ 0.01)，表示有一个处理存在较高的 WUE 值，说明不同 CO_2 浓度对五叶爬山虎的水分利用效率具有一定影响。在 Excel 中对 2 个处理下五叶爬山虎的 WUE 添加多项式进行数值拟合，并保持较大的 R^2，形成了多处理的回归方程。根据形成的回归方程，计算 WUE 对 PAR 从 1 至 7 积分可得，积分值为 S2＞S1，说明高 CO_2 浓度(480 $\mu mol/mol$)能在一定程度上提高五叶爬山虎对水分的利用效率。

表 8-4　水分利用效率归回方程

不同 CO_2 浓度	回归方程	相关系数	积分值
430 $\mu mol \cdot mol^{-1}$	$y=0.006\,7x^5-0.164\,2x^4+1.499\,8x^3-6.584\,1x^2$ $+14.189x-8.991\,6$	0.969 7	
480 $\mu mol \cdot mol^{-1}$	$y=0.070\,3x^5-1.461\,9x^4+11.33x^3-40.48x^2+$ $65.907x-35.565$	0.999 2	

注：变量 y 代表 WUE，x 代表 PAR。

8.3.3　讨论

(1) 在本研究中，通过两个样点的紫丁香的各个光合指标的分析比较，定性地描述了距离对于城市绿化植物的生理影响。在今后的研究中，通过增加试验样点数量，科学合理地布局样点，并对每一个样点参数进行分析比较的方法，以期探究出紫丁香的确切的最佳种植距离。

(2) 交通所产生的温室气体(CO_2)是导致城市的热岛效应的重要原因之一，所以需要确定交通温室气体对绿化植物生长的影响，以此为基础才能在新疆日后交通绿化工作中有的放矢。结合图 8-7、表 8-4,处理 S2 同时具有较高的 Pn 值和 WUE 值,由此可知,交通温室气体(CO_2 浓度≈480 $\mu mol/mol$)会使五叶爬山虎光合作用更强。本研究结果与王建林在我国东北地区探讨环境条件对北方粳稻和燕麦的光合特征影响相同,通过人工设置 0~1 000 $\mu mol/mol$ 9 个梯度测定 CO_2 响应,发现两种作物的光合速率均随 CO_2 浓度升高而有所提高,其研究结果对农业增产具有指导意义。但是他的文章中拟合出的模型适用于 C3 植物,对 C4 植物的规律并未涉及。蒋跃林等在安徽的研究结果表明,与背景大气 CO_2 浓度 350 $\mu mol/mol$ 相比,当大气 CO_2 浓度为 550 和 750 $\mu mol/mol$ 时,小麦抽穗期日平均净光合速率分别提高 20.8% 和 29.7%,并消除了光合午休现象。这项研究进行了量化处理,能对小麦生产提供较为科学的依据。于国华和叶子飘的研究结果表明,增加 CO_2 浓度可显著提高植物的光合速率,但是不同 CO_2 浓度下,同一时刻的光合速率对比时,其响应都有一个由低到高再降低的趋势,或是达到饱和 CO_2 浓度后光合速率几乎不变,这与本文研究结果不同,有可能是由于植物种类不同和设置的高 CO_2 浓度的梯度较少等的影响。于国华这项研究中找到了黄瓜的最佳 CO_2 浓度(350~1 000 $\mu mol/mol$),这也为我们后续探寻适合爬山虎生长的最佳 CO_2 浓度提供了思路。以上文献得到与本文相近的结果,但是前人实验基本采用人工控制 CO_2 浓度的方法,但是现实生活中室外环境的 CO_2 浓度达不到人工设置的高浓度。故本次实验摒弃传统由人工控制 CO_2 浓度的方法,选择自然条件下较高浓度 CO_2 实验样地,以便能更好地研究植物在非人为控制 CO_2 浓度下的光合特性,为生产实践提供一定的科学依据。同时,上述实验大多证明了短期内环境 CO_2 浓度升高可以使植物的净光合速率得到提高,并未涉及长期温室气体排放环境中对植物生长的影响。干旱是新疆地区典型的生态环境特征,植物的水分利用效率研究对西北干旱区来说很有价值。本文在这方面得出的结果同李清明和王建林对生长在高 CO_2 浓度下的植物的研究相似,结果表明 CO_2 浓度(760±20 $\mu mol/mol$)倍增可以提高干旱胁迫条件下叶片对水分的利用效率。并推测在干旱或半干旱地区,设施 CO_2 施肥技术或未来逐渐升高的大气 CO_2 浓度可在一定程度上改善作物的水分状况和增强抗旱能力,这项研究对干旱或半干旱地区农业作物的生产实践很有意义。提高水分利用效率,从而缓解部分干旱胁迫引起的负面效应。根据以上结果,本文确定了交通温室气体(CO_2 浓度≈480 $\mu mol/mol$)的排放会在一定程度上提高五叶爬山虎的净光合速率,提高其水分利用效率。但是根据前人的研究结果,可能还需要更加细化 CO_2 浓度的梯度才可以进一步完善研究,后续也可以从时间序列上加密测量,增加春夏秋三季的光合参数测定和每一季度的生物量测定,将会得到更为精确的量化结果,对交通主干道的绿化植物的抚育提供一定的指导。

8.4　本章结论

通过对不同距离下紫丁香的光合特性以及五叶爬山虎的净光合速率和水分利用效率的研究,可以得到以下几点结论:

(1) 距离对光合有效辐射和叶温影响不大,但由于河滩路车流量较大,汽车尾气污染较为严重,因此对于环境指标中的 CO_2 浓度影响较大。距离河滩路越近, CO_2 浓度越高。对于行道树紫丁香本身的光合特性来说,在距离 10 m 时,净光合速率曲线变化较大,大致呈"单峰型"曲线,胞间 CO_2 浓度大致呈"凹型"曲线,蒸腾速率呈正态分布曲线。作为对照组的校园试验点,净光合速率变化趋势明显,呈"单峰型"曲线,峰值出现在 14:00 时[$13.479\ \mu mol/(m^2 \cdot s)$],胞间 CO_2 浓度大致保持在 $200 \sim 400\ \mu mol/mol$,而蒸腾速率变化不明显。

(2) 通过比较可以得到,在不同距离下,作为行道树的紫丁香因环境指标的不同而使得其光合特性的日变化不同。距离越近,对其影响越大。因此,要通过合理密植,恰当规划紫丁香的种植距离,为城市绿化的选种、抚育和管理提供科学依据。

(3) 交通温室气体(CO_2)的排放下五叶爬山虎的净光合速率(Pn)积分值在两个样地中更高,水分利用效率(WUE)积分值也最高。春季(5 月),新疆乌鲁木齐市河滩快速路交通温室气体(CO_2)的排放对五叶爬山虎的生物学效应明显,故其非常适合于此处的道路交通绿化。

8.5　乌鲁木齐城市植被建设对策

(1) 提高城市植被覆盖率、改善城市环境。首先应保护自然植被。在城市规划中进行土地使用评价过程中,确定合理的城市结构的形式,尽可能地把自然风景引入城市,开拓绿色空间。具体方法上,把城市分散为数个零星城镇,把密集的市区用宽阔的绿带加以分割,用道路两旁的茂密林带、功能分区之间的隔离绿带与附近田野、山林和市郊森林相连接,使之成为既是输送新鲜空气的通道,又是把大自然引入城市的联系纽带。其次要科学规划人工植被,建立城市生态园林绿地系统。针对我国绿化覆盖率低的问题,坚持政府组织、群众参与、统一规划、因地制宜、讲求实效的原则,实行严格的城市绿化管理制度,保证绿化用地,合理划定绿化用地,科学安排绿化布局,充分利用原有的人文和自然条件,优先培育对种植区域适应性强、体现本地特色的绿化植物种类。此外,通过调整和优化城市用地结构、提高城市土地利用率、扩大绿地面积等多种形式,恢复生态功能和植物的多样性,使建筑融化于绿色空间之中。在规划中,因地制宜,顺应自然,采用点式、带状与组团的建筑布局,有聚有散,高低错落。

(2) 注重设计理念,设计理念多元化。城市园林绿地的建设归根到底就是植物的种植设计,是以丰富的植物群落营造优美的景观,达到改善城市生态环境、美化城市风貌的目的。不同的植物品种对生存环境要求不同,所以园林工作者们在进行植物种植设计时要抓住两点设计理念:一是要尊重科学,符合自然规律,并运用植物个体生态学原理,对各种环境条件与环境因子进行系统的研究和分析;然后选择应用合适的植物品种,从而使园林绿地中每一种植物都有各自理想的生存环境,保持植物群落的健康生长与持续发展。二是要利用植物自身的形体、线条、色彩、质地进行构图,并通过植物的季节变化营造出各式各样的植物群落景观。

(3) 利用丰富的植物资源,营造多样化的植物景观。多样化的植物景观既能体现丰富多彩的植物群落,又能为城市的环境带来最大的生态效益。因此城市绿地建设要想形成丰富多彩的植物群落景观,就必须在植物品种的运用上力求多样化。除了要重视使用乡土植物资源和野生地被资源,也可以视实际情况而适当引进一些适宜本地生长的外地植物。如适当引进一定数量的外地树种,这样做不仅能丰富城市的植物种类,还能为城市绿化增色。

(4) 强化绿地植物的养护管理。绿地植物后期的养护管理是保障植物成活和健康生长的重要环节。在城市绿地建设中,只有加强绿地植物后期的养护管理工作,植物群落中的每一种植物才能健康地发育生长,发挥其最大的生态效益,城市的园林绿化景观才能得到可持续的发展。因此相关职能部门在每一块绿地建成后,落实具体的管理人员,对绿地植物进行长期的养护管理,加强宣传,提高市民爱绿护绿的素质,减少人工维护,以降低城市林业的养护成本,发挥绿色植物美化城市环境的作用。同时,要充分利用农田、河流、公路、铁路防护林体系对城市环境改善的辐射功能。

第
9
章

绿洲城市化与生态环境协调发展研究

9.1 引言

城市是一个高度集聚与高度稀缺的统一体。城市的形成、发展过程与环境条件密切相关,其发展依赖良好的生态环境,同时也深刻影响着生态环境。城市化是对生态环境影响强度最大,最深的过程之一。高度城市化有利于促进社会经济发展,提高人们的生活水平。高质量的城市化也可促使居民环保意识的提高、资源的集约利用和环境技术的提升,进一步改善生态环境;然而快速粗放型城市化对城市生态环境造成了现实的破坏与潜在的危险,反之,这种破坏与危险又严重制约社会经济,危及城市化的可持续发展。因而,在国家现代化进程中,城市化与生态环境协调发展显得颇为重要。城市化与生态环境协调发展不仅是实现发展与环境共赢、落实科学发展观、可持续发展理论的具体体现,也是促进城市可持续发展的直接动力。这就要求城市发展过程中,既要促进城市化对经济建设的巨大推动作用,同时又要考虑生态环境的承受能力。

绿洲城市是人们在高强度的社会经济活动中开发利用自然环境而创造出来的高级人工生态环境,是干旱区人类活动最为集中、生态问题最为突出的区域。天山北坡是新疆重要的绿洲城市分布区,主要包括乌鲁木齐、昌吉、石河子、克拉玛依等典型绿洲城市,是新疆经济最为发达,国家西部大开发战略的重点地区。近年来,该地区以西部大开发为背景,依托"一带一路"倡议和城镇化战略,工业化、城市化、现代化步伐日益加速,正迈入经济发展、城市化与生态保护的关键时期。然而,伴随着高速发展的城市化,大量的物质和能量在城市生态系统中循环和流动,废弃物被不断输送到环境中,对生态环境中的水体、土壤、大气、生物等产生各种胁迫和影响。而且,迅速的城市空间扩展引起了绿洲内耕地、林地等土地利用类型向城市用地的转变,对区域土地利用格局,周边脆弱生态环境产生了重要影响。使得该地区城市化与生态环境之间矛盾日益尖锐,并已成为新建经济与社会可持续发展的障碍。在新疆后期发展中,协调好城市化与生态环境之间的关系,既是促进新疆典型绿洲城市可持续发展战略的主题之一,也是亟待解决的关键问题。

之前章节多从空间角度出发,从微观角度研究了城市空间扩展的生态环境效应,主要分析了区域大气环境、土壤环境、水文环境和生物多样性的影响。本章主要是从非空间的角度运用数理方法、协调度分析等揭示天山北坡典型绿洲城市空间扩展变化与生态环境效应的耦合关系,并选取天山北坡典型绿洲城市克拉玛依市和石河子市作为实证研究对象,系统地阐述城市化与生态环境之间的交互耦合关系,对于总体把握城市空间扩展与生态环境间的协调性具有重要意义。

9.2　相关理论与研究综述

多年来,城市化一直是学者们关注的重点问题,他们从不同视角对城市化及其过程进行了大量富有创新的研究,并取得了丰硕的成果。与此同时,伴随着城市化进程的加快,城市与生态环境之间矛盾的凸现,人们对生态环境问题也更加关注。城市化与生态环境的响应关系是人地关系地域系统研究的热点问题,也是面向可持续发展的人文过程与自然过程综合研究的重要方向之一,已成为诸多学者的关注点。国内外学者对城市化、城市生态环境的研究起步早,近年来研究范围日益拓展,研究程度日益加深,并加强了新技术、新方法的应用,研究成果显著。就城市化而言,城市化道路选择问题、城市化水平测度以及城市化的动力机制是学者们的主要关注点,对城市生态环境的研究则多集中于社会-经济-自然复合生态系统及生态城市的研究。对于城市化与生态环境响应关系的研究则多见于生态学家、经济学家及地理学家的成果中。

9.2.1　国外研究现状

国外对城市化与生态环境的研究比国内早一个阶段。自19世纪末期开始开展城市化与城市生态环境关系的研究,经历了起源阶段、展开阶段和多元化阶段,主要从环境经济学、环境科学和卫生科学、可持续和生态学角度展开研究。国外学者善于使用多种研究理论相结合的方法,转换不同视角探索并解决城市化与城市环境相互关系的问题。通过分析探索很多地域和城市的城市化和生态环境变化及相互作用关系,从中探寻出一系列由城市化发展引起的生态环境污染,这些现象还带来人们日常生活的困扰。因此,众多学者聚焦到这个主题上,都具有了很深入的研究和成果。

19 世纪末期,英国田园学者霍华德著述《明日的田园城市》,提出了一种试图把城市化发展、工业变革和环保工作规划一并推向优良发展道路的规划理论。1904 年和 1915 年,英国生物学家格迪斯相继出版《城市开发》《进化中的城市》,将生态学应用于改造城市的有关书籍,作为研究生态环境与建设城镇规划的起始点。20 世纪 30 年代,芝加哥学派代表人物 Park 发表《城市：环境中人类行为的研究》,展现了生态学在解决城市环境问题上的作用,以及主张以生物群为视角,运用人类生态学的研究方法来研究城市的环境。20 世纪 60 年代初期,鉴于生态学与城市化相结合的研究理论,Park 的《人类社会：城市和人类生态学》问世,首次提到了人口向城市涌进和人类频繁的工业和农业活动会给环境带来很大威胁。众多经济学家和生态学专家都齐聚城市化与生态环境的研究中来,并在 20 世纪中后期出版了《寂静的春天》《增长的极限》《只有一个地球》等著作。表明了这些学者在面临快速城市化和工业变革的局面时,关心更多的还是人类赖以生存的生态空间环境,包含着对全球人类生存环境前景的顾虑,从而大范围引起同领域学者的关注度,城市生态学发展到一个前所未有的世界大舞台上,城市生态学发展进入全面展开的阶段。随着城市化和生态环境研究领域更加深入,研究方向又转换至先分析目前状况,再根据实际情况运用先进的经济学和生态学的理论思想和方法解决困境,并对全人类警示要加大环保工作的力度。城市化内部和外部本就存在相互关联性,从生态学视角来分析,内外部的相互作用可以用生态的解决方法来处理,这样的思想一度非常盛行并被大量研究此方面的学者认同其可行性。随着城市化和生态环境研究领域更加深入,研究方向又转换至先分析目前状况,再根据实际情况运用先进的经济学和生态学的理论思想和方法解决困境,并对全人类警示要加大环保工作的力度。20 世纪 80 年代可持续发展论提出,国外学者开始重视人类社会和自然环境的协调关系,试图将城市生态发展目标与可持续发展思想相结合,迈开了创建生态环保城市的第一步。同期,一年一度的地理年会上,英国的地理学者着重说明了一个现状：当代全球人口增长过快、环境污染范围扩大、可有效利用资源缺乏和自然灾害发生次数增加的一种生活遭遇里,第一次正式向世人昭告可持续发展的思想,这个报告会是 20 世纪 80 年代末在东京举行的有关整治世界大环境的年会上,城市的可持续发展思想进入到一个新的发展阶段,被世人慢慢熟知。可持续发展的思想被提出,并不是要遏制使用资源,而是要保证在不破坏城市生态环境的条件下节约使用资源,最好减少对不可再生资源的过度使用。可持续发展思想一被提出来,它所遍及的领域超乎人们的想象,不仅包括资源利用、环境污染和城市建设,也包括城市化与生态环境之间协调性的可持续模式和理念。城市可持续发展或生态城市建设的障碍在城市化进程中将应用系统的方法来解决,这也造就了国外城市多走可持续发展和生态城市道路的缘由。1995 年,美国经济学家,Grossman 和 Krueger 通过研究 42 个发达国家的数据提出环境库兹涅茨曲线,通过实验数据二者一致认为环境质量呈现倒"U"型的演变是由城市化的快速发展引起的。在这一基础上,著名的环境库兹涅茨曲线(EKC)假设提出并被大众所认可。这是运用经济学的方法计算出的结果,根据实地现况和发展现状可以得出,越是发达的区域为了发展经济实现城市化的目标而忽视对环境的保护,就会出现经济的快速增长和环境被破坏在以同样的增速发展。有了这样的现状,结合后期随经济增长获得的众多数据的支持,EKC 的理论终被面世,被大众所认可。不同学者根据研究分向不同,研究理论支撑不一致,这就形成了每个人在选取所需指标时都是不一样的,不同的表现生态环境的指标对于城市化的发展起到的作用也不相同,这最终结果的数据只体现了统计学上的意义的一种被熟知的体现。同时也指出例如排放的 CO_2、城市保洁、饮水质量等并不是遵从倒"U"演变规律。21 世纪以来,研究方法日益多样化,国外学者利用先进的 GIS、RS、数值模拟等方法,对城市水资源、土地资源方面做了大量研究。AI-Kharabsheh 通过使用遥感的技术,对城市化与地表水质量进行定位跟踪研究。很快这种研究方法和理论被掌握。例如以首尔为代表研究区,通过使用遥感手段来研究城市化迅速发展带来的城市地域面积在空间上的扩张现象,以及城市面积扩展带来的环境问题。生态学在城市化的研究中也经常被提及并且使用范围逐渐扩大,美国著名城市俄勒冈州和华盛顿西部地区,城市地域面积扩张,改造城市过程中的土地利用方式不一样,绿地面积不尽相同,Kline 等根据擅长的生态学对引起此改变的原因开展了研究。Tiffen 对于从水资源被约束限制的条件下探讨城市化该以何种方式不断前进方面做了研究。

9.2.2 国内研究现状

中国城市化发展较为特殊,国内对于城市化与生态环境的研究起步晚,但进展较快,从20世纪70年代开始开展研究,主要研究内容包括城市化引起的城市生态环境效应,城市社会、经济、环境的协调发展,可持续城市、生态城市和健康城市等。20世纪80年代以来,我国学者针对城市化对生态环境造成的影响而进行的城市生态环境评价及城市可持续发展评价有大量研究,城市化与生态环境耦合发展关系的研究也多在沿海发达地区及生态脆弱的西部开展。20世纪90年代中期后,随着世界可持续发展理论研究的深入,国内学者先后从经济、环境、生态和地理的角度对城市可持续发展进行了研究,城市化及其生态环境关系的研究也相应统一到可持续发展大框架之下,呈现多元化的趋势。首先,20世纪80年代,中国于1927年首次参与了MAB计划,成为全球理事会成员。以此为起点,中国学者开始呼吁关注中国生态环境。1984年马世骏提出了社会-经济-自然复合生态系统的思想,开创了城市生态学的新理论。为城市生态环境与城市化的关系研究进一步奠定了理论和方法论基础。1985年钱学森教授发表《关于建立城市学的设想》论文,提出城市学学科。该设想被提出后的一年,江西的宜春市正值改造建设之际,便立即采用这一思想,打造生态为主的城市,这是我国开启生态学运用到城市建设的里程碑和新起点。进入20世纪90年代,成果数量逐渐上升。顾朝林根据中国实际问题首先提出可持续发展研究理论要以大都市、中小城市、小城镇为代表来统筹发展,使城市化与生态环境向着和谐化发展。胡滨以成都市做实际验证研究对象,系统分析了城市改造过程中与生态环境相关应注意的问题,并主要从未来可操作性、可实践性两个方面论证两者之间的关系。20世纪90年代末期我国城市化发展速度很快,全球变暖趋势加强,由此带来的城市热岛效应和雨季等都对人民生活产生众多困扰。姜乃力、史爱玲等从狭义的方向来研究此类问题。到21世纪,马传栋给城市化和生态环境研究领域灌输了新鲜的思想血液,经济发展、社会进步和环保工程三者铸成铜墙铁壁,联合发展才是硬道理。盛学良等从广义范畴上概括了快速城市化的集成生态环境效应,解释和阐述了各结果的表现形式,使大众对其增多了解和认知。吴玉萍、董锁成、宋键峰等选取北京市的1985—1999年这15年的年经济发展与环境数据,演示和描述了北京市的经济发展和环境受污染程度大小的循环轨道和方式,经济增长和环境变化有导致其发挥作用的关键性因素,找到这些关键要素就可以形成一个二者相互影响关系的模型以供未来预测和计算所用。周海丽运用新型的回归模型以深圳为研究对象,发现其中水环境变化与城市化发展之间的关系,定量地分析二者之间关系具有直观性。刘耀彬等认为,未来城市发展不仅顾及城市化过程、生态环境状态,还要普及社会文化和主流思想,打造现代化大都市。黄金川博士分析了城市化与生态环境之间存在的关系,认为人类活动与城市化发展和生态环境之间存在一种有规律的指数曲线。侯笠夫等作为定性研究阶段主要的代表学者,他们认为要想实现经济、社会和生态环境三大问题的长期协调性,就需用宏观手段来调控整个市场环境,并各抒己见提出很多治理办法和理论基础内容。人类是改造世界的主体,运用大自然赋予的各项可利用资源,才能实现生态城市和生态环境一体化。张妍等以上海为研究区域,运用与时俱进的手段模型方法来打造符合上海城市化发展和生态环境协调发展的模式,给予一个可使用的模式,额外还对调控产业结构等做出适宜的策略调整。冯兰刚、都沁军等把持续发展理论的思想与河北省的现状结合起来,探讨了城市化发展迅速,对水资源需求巨大的现象。研究表明了水资源的生态利用才能稳固城市化的快速发展。陈晓红等以东北地区为例,通过研究发现城市化的发展有多方面的因素共同制约,来自多方面的条件共同制约着城市化与生态环境的协调度。陈磊山是以连云港市为对象,探讨了时间序列变化下的城市化以及环境问题,其中包括人口城市化、经济城市化、空间城市化、社会城市化对生态环境产生的影响,各生态效应在作用的同时,可体现出这样一种现象,那就是胁迫效应发挥作用时,也会产生促进作用,这一相互矛盾的作用体可为实现连云港市和谐发展奠定稳固的基础。张一平和宋军继对水资源的利用和研究较多,他们从水资源将会引起城市生态环境变化的角度来进行研究。刘耀彬在以前做的工作基础上,并以江西省为例,在测量定度的基础上,以参照值为标准,并检验二者之间的动态相互关系。宋建波、武春友等在构建城市化与生态环境发展水平的评价指标体系的基础上,以长江三角洲的城市为代表区域,联合发达城市的现状的客观现象以及学者本身的想法和观念来获取各指标的载荷值,根据这些基础将城市按照划分的协调度进行比照,共分成四大类型城市。张落成认为,新世纪发展速度非常快,城乡经济得以提高,有了经济基础,对土地利用方式和分配上非常不均匀,产生这样的结果只有通过不断地比较才能展现。郑宇探究了城市集约式经济发展,城市内的水土等资源都是有限的,不是无限制可利用的,要从节约最基本的水土资源这种细分方式来重新规划生态城市。除了以内地城市和省份作为研究区之外,位于祖国西北干旱区的新疆,水资源异常缺乏,土地资源的利用方面受到自然因素的影响。张小雷、雷军研究了在水资源和土地利用资源方面稀缺的条件下的城镇化发展道路,结果说明了新疆不同等级城镇及城市的水土资源利用状况失衡极其贫乏,认为新疆城镇大都处于缺水状态。

　　总体而言,对城市化与生态环境二者相互联系的内部发展机制进入到更深层次的研究和探讨,建立符合实际情况的评价指标体系要从全面的角度出发,建立适当的评价模型作为研究基础来解析二者的协调发展程度,对城市化与生态环境的发展具有实践性的意义。以往的国内外研究学者在探讨城市化与生态环境二者关系时多以定性分析为主,多采用描述性统计分析方法,定量分析较少。本书将在原有的定性和定量方法的基础上,与典型绿洲城市的实际情况进行对比研究,使城市发展与生态环境之间关系的研究方法趋于多样化,而且选择自然条件和经济社会条件比较典型的绿洲城市克拉玛依市和石河子市作为研究区域,把城市的自然条件与经济社会条件结合起来分析,研究二者的相互影响,填补国内外城市生态环境研究的不足,为天山北坡绿洲城市的发展与生态环境的和谐、稳定、可持续发展提供决策依据。

9.2.3　相关理论

城市化不仅表现在产业等级的改变、经济提升,还表现在城市人口的不同生活方式、文化氛围、价值观、认识观的改变与改进。城市化发展过快,给人类赖以生存的社会带来过多的负担,需要城市的各单元提供环境保护来减轻生态环境压力。城市化与生态环境之间存在着紧密联系。城市化对生态环境产生的影响既有促进的也有威胁的,生态环境反过来对人们的日常生活和社会发展等城市化过程也会产生积极或消极影响。因此,如何认识城市化与生态环境之间相互关系显得颇为重要。在以往探究城市化与生态环境相互关系的研究中,运用到的理论主要有交互威迫论、交互促进伦、耦合共生论。

1) 交互胁迫论

城市化加剧了区域资源的短缺、生态环境恶化的窘境,脆弱的生态环境进一步限制着城市化进程,在城市化与生态环境之间存在着复杂的交互胁迫关系。生态环境是人类生存的基础条件,也是城市发展的重要背景,是城镇发展和城市化的生命线。与此同时,由于城市的发展和城市化的推进,不可避免的要对本来就十分脆弱的生态环境造成破坏,被破坏的生态环境又进一步限制城市发展和城市化的推进,从而在城市化与生态环境保护之间形成恶性循环。

2) 交互促进论

城市化有利于资源的优化配置与生态环境的良性发展,良好的生态环境有助于城市化的快速推进。城市化与生态环境之间是一种相互促进关系。城市比乡村能更合理地配置资源,工业比农业能更有效地利用资源,城市化将会进一步地促进生态环境的改善。同时,良好的资源条件和生态环境背景,将有利于城市化的快速推进,城市社会经济的发展又为增加环保和生态投入创造了条件。因此,随着城市化的推进,城市发展与生态环境保护将向着和谐共处、良性循环的方向发展。

3) 耦合共生论

随着城市化的演进和社会经济的发展,在城市发展与生态环境保护之间,既有交互胁迫的过程,也有相互促进的环节,它们之间是一种在交互胁迫中相互促进的关系。城市化与生态环境交互作用关系如图9-1所示。一方面城市化通过人口集聚过程、空间扩张过程、经济增长过程和结构优化过程对生态环境产生各种胁迫和影响;另一方面生态环境通过水资源要素、土地资源要素、大气环境要素和生物环境要素完成对城市化的各个环节产生反馈和反作用的过程。在城市化初期,城市化对生态环境影响不大,生态环境对城市化的约束也很小。在城市化推进的过程中,双方面的作用都不断增强,城市化对生态环境的胁迫作用到了一个触发点后,生态压力开始显现。在生态压力的作用下,城市化被迫调整减缓。在生态理念发生变化、经济结构优化、生态投入的增加和环保能力的增强,城市化与生态环境的矛盾开始缓和。此后,由于生态环境对城市化的约束力减弱,城市化得以快速发展,生态压力又不断增大,城市化又开始新一轮的调整。协调好城市化和生态环境两者之间关系的最关键问题是建立城市化与生态环境良性循环的作用机制,强有力的内外力支撑着这个机制完善运行。因此,这种协调性要以系统的天然条件、政府策略等强制性手段作为支撑,也要从整个系统外部着手直击到基本利益之上,内在的动力才是最关键的。相互交叉、相互关联与制约的多种动力最后都会形成一个组合完善的新体系,不断重新组合和搭配,在进入试运行阶段,取得成功后方能投入实体运用当中,为城市化与生态环境协调发展做准备。

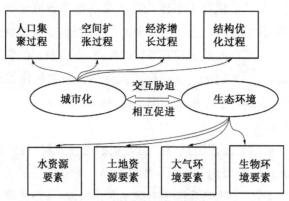

图9-1　城市化与生态环境交互作用关系图

9.3　实证研究

克拉玛依市和石河子市属于天山北坡绿洲城市中典型的经济发达地区,克拉玛依市是资源性城市,石河子市则是农业为主、轻工业为辅的城市。受北疆城市经济圈的辐射带动和交通发达双方面联合紧密合作的影响,作为承接北疆经济转移,形成辐射天山北坡绿洲城市转换承接的过渡区,向来对生态环境保护非常重视。现今随着新疆发展战略变化,两大城市处于城市化发展、经济增长和环保工作需同时落实的尖峰时刻,面对资源型城市、农业型城市在城市化过程中形成的生态环境问题,以及可利用资源日渐稀少,人们利用资源的速度超过资源生成速度等严峻形势,要实现经济增长、文化传播和科技创新等新型现代化大城市的目标,就必须以社会进步、经济发展和生态环境保护协调发展为前提,实现城市化健康可持续发展。本节在调查两市实际情况和参考分析多篇文献资料的基础上,首先探讨了两城市的城市化与生态环境在相互发展过程中的作用机制;选取能够反映城市化和生态环境现实状况的指标,构建了城市化与生态环境协调发展的指标体系。其次,通过运算和结果评价分析,得出克拉玛依市和石河子市 2000—2012 年间的城市化与生态环境之间的协调度,并根据两城市不同的类型和功能进行分析评价与比较,得出两城市所选取的指标中贡献影响最大的主成分因子。最后,根据城市不同的协调度和主要影响因子,结合实际情况慎重组合并提出长期适用适合发展的建议和目标,以期为典型绿洲城市的城市化与生态环境协调发展提供依据。

天山北坡经济带地处准噶尔盆地南缘,是世界上最大的陆地——亚欧大陆腹地(图 9-2)。天山北坡经济带面积 7.8 万 km²,占新疆面积的 5%。人口占整个新疆人口的五分之一;2005 年经济带的国内生产总值占自治区的 51.3%,其中工业产值占自治区工业产值的 63.3%,农业产值占自治区农业产值的 22.9%。按行政区划,天山北坡经济带在行政区划上除了新疆首府乌鲁木齐市,还包括昌吉市、阜康市、呼图壁县、玛纳斯县、克拉玛依市、石河子市、奎屯市、乌苏市、沙湾县。农六师、农七师、农八师和农十二师作为新疆生产建设兵团的代表也涵盖在天山北坡经济带的范围内。根据研究需要,特选两个具有显著差异的代表性城市:克拉玛依市和石河子市。

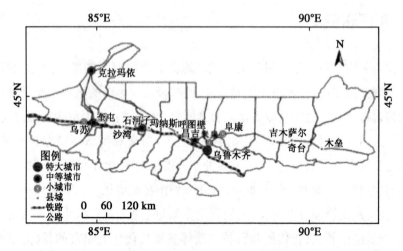

图 9-2　天山北坡经济带示意图

1) 自然环境概况

克拉玛依市地处亚欧大陆的中心区域,位于准噶尔盆地西北缘,加依尔山南麓,全境平均海拔 400 m 左右。地图坐标为东经 80°44′～86°01′,北纬 44°7′～46°08′;克拉玛依全境在地理区位上呈斜条状,海拔高度处于 250～500 m 之间,城市东西最宽的地方相距 100 km 左右,南北最长相距 200 km 左右。克拉玛依属温带沙漠性气候,常年干旱少雨,春秋两季多风是其突出的气候特征。夏热冬冷,春秋季较短,没有明显的春秋季节,冬夏温差大,全年平均降水量为 106 mm。克拉玛依地形呈八字的左边一撇的形状。相邻县市较多,周边相邻较近的县市包括沙湾县、乌苏市、托里县、布克赛尔蒙古自治县。克拉玛依有很多区域,其中石油产业发达的独山子区与奎屯市较近,但是行政管辖却是属于克拉玛依的。

石河子市,地处东经 85°59′～86°24′,北纬 44°15′～44°19′。地理位置与克拉玛依市较为相近,均处于世界七大山系天山山脉和准噶尔盆地,位于古尔班通古特沙漠的边缘地带。植物覆盖率和农业产业很发达。石河子市的土壤质量很高,因此适宜大量农作物生长。石河子市属于温带大陆性气候,土质良好,植被覆盖率较克拉玛依市多,光照条件好,常年晴朗天气居多。出现过该城市的极限高温超过 40℃,创下最低气温记录为−35℃以下。大陆性干旱气候雨水较少,石河子的月平均降水量不到 20 mL,蒸发量却是降水量的 5～6 倍之多,因此在这样的环境条件下,植被覆盖率较北疆城市居多也是非常好的。

2）社会经济环境概况

"克拉玛依"是维吾尔语"黑油"的意思。克拉玛依市于 1958 年建市,下辖克拉玛依、独山子、白碱滩、乌尔禾 4 个行政区,面积不到 7 800 km²,常住人口不到 50 万人。克拉玛依市是个多民族大杂居小聚居的区域,主体民族汉族占总人口的比例超过 75%。在克拉玛依市的 4 个行政区中,克拉玛依区是处理全区域科教文卫的主要地带,享有全球唯一"石油城"的称号。克拉玛依是世界石油石化产业的聚集区,是新疆重点建设的新型工业化城市,产业主要是以石油、天然气开采和加工为主,在全疆响应国家西部大开发号召的发展中,做出了巨大贡献,具有卓越的表现。克拉玛依开采的油气量曾经是新中国之最。1949 年新中国成立后,开采量巨大。随着时代发展,克拉玛依市的经济状况提升很快,但是只顾生产和发展,却带来了生态环境日益恶化的后果。直至 21 世纪初,全城绿化覆盖率刚超过 2 成,人均享有的绿地更加稀少。当注意到这一环境问题后,克拉玛依市开始转移到增加城市绿地环境的工作中来,建造防尘林,增加城市公共绿地面积等措施同步进行,才形成现在的每年绿化率逐年上涨的形势,实现了矿区资源型城市向绿地园林型城市的完美改变。

石河子市是典型的兵团城市,具有很多行政区,它由较多的城市街道办和乡镇组成,面积约 7 600 km²,人口比克拉玛依市少 20 万。近年来,石河子市人口逐年上涨,且多民族聚居,但占较大比例的民族依旧是汉族,比重超过 90%。石河子市的主要经济来源是发展绿洲农业,这与石河子市的地理位置优越,开垦荒地变良田的举措有关。石河子城市地域面积不广阔,但在 2011 年,实现国民生产总值 100 亿元,比上年产值增长了 29.7%;有了雄厚的经济基础,第二年的招商引资项目共筹集资金并立刻到现的就有 102 亿元,比 2011 年增长 94.5%,发展速度之快在众多新疆二线城市中首屈一指。经济发展速度快,便有更多的资金投入到城市建设上来,例如改造市政建设,增加城市公共绿地面积,给市民提供良好的生活环境。直至 20 世纪初,该地区绿地面积超过克拉玛依市,人均公共绿地面积也是克拉玛依市人均绿地面积的 3 倍之多。石河子市区的绿地面积明显赶超新疆北疆地区县市甚至全疆县市。

3）城市化与生态环境发展状况

（1）城市化发展状况

西北部的新疆维吾尔自治区,全疆面积辽阔,共分布有 25 个市。同一自治区的不同城市发展速度有快有慢,根据统一标准把这些城市的城市化特征进行比较和分类,同一水平的划分一个档次。按照此分类结果,新疆的众多城市分类显示,克拉玛依居于首位,石河子位列第二。克拉玛依作为自治区乃至全国的石油重镇,是个先锋领头的资源型工业城市,尤以生产的石油化工工业支撑着本地经济发展。今后工业向着新材料、高科技、企业联合共同合作的方向发展。有了经济实力做基础,尽快发展其他附加产业,为今后城市经济发展做好准备,以迎接产业结构转型。石河子是农业地区的中心城市,得益于良好的地理位置、交通运输条件和自然环境,工业也有发展,但是远不及农业发展带来的效益多,城市化水平处于中等地步。石河子整个城市的文化素质较高,凭借这一长处和农业资源禀赋,将产出的农产品再次加工为成品投放市场,获取更多经济效益,摒弃了以往的以原材料为收益的局面。石河子现有很多大型企业驻足,由于其城市生态环境较好,各项指标符合名牌企业的发展,吸引企业投资,产生收益。依据近 10 年的数据,从非农人口角度看,如图 9-3 所示,在 2000—2012 年间,克拉玛依市和石河子市非农业人口比例非常高,说明城市化发展速度很快。石河子市人口中非农业人口比重呈逐年上升趋势,克拉玛依市在 2000—2005 这些年是上升趋势,接下来几年呈下降趋势,到 2012 年非农业人口比例上升很快,并且在总人口数中比例很大。

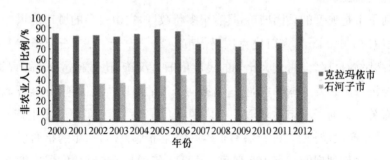

图 9-3　典型绿洲城市 2000—2012 年非农业人口比例

(2) 生态环境发展状况

与城镇规模和 GDP 经济总量等综合实力进行对比,互为对立的关系。城市化程度较好的城市,生态环境受到的威胁更大。天山北坡经济带的各县市,有城市化程度较高但是生态环境较差的城市,以乌鲁木齐、石河子、克拉玛依为代表。通过统计年鉴数据可得到近 13 年间克拉玛依和石河子生态环境状况。

克拉玛依市与石河子市人均工业烟尘排放量较少,克拉玛依市的人均工业 SO_2 排放量、区域交通噪声均高于石河子市,两个城市排污工程工作做得比较完善,对产出的污水量解决得很到位,这也保护了大气环境不被污染。通过数据表显示,克拉玛依市作为新疆工业城市和资源城市的代表,比农垦农业城市为主的石河子市生态环境破坏程度高,需要加大力度治理。

9.4　城市化与生态环境协调发展互动机制分析

9.4.1　城市化与生态环境协调发展的基本内涵与特征

1) 城市化与生态环境协调发展的基本内涵

城市是区别于乡村的集聚区域。城市向好的方向发展和改变改造的过程可以称之为城市化。城市化不是单独发展的,要有整个发展过程中参与的系统和因子共同作用,这些成分包括城市中的第一、第二、第三产业,大量聚集人口,传播文化,使用大自然的各类资源。城市化发展中还有城市功能区发挥作用,不同功能区的作用在参与城市化过程中都是不一样的。只有相互协调发挥积极作用,才能调配一切可利用资源协调城市化与生态环境的关系。

(1) 生态系统良好的可持续循环发展是在城市化的发展中的强有力约束条件,这就说明城市化的发展和生态环境的维护处于双管齐下的地位。

(2) 城市化发展速度的快慢和发展的好坏可以作为是否能维护好生态环境这项工作的基准。城市化如果不能长久发展,没有资金基础来供应新的系统开发,就难以促进生态环境的维护与建设。城市环境是受到城市化发展的压制,并且也需要寻求自身改善至完美的目标,最终满足城市化的各项功能的需求。

(3) 城市化与生态环境是有机统一的整体,只看到眼前经济发展大好形势的一面,忽略保护生态环境的任务,这是十分有害的。虽然得到了一时的城市化迅猛增长,但是对生态环境的严重破坏是对经济发展的负面因素,严重情况下会使得城市化发展遭遇停滞不前的状况。所以不能单纯为了城市化经济发展而以破坏生态环境为代价,终究还要付出更多人力、财力、物力来维护生态环境协调发展可持续。

2) 城市化与生态环境协调发展的特征

(1) 动态性

城市发展的过程可以定义为城市化,与生态环境组成的系统联系起来具有动态变化的特征,是一个动态发展的过程。城市发展得快,引来众多外来人口聚集到城市中,享受城市给予的优质生活条件和质量。随着人口增多,城市地域面积也需要增加,城市的各功能区条件设施等都不断完善,由此展现出来的是一个不断发展变化着的过程。

(2) 整体性

相互制约和互相作用着的每个部分组成具有一定功能的整体被钱学森先生称之为"系统"。协调与否就要看城市化与生态环境需要联合在一起成为一体化才能被认为是否有资格成为一个协调性的系统。自主性、完善特征需要城市化内部的各功能区、各不同产业、人文素质、生物圈里各物质与生态环境相联系和相互作用，组成完整统一的体系。

(3) 开放性

城市化和生态环境协调系统的最后一个特征主要体现在开放性。整个系统的良好循环发挥作用，需要这个系统不停地与外界发生物质交换、能量流动和传递以及沟通消息，为系统自身服务到底。这个整体不仅与各子系统之间，还与外界有着物质和能量的交换，才使得城市化和生态环境系统有存活和发展的空间。系统中的要素对于城市化有着牵一发而动全身的影响。

9.4.2　城市化与生态环境二者间相互作用

1) 城市化和生态环境二者间的相互作用内涵

人或物质在特殊的生态环境和特定基本条件下，产生了对自身或者外部环境的影响和变化的能力就可以理解为作用。城市人口改变以及城市地域面积变化的形成过程中，与生态环境总是在进行能量与物质的交换，这样的相互作用便可称为城市化与生态环境两者之间的相互作用关系。两者的相互作用可以分为两个方向的内容，主要是围绕着城市范围来说，包括城市内部和外部之间的相互作用关系。首先是关于城市内部的交通、通信、城市不可缺少的产业之间的相互作用，科教文卫等这些产业也是属于城市内部相互作用的内容；城市外部作用是很抽象、难以捉摸得到，但是却又真的发挥了作用。不管是内部还是外部的相互作用，二者都是相互联系，相互限制，不可分离的。所以可普遍认可的内部作用是狭义的、向长远发展的，外部作用是广义的、向扩宽的方向变化。

2) 城市化和生态环境二者相互作用形式

人类是最占据优势的生物群体，初级动物提供的生物量超过了人类产生的生物量，整个大环境下大量的物质和能量需要传递和交换。城市化过程中的新的思想、概念方式、科技信息的形成，被大众接受和获取以及互相知晓都会改变资源的重复循环使用和把城市环境破坏的能力。生态环境发展到底符不符合当下的条件需要以城市化发展的优劣作为基底来衡量和比较,同样也作为一种可持续发展的基本物质条件。只有高质量的城市化发展环境才能给生态环境提供更多的物质基础进行改善,起到一个促进作用。人地关系矛盾是二者最实质的内容,因为总要不断地进行能量、物质、技术信息的交换。资源和环境具有容量的限制,城市化的发展会受到或多或少影响,最终结果是环境被破坏和资源不再可持续利用。这种情况虽然一直存在,但在城市化发展质量提高的过程中,这种情况却得到了些许缓和,并且越发和谐发展。城市化和生态环境在发展的过程中两个成分不相同,具有区别,这是客观存在的实体,才能查漏补缺完成整个城市化与生态环境的协调过程。这样的交互关系造就了基础联系的摒弃主观色彩的存在感。只要其中一个大类发生变化,导致的结果便是影响到城市化与生态环境相互作用的强健程度和作用范畴发生改变。

表 9-1 城市化与生态环境相互作用分析表

动力因素	城市化发展初期	城市化加速发展时期	城市化成熟稳定时期	动态消长过程
生态环境	生态环境与城市化处于协调同步发展阶段	随着资源超采、污染加剧,生态环境与城市化进入拮抗阶段	生态环境与城市化处于高水平协调阶段	城市化与生态环境耦合过程双指数曲线轨迹
主要驱动力	水资源、交通区位、能矿资源、政策制度	产业结构调整、交通区位、投资、政策制度	产业结构升级、交通区位、投资	
主要制动力	产业结构、生态环境、地形地貌	水资源、生态环境、土地资源、能矿资源	能矿资源、水资源、土地资源、地形地貌	

9.4.3 城市化与生态环境互动机制

1)城市化与生态环境相互作用机制

随着生产力的大力发展,自然因素对社会发展的影响逐渐减弱,人们可以通过科学技术手段弥补某些自然资源的先天不足。城市化与生态环境的相互作用关系对人们的生活产生重要的影响。当前,城市化与生态环境之间是一种交互胁迫,相互促进的关系。

2)城市化与生态环境协调发展的调控机制

市场调节机制主要对市场的大环境产生影响,宏观调控手段也是大范围的调控,不如微观调控细致,但是却可以拿捏到位。人们在城市生活,离不开市场提供生活所需物品,产生消费的过程也是在市场中进行,生产和消费的双重作用导致工业生产和服务业飞速发展。城市发展过程中所需要的稀缺资源是通过市场调节其容量的,这样可以做到高效率且迅速地安排一些事宜。普遍认为城市化发展起来的表象是产业膨胀,强大的市场化需要更多的人口进入城市,城市内的产业集聚化,需要大量务工人员和低端产业和企业进入城市,为大型产业服务,共同发展。产业集聚便会产生竞争,有了竞争就会引起价格上下浮动,城市并不是鼓励存在的单独个体,是众多要素集聚在一起的构成,这时便急需要调节物质的空间运转,满足调节市场的需要。广义调节机制主要是城市经济全面的发展,利用经济手段、法律手段、行政手段共同促进城市化和生态环境协调性发展,最终完成可持续发展的终极目标。因而,市场机制调节和政府的政策宏观调节机制两方面双管齐下才有了城市化与生态环境系统协调的调节机制产生。当城市中需要市场机制发挥作用时,这时的情形已发展到人们仅为寻求利润最大为目标,而对赖以生存的生态环境置之不理或者肆意破坏,但是却没有立即对其保护做出实际行动。由于市场机制的局限性,政府的宏观调节机制起到关键性的作用,协调城市经济发展,落实公民责任、生态环境保护等工作。

9.4.4 城市化与生态环境协调发展研究的评价

城市化与生态环境之间有着密切联系,城市化会在方方面面作用于生态环境,例如,污染环境,破坏植被,污染水资源等。而生态环境也会无时无刻地反作用于城市化发展,例如,资源稀少到枯竭,水质变差,雾霾天气较多等。研究城市化与生态环境是否协调发展的过程中,作为城市化和生态环境的每一种指标要素都存在相互影响,因此这项研究非常具有可行性。以往研究协调度的方法非常多,例如因子分析法、主成分分析法、协调度分析法。本文将以城市化与生态环境之间的交互作用为基础,使用协调度分析评价法研究典型绿洲城市。

9.5 城市化与生态环境协调发展指标体系构建

城市化最常见的表现是人口数量激增,产业结构发生巨变。人们改变以往的务农活动,投入到城市中的制造业和服务业,这是生产;消费活动也随着城市化发展而变得丰富多彩,生活方式改变,消费观念改变。农村人口的角色向城市居民的身份发生变化,在城市中长期居住,增加了城市的常住人口。人类生活的地域空间离不开环境的影响,环境可以给予供给,也可以对人类生活产生负面因素,影响正常生活。因此,通过分析人口城市化、经济城市化、空间城市化和社会城市化与生态环境状态、生态环境压力、生态环境治理之间的相互作用而导致的城市化与生态环境的动态变化,从分析结果中找出造成破坏的主导因子,以期解决城市化与生态环境的协调性。

9.5.1　城市化与生态环境协调发展指标体系

城市化与生态环境协调发展不是一成不变的,会随着时间和外界环境发生变化;二者是统一的整体系统,不能相分离;城市化发展或退后的同时相对的生态环境也会发生变化;这种变化和发展外界都可以观察到,纯属对外开放。以往涉及的研究区域很多,使用的模型和研究方法也很多,例如,主成分分析法、因子分析法、协调分析法等。本文采用的是协调度分析法,利用所搜集的 2000—2012 年城市的数据进行分析。

1) 研究方法

本文指标数据的来源主要为新疆维吾尔自治区统计年鉴(2001—2013 年)、克拉玛依市统计年鉴(2001—2013 年)、石河子市统计年鉴(2001—2013 年),主要的研究方法运用最常见的协调度分析法。

2) 指标体系的构建

在分析了众多相关研究的文献后,在对研究区的现状了解的基础之上,选择了适宜、较强相关性及具有代表意义的指标,最后选用最具代表性和最新颖的资料来建立城市化与生态环境指标体系。从城市化的内涵即人口城市化、经济城市化、空间城市化、社会城市化角度建立城市化测算指标体系,从生态环境的内涵即生态环境压力、生态环境状态、环境治理与保护等角度建立生态环境测算指标体系。

(1) 城市化水平指标

① 人口城市化指标

人口城市化是指来自城市以外的人口通过人口流动等长期居住在城市,渐渐成为城市的一分子,改变以前非城市人口的变动过程,城市中的非城市人口所占比例逐渐变少。人口城市化主要研究指标包括非农业人口比重、城镇人口比重。

② 经济城市化指标

经济城市化是指地区规模经济、集聚经济的发展程度,主要指标包括人均GDP、经济密度、人均社会消费品零售总额、第三产业占 GDP 比重。

③ 空间城市化指标

空间城市化是指城市的景观格局上的表现形式。通常由城市固有的地域变成不同功能区以及景观方面比较形象的变化,主要指标包括人均城市道路面积、城市人口密度、建成区面积占市区面积比例。

④ 社会城市化指标

社会城市化是指该城市人民生活现状、文化素质及社会治安等状况,主要指标包括城镇居民人均可支配收入、万人拥有公共交通车辆、城镇登记失业率。

(2) 生态环境指标

① 生态环境压力指标

生态环境压力是指超过环境的自净能力后难以再改善的一种情况,主要指标包括人均工业废水排放量、人均工业 SO_2 排放量、人均工业烟尘排放量、建成区绿地覆盖率。

② 生态环境状态指标

生态环境状态是指现今的生态环境所处的一种状态,主要指标有区域环境噪声、可吸入颗粒、人均公园绿地面积、工业固体废物综合利用率。

③ 环境治理和保护

环境治理和保护是指对环境破坏之后所做出的治理措施和保护方法并付诸行动,主要指标有城镇生活污水处理率、环境污染治理投资占 GDP 的比重、三废综合利用产值、生活垃圾清运量。城市化与生态环境具体指标见表 9-2、表 9-3。

表 9-2　城市化水平指标体系

	一级指标	二级指标
城市化(X)	人口城市化(X1)	非农业人口比重(%)(X11) 城镇人口比重(%)(X12)
	经济城市化(X2)	人均 GDP(元/人)(X21) 经济密度(万元/km²)(X22) 人均社会消费品零售总额(元)(X23) 第三产业占 GDP 比重(%)(X24)
	空间城市化(X3)	建成区面积占市区面积比例(%)(X31) 人均城市道路面积(m²/人)(X32) 城市人口密度(人/km²)(X33)
	社会城市化(X4)	城镇居民人均可支配收入(元)(X41) 万人拥有公共交通车辆(标台)(X42) 城镇登记失业率(%)(X43)

表 9-3　生态环境指标体系

	一级指标	二级指标
生态环境(Y)	生态环境压力(Y₁)	人均工业废水排放量(t/人)(Y₁₁) 人均工业 SO₂ 排放量(t/人)(Y₁₂) 人均工业烟尘排放量(t/人)(Y₁₃) 建成区绿地覆盖率(%)(Y₁₄)
生态环境(Y)	生态环境状态(Y₂)	区域环境噪声 dB(A)(Y₂₁) 可吸入颗粒(mg/m³)(Y₂₂) 人均公园绿地面积(m²/人)(Y₂₃) 工业固体废物综合利用率(%)(Y₂₄)
	环境治理和保护(Y₃)	城镇生活污水处理率(%)(Y₃₁) 环境污染治理占 GDP 比重(%)(Y₃₂) 三废综合利用产值(万元)(Y₃₃) 生活垃圾清运量(t)(Y₃₄)

9.5.2　协调发展的模型建立及计算方法

1) 指标数据的标准化处理

源于建立的城市化和生态环境双指标体系包含的要素很多,涉及的领域不尽相同。数据的值悬殊非常大是一个原因,另外需要考虑的因素是数值单位也不一样,若因此展开计算和比较,是没有效果的。这就需要先对所有指标数值进行标准化处理,以便排除障碍影响。假设在每个体系中选取了 n 个不尽相同的一级指标,每项指标还分别设有不同个数的二级指标,其中一级指标用 i ($i=1,2,\cdots$) 表示,二级指标用 j 加以区分($j=1,2,\cdots$)。做好这步准备工作之后就根据以下所列公式 (9-1),对各指标数据标准化处理:

$$Z_{ij} = \frac{X_{ij} - \overline{X}_j}{S_j} \tag{9-1}$$

式中: $\overline{X}_j = \frac{1}{n}\sum_{i=1}^{n} X_{ij}$ ——第 i 年第 j 个变量的均值;

$S_j = \sqrt{\frac{1}{n-1}\sum_{i=1}^{n}(X_{ij}-\overline{X}_j)^2}$ ——第 j 个变量的样本标准差。

2) 城市化与生态环境综合指数的计算

数据标准化是为后面的主成分分析提供依据,在主成分分析的结果中,依次得相关矩阵的特征值、各指标的方差贡献率等。著名学者 Kaiser 在 20 世纪 60 年代提出了以他的名字命名的相关准则,规定矩阵的特征值务必大于 1 才视为反映原变量的主要影响因子。根据公式(9-2)计算得到各年份城市化与城市生态环境的发展指数。

$$F_i = \sum_{r=1}^{k} P_r \cdot F_{ir} \qquad (9-2)$$

式中:F_i——第 i 年的城市化与生态环境的发展指数($i=1, 2, \cdots, n$)。

3) 城市化与生态环境协调度计算

根据公式(9-3)、公式(9-4)计算城市化体系与城市生态环境系统之间的协调度,借此得出两个系统之间的协调状态。

$$U_{j/i} = \exp\left\{-\frac{(Y-Y')^2}{\sigma_2^2}\right\} U_{(i/j)} = \exp\left\{-\frac{(X-X')^2}{\sigma_1^2}\right\} \qquad (9-3)$$

$$C = \frac{\min\{U_{(i/j)}, U_{(j/i)}\}}{\max\{U_{(i/j)}, U_{(j/i)}\}} \qquad (9-4)$$

式中:X——城市生态环境发展指数;

X'——城市化水平相对城市生态环境水平;

$U_{(i/j)}$——城市化水平的状态协调度对城市生态环境水平的发展指数;

σ_1^2——城市生态环境发展指数的方差;

$U_{(j/i)}$——城市化水平对城市生态环境水平的状态协调度;

Y——城市化发展指数;

Y'——城市生态环境相对城市化水平的发展指数;

σ_2^2——城市化发展指数的方差;

C——城市化和城市生态环境两个系统间的协调度。

9.6 典型绿洲城市的城市化与生态环境协调发展评价与分析

9.6.1 城市化与生态环境协调度评价

1) 城市化与生态环境发展指数分析

由 9.5 节公式(9-1)、公式(9-2)计算可得出克拉玛依城市化与生态环境发展指数,根据得出的数值表格,绘制出克拉玛依市 2000—2012 年共计 13 城市化与生态环境综合指数变化曲线图(图 9-4),运用同样方法可得出石河子城市化与生态环境发展指数,并绘出其2000—2012年的城市化与生态环境综合指数变化曲线图(图9-5)。

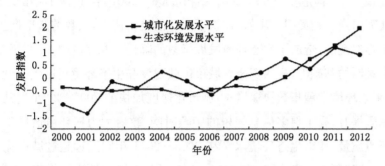

图 9-4　2000—2012 年克拉玛依城市化发展与生态环境发展趋势

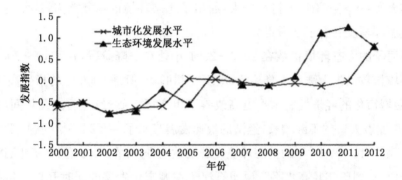

图 9-5　2000—2012 年石河子城市化发展与生态环境发展趋势

由图 9-4 可以看出：13 年间克拉玛依城市化发展指数整体为缓慢增大趋势,也有个别年份会有不太显著的下滑。与城市化发展指数相比,城市生态环境发展指数总体上呈现出大幅度增长趋势,看起来不如城市化发展指数变化平稳有序,在某些年份有跌宕起伏之势。其中,城市化发展指数在 2000—2004 年处在低速发展阶段,在 2004—2005 年甚至出现负增长,2005—2011 年处在缓慢发展阶段,2011—2012 年呈现快速增长趋势,并在 2012 年达到历年最高水平。

由图 9-5 可以看出：13 年间石河子城市化发展指数总体呈缓慢上升趋势,石河子市的生态环境发展指数在某些年份的起伏较大,但总体上也呈现出缓慢增长趋势。其中,城市化发展指数在 2000—2005 年处于低速发展阶段,在 2005—2008 年缓慢增长,2008—2012 年处在快速发展阶段,且 2008 年的发展水平相对 2005 年稍有降低,并在 2012 年达到历年最高水平。

相对的生态环境指数在 2000—2003 年处在缓慢发展阶段,在 2003—2007 年波动幅度较大,尤其是在 2004—2005 年和 2006—2007 年,这两个年份之间,经济快速发展吸引众多招商引资项目,加快了人口的流动速度,人数的激增产生的环境问题是不容忽视的,造成了生态环境发展指数的降低。在 2005—2006 年克拉玛依市在资金雄厚的基础上,投入资金到城市市政建设和生态环境建设上,环境质量有所改善,生态环境发展指数快速增长;城市化速度加快的 2007—2011 这几年间,日常生活品质提升,有了更多休息娱乐的闲暇时间,政府大力抓环境治理工作,提高了生态环境质量,使得生态环境水平在 2009—2011 年间远远超过城市化水平,并在 2011 年达到历年最高水平;在 2011—2012 年,人民生活水平提高,家家户户有了小汽车,闲暇时间和国家法定节假日盛行的时间都会驾车旅行,这就增加了汽车尾气排放等,环境污染压力持续较大,超出了生态环境的承载能力,从而使克拉玛依市生态环境发展有了下滑走势。

石河子的生态环境指数在 2000—2001 年处在下降阶段,在 2001—2006 年间生态环境指数呈先上涨后下降趋势,呈现"M"形状,但是 2006 年的指数高于 2001 年,说明城市化的经济发展水平提高改善了生态环境质量;往后的几年间,2007—2012 年,随着人口的不断增长,经济的快速发展带来了一系列环境问题,使 2007—2009 年和 2010—2011 年的生态环境发展指数上升,并在 2009 和 2011 年石河子市出现峰值,达到历年最高水平。说明石河子在城市化发展的同时开拓了生态环境建设工程,环境质量有所改善,生态环境发展指数快速增长。2011—2012 年随着城市化进程的不断推进,人口或工业趋于密集,人类的活动频繁,废物垃圾排放过多会污染环境,造成环境污染压力持续较大,生态环境指数又呈下降趋势。总体来说,石河子的生态环境指数波动较大。

2) 城市化与生态环境协调度分析

运用 SPSS 21.0 软件对克拉玛依市城市化与生态环境发展指数进行回归拟合,以 Y 和 X 分别表示城市化发展指数和生态环境发展指数。先以 X 为自变量,Y 就成了另一个因变量,通过回归拟合方法求得城市生态环境水平对城市化水平的发展指数。再次将 X、Y 的角色互换,求得城市化水平相对城市生态环境水平的发展指数。为了更加清楚直观地反映克拉玛依市城市化与生态环境的协调性,根据公式(3)、公式(4)计算出克拉玛依市城市化与生态环境的协调度 C_1(表 9-4),石河子市城市化与生态环境的协调度 C_2(表 9-5)。

表 9-4 2000—2012 年克拉玛依城市化发展水平与生态环境水平回归分析和协调度

年份	城市化水平相对于生态环境水平的发展指数(X^1)	生态环境水平相对于城市化水平的发展指数(Y^1)	协调度 C_1
2000	−0.43	−0.42	0.83
2001	−0.33	−0.41	0.85
2002	−0.60	−0.52	0.67
2003	−0.45	−0.50	0.72
2004	−0.41	−0.28	0.84
2005	0.26	−0.43	0.33
2006	0.24	−0.10	0.97
2007	0.18	−0.25	0.83
2008	0.07	−0.25	0.94
2009	0.15	−0.16	0.99
2010	0.08	0.25	0.47
2011	0.20	0.31	0.63
2012	1.04	0.12	0.82

表 9-5 2000—2012 年石河子城市化发展水平与生态环境水平回归分析和协调度

年份	城市化水平相对于生态环境水平的发展指数(X^1)	生态环境水平相对于城市化水平的发展指数(Y^1)	协调度 C_2
2000	−0.24	−0.78	0.40
2001	−0.27	−1.04	0.19
2002	−0.33	−0.10	0.82
2003	−0.28	−0.29	0.99
2004	−0.29	0.19	0.90
2005	−0.43	−0.09	0.71
2006	−0.29	−0.49	0.79
2007	−0.20	0.01	0.93
2008	−0.25	0.16	0.92
2009	0.02	0.56	0.59
2010	0.48	0.28	0.73
2011	0.82	0.90	0.94
2012	1.26	0.69	0.10

由表 9-4、表 9-5 得出的两个不同城市的城市化与生态环境协调度数据,参照

均匀分布法拟定协调度等级划分标准(表9-6),将典型绿洲城市的城市化与生态环境两个系统间的协调度进行等级划分。

表9-6 协调度等级划分及其标准

协调等级	严重失调	中度失调	轻度失调	基本协调	中度协调	良好协调	优质协调
协调度	0~0.29	0.3~0.39	0.4~0.49	0.5~0.59	0.6~0.69	0.7~0.79	0.8~1.0

根据表9-4和表9-6可以得出2000—2012年克拉玛依市城市化与生态环境协调等级的划分(表9-7)。由表9-7可以看出,克拉玛依城市化与生态环境的协调度在2000—2012年间个别年份波动幅度较大,变化曲线近似"W"形。具体而言,在2000—2004年,随着引额济克工程的完工通水,美化了城市环境,环境质量越来越好,同时为克拉玛依培育替补产业,使城市化与生态环境协调度呈现平稳发展的状态,且处在协调等级;2004—2005年协调度出现急剧下降现象,且在2005年降至0.5以下,出现中度失调现象;2005—2006年,克拉玛依市在发展城市的同时重视了生态环境建设工程,加大环境治理的力度,质量得到明显提升,协调度快速增长,协调等级恢复到优质协调;2006—2009年,城市化与生态环境保持优质协调状态发展;2009—2010年,政府各项环保政策的实施,生态环境得到了很大程度的优化,但城市化水平发展稍有下降态势,使城市化与生态环境发展出现了轻度失调现象;2010—2012年,克拉玛依市在开展环境保护工作的同时,也没有弱化城市化的发展,使它呈稳健上升之速,才完成了城市化与生态环境的协调指数的回升,达到了优质协调等级,但协调度还未恢复到先前最高水平。

表9-7 2000—2012年克拉玛依市城市化与生态环境协调度指数及协调等级

年份	2000	2001	2002	2003	2004	2005	2006	2007	2008	2009	2010	2011	2012
协调度	0.83	0.85	0.67	0.72	0.84	0.33	0.97	0.83	0.94	0.99	0.47	0.63	0.82
协调等级	优质协调	优质协调	中度协调	良好协调	优质协调	中度失调	优质协调	优质协调	优质协调	优质协调	轻度失调	中度协调	优质协调

根据表9-5和表9-6可以得出2000—2012年石河子市城市化与生态环境协调等级的划分(表9-8)。由表9-8可以看出,石河子城市化与生态环境的协调度在2000—2012年间在其中几个年份的波动幅度较大,变化曲线近似"M"形。具体而言,在2000—2001年,随着西部大开发号召遍及天山北坡经济带,石河子缺乏生态环境需要被保护的意识,城市化与生态环境的协调度数值减少,很不理想,属于

严重失调等级;2001—2005 年协调度出现上升再下降现象,呈现类似抛物线趋势,2003 年达到这 13 年间的峰值,且在 2005 年降至 0.71,出现良好协调现象;2005—2008 年,石河子在发展城市的同时重视了生态环境建设工程,环境质量有了大幅度改善,协调度快速增长,协调等级由良好协调上升至优质协调;2008—2009 年,城市化与生态环境协调状态下降,2008 年北京奥运会全国各地安保工作需要加强,城市化与生态环境工作忽略;2009—2011 年,随着政府各项环保政策的实施,生态环境得到了很大程度的优化,城市化水平发展稍有上升态势,使城市化与生态环境发展出现了优质协调现象,石河子市在开展环境保护工作的同时再次把重心放到城市化发展上面,经济发展增快,协调指数有所回暖上升,达到了优质协调等级,但协调度还未恢复到先前最高水平。2011—2012 年间城市化与生态环境协调指数呈迅速下降趋势,就有了令人担忧的严重失调状态。

表 9-8 2000—2012 年石河子市城市化与生态环境协调度指数及协调等级

年份	2000	2001	2002	2003	2004	2005	2006	2007	2008	2009	2010	2011	2012
协调度	0.40	0.19	0.82	0.99	0.90	0.71	0.79	0.93	0.92	0.59	0.73	0.94	0.10
协调等级	轻度失调	严重失调	优质协调	优质协调	优质协调	良好协调	良好协调	优质协调	优质协调	基本协调	良好协调	优质协调	严重失调

9.6.2 城市化与生态环境协调发展主要影响因子分析

城市中的可用资源、高级的科学技术、信息交流、商品交换等主要活动构成城市化发展的主体活动。城市所在区域的经济、社会文化、资源、基础环境等都约束和促进城市化的发展。城市化的发展与所在区域的生态环境整改、生态环境治理都有很大的关系,并制约和促进生态环境的改进。因此本节综合评价了克拉玛依市和石河子市市域范围的城市化水平,分析其城市化发展中起主导作用的因子反映城市化发展的主要指标在前文已有表述,涉及面广泛,具有科学性。起主导作用的因子指标,主体上运用多元统计分析法,把众多因子统一放入到一个专属系统,定量分析,在得出的结果中取特征值大于 1 为标准,共提取软件给予的公因子(或称主成分),这些公因子可反映原始数据的绝大部分信息,罗列出每个公因子的贡献率及权重。这样只是得到了因子数量,要想更精准地获得各变量的载荷值,更具说服力,还需对因子载荷矩阵实行方差最大正交旋转,得到旋转后的因子载荷矩阵如表 9-9 所示。

表9-9 克拉玛依城市化旋转后的因子载荷矩阵

指标	成分1	成分2
建成区面积占市区面积比例	0.980	0.058
城镇居民人均可支配收入	0.971	0.108
人均社会消费品零售总额	0.964	0.063
经济密度	0.950	−0.207
人均GDP	0.949	−0.139
万人拥有公共交通车辆	0.704	0.367
人均城市道路面积	0.614	−0.199
第三产业占GDP比例	−0.084	0.908
非农业人口比例	0.053	0.859

表9-10 克拉玛依城市化因子贡献率及其权重

公因子	特征值	贡献率/%	累积贡献率/%	权重
1	5.520	61.331	61.331	0.752
2	1.818	20.199	81.530	0.248

表9-11 石河子市城市化旋转后的因子载荷矩阵

指标	成分1	成分2
建成区面积占市区面积比例	0.993	0.103
城镇居民人均可支配收入	0.977	0.197
人均GDP	0.969	0.178
万人拥有公共交通车辆	0.946	−0.189
人均城市道路面积	0.933	−0.102
城镇人口比例	−0.925	0.312
非农业人口比例	0.925	−0.314
人均社会消费品零售总额	0.915	0.372
城镇登记失业率	−0.912	0.229
第三产业占GDP比例	−0.910	−0.279

表9-12 石河子市城市化因子贡献率及其权重

公因子	特征值	贡献率/%	累积贡献率/%	权重
1	8.852	88.523	88.523	0.937
2	1.592	5.918	94.441	0.063

由克拉玛依市和石河子市的城市化数据表(表9-9、表9-10、表9-11、表9-12)可看出,克拉玛依市和石河子市的第一公因子均为建成区面积占市区面积比例,这说明它对城市化发展起着决定性作用,是综合能力较强的指标;第二公因子有所差异,克拉玛依市为第三产业占GDP比重,石河子市为人均社会消费品零售总额,均为经济因素经济指标。采用同样的方法找出克拉玛依市和石河子市中对生态环境起主导作用的指标。

表9-13 克拉玛依市生态环境旋转后的因子载荷矩阵

指标	成分1	成分2	成分3
建成区绿化覆盖率	0.913	0.305	0.017
工业固体废物综合利用率	0.759	0.257	−0.029
可吸入颗粒	0.743	−0.639	−0.050
人均工业SO_2排放量	0.743	−0.639	−0.050
城市生活污水处理率	0.735	−0.446	−0.060
生活垃圾清运量	0.710	0.622	−0.002
三废综合利用产值	0.688	0.195	0.296
环境污染治理投资占GDP的比例	0.222	0.112	0.848
人均工业烟尘排放量	0.473	0.428	−0.560

表9-14 克拉玛依市生态环境因子贡献率及其权重

公因子	特征值	贡献率/%	累积贡献率/%	权重
1	4.302	47.803	47.803	0.595
2	1.795	19.940	67.743	0.248
3	1.131	12.567	80.310	0.156

表 9-15　石河子市生态环境旋转后的因子载荷矩阵

指标	成分 1	成分 2	成分 3
人均公共绿地面积	0.873	−0.072	−0.364
工业固体废物综合利用率	0.855	0.168	−0.096
建成区绿化覆盖率	0.842	0.221	0.557
区域交通噪声 dB	0.807	−0.178	−0.268
三废综合利用产值	0.807	0.200	0.195
人均工业烟尘排放量	0.733	0.366	−0.223
生活垃圾清运量	0.613	−0.565	0.284
环境污染治理投资占 GDP 的比例	0.056	0.778	0.309
人均工业废水排放量	0.332	−0.756	0.472

表 9-16　石河子市生态环境因子贡献率及其权重

公因子	特征值	贡献率/%	累积贡献率/%	权重
1	4.530	50.336	50.336	0.618
2	1.784	19.824	70.160	0.244
3	1.011	11.235	81.396	0.138

由克拉玛依市和石河子市的生态环境数据表(表 9-13、表 9-14、表 9-15、表 9-16)可看出,克拉玛依市和石河子市的第一公因子分别为建成区绿化覆盖率和人均公共绿地面积,这说明它对生态环境起着决定性作用,是综合能力较强的指标;克拉玛依的第二公因子为生活垃圾清运量,石河子市为环境污染治理投资占 GDP 的比例;克拉玛依市和石河子市的第三公因子均为环境污染治理投资占 GDP 的比例,说明城市化发展越好,经济实力越雄厚,对于生态环境治理才能有效果。

9.6.3　典型绿洲城市化与生态环境协调度的评价与比较

由以上的图表得知,典型绿洲城市的城市化与生态环境的协调度在 2000—2012 年间,克拉玛依市的城市化水平高于石河子市,其次在生态环境方面同样处于领先地位。总体而言,克拉玛依市城市化发展水平总体较高,但部分年份在自身和石河子市相比较差异都较明显;克拉玛依市生态环境发展水平总体也有显著差距,不仅在整体水平高于石河子市,在单项比较上也高于石河子市,但与城市化水平相比较起来差异较小。克拉玛依市在2000—2012的这13年间,协调度总体呈"W"型的趋势发展变化;石河子市在2000—2012的这13年间,协调度总体呈"M"型的趋势发展变化;这说明了克拉玛依市和石河子市同属于新疆天山北坡经济带上的典型绿洲城市,但是城市主体功能和城市类型都不相同,造成城市化与生态环境协调度不尽相同,并在同一年份具有显著性差异。

克拉玛依市属于资源型的工业城市,工业发展速度很快,经济发展迅速,人民生活富裕,城市化水平较高。在克拉玛依市的城市化主要影响因子中,第一主成分是建成区面积占市区面积比例、城镇居民人均可支配收入,在各项因子中的成分比重达到0.980和0.971;第二主成分是第三产业占GDP比例和非农业人口比例,比重达到0.908和0.859;这些成分均对城市大发展有着较深刻的作用,生态环境遭到破坏便是城市迅猛开发的最坏结果,城市化将为此付出惨痛代价。因此克拉玛依市与石河子市比较起来,生态环境环境遭到的破坏程度也较大,影响最大的主要成分分别是,第一主成分为建成区绿化覆盖率,影响比重达到0.913;第二主成分为生活垃圾清运量,影响比重达到0.622;由于城市化与生态环境之间的关系联系紧密,生态环境是最终受到影响的载体,并直观表现给大众,因此影响生态环境的第三主成分——环境污染治理投资占GDP的比例也很重要,影响比重达到0.848。因此要想使克拉玛依市的城市化与生态环境协调发展,在城市化发面要注意调节建成区面积占市区面积比例、非农业人口比例以及第三产业占GDP比例;在生态环境方面要提高建成区绿化覆盖率,及时清理生活垃圾,加大环境污染治理投资占GDP的比例,使克拉玛依市尽量达到协调阶段,使得城市化与生态环境互惠互利,成为生态环境良好的新疆的"石油城"。

石河子市属于农业发展为主体,轻工业为辅的发展模式,与克拉玛依的资源型城市类型结构大不一样。从现今大部分城市终究发展到的结果来看,城市化要普遍就会形成生态环境日渐恶化的局面。在石河子市的城市化主要影响因子中,第一主成分建成区面积占市区面积比例、城镇居民人均可支配收入,在各项因子中的成分比重达到0.993、0.977;第二主成分是人均社会消费品零售总额、城镇人口比例,在各项因子中的成分比例是0.372、0.312。石河子市的城市化发展速度虽不及克拉玛依市,但也受到很多因素的影响。起到主要影响的成分分别为,第一主成分人均公共绿地面积,影响比重达到0.873;第二主成分是环境污染治理投资占GDP的比例,影响比重达到0.778;第三主成分建成区绿化覆盖率,影响比重达到0.557。石河子市在新疆北坡绿洲城市中,是农业发展迅速的典型城市,城市化发展速度较克拉玛依市慢些,生态环境方面需要提高人均绿地面积、加大环境污染治理方面的投资力度以及提高城市内部环境的建成区绿化覆盖率,城市化过程与生态环境保护双管齐下,才能从根本上改善石河子市的城市化与生态环境的协调度,成为真正的"戈壁明珠"兵团城市。

9.7 城市化与生态环境协调发展的战略和措施

探讨城市化与生态环境相互协调机制并相互互为发展动力这一首要任务,需要理解和掌握城市化与生态环境之间的主要驱动力。只有做到生态环境为城市化服务的要求才能满足城市化迅猛发展并日趋稳定和谐。不论在低度城市化与过度城市化发展中,运用经济的、科技的、管理类等一系列手段与方法调整城市化发展方向与过程,均是为改善城市化与生态环境协调发展服务的。因此需要在城市化建设过程中,从一开始就要考虑到生态环境的因素,从根本上以建设生态城市为目标,使城市化与生态环境协调发展才是最终目的。

9.7.1 典型绿洲的城市化与生态环境协调发展的战略

运用定量分析的方法探讨了典型绿洲城市的城市化与生态环境的相互关系,表明了经济增长呈迅猛趋势发展并带动城市化发展速度,有了实力雄厚的资金作为支撑,人们赖以生存的生态环境状况也得到改善。表面上看,这是一种积极的反映,但是二者的协调度呈现的是先比较慢后快速又减速的跳跃式状况,正是由此局面来看,要找到经济繁荣带动城市化发展和生存环境保持长期优良双管齐下的一个交融点,还要保持现状并不能影响双方的协调程度,这就需要市场调节和政府调节的双重调节才能改善这样的协调极不平衡的局面。城市化与生态环境之间的矛盾需要优化的基础思想是要使和谐发展的思想根植入改善这种状况的深处。正是由于城市化与生态环境在互成为改善对象的过程中存在交互作用的这样缘由,导致了在制定城市化与环境保护、除去污染的战略措施时,要考虑到多方面的内容。推进城市化的发展过程还要与本地的生态环境状况相一致,不能脱离生态环境而只考虑城市的经济增长,应随时做到步调一致。最后是使二者的联合机制得到充分发挥,才能在实现经济大发展的同时并且也使生态环境质量的改变和完善得到顾全大局,共建良好文明的生态城市、资源节约型城市、环境优良型的健康可持续城市。

9.7.2　城市化与生态环境协调发展的保障建议

1) 加强城市绿化建设形成良好的城市生态环境

新疆处于祖国边陲,城市人均公共绿地面积不足 10 m^2,仅有 6.3 m^2;首府城市比整个省份的标准还低,不足 5 m^2,整体人均绿地面积太低。城市绿地之所以重要,是因为它不仅可以改善城市环境,净化大气,更值得关注的是它可以调节环境条件,吸收有毒气体物质,减少噪音和杀菌。增加城市绿地面积是实现城市可持续发展和生态文明建设的重要措施,是改善城市生态环境的首要任务。

(1) 因地制宜,合理利用土地资源。使城市的土地资源利用率达到最大限度,提高城市森林对光能和空间的利用率。城市中的荒地、后期改造的平地和简易沟渠,建议在土质适宜的地方种植草地或者树林。适应能力强、生命力顽强的树种要充分发挥其固有能力,多加种植,节约财力。多种类的树木混杂生长可以提高该植被的抗害能力,科学验证,按照自然规律生长的要求选择合适的树种,改变以往的生长模式,为创造新的树种生长环境也有帮助,适应力更强。

(2) 城市中除了树木之外,种植草坪和观赏性植株不仅美化城市,而且净化空气,提高生态环境质量。新疆本身缺水,生长繁茂、抗旱、抗寒能力强的这种草应当大量种植,是城市绿化环境中很受欢迎的,也是城市绿化的需求。不同的地表和土壤类型,需求不同的花和草,要做到因地制宜。城市中适当的园林建设为城市景观和空气环境增添光彩,根据克拉玛依市和石河子市的具体要求,使水、土、植被等联系紧密,创造一个合理的城市绿化环境。

2) 环境保护工作与工业化发展相互促进

现今的工业城市呈越来越多的形势,克拉玛依市作为新疆的典型绿洲中的工业城市,城市环境污染已被愈发重视,同时还有正在崛起的石河子市,所以要把工业发展、经济增长和环境保护均放到同等重要的位置来抓。建设清洁生产的经济工业园,产业链鲜明的重大工程项目,要以引进先进技术为依托,提高企业的原材料循环使用率,最终实现低污染。清洁生产的实现需要一个过程,先进的技术指导和设备不可缺少,才能渐渐减少对环境的污染。工业园在打造之前就要有环保设计理念,环保设施和主体工业设备同时建造,并要通过相关部门检验过关。在同一工业园的企业,最好利用其优势,创建共用排污设备或者废物处理设备。组成共生企业,相互扶持,引用循环经济理念来保证资源的可持续利用。

3) 强化典型绿洲城市环境污染的治理

(1) 使用清洁能源改善大气环境质量

大气环境的污染与污染源有着很大的联系,控制好污染源可以减少污染物的排放量,并能扩散稀释污染物以此来提高大气环境质量。现今的技术并不能从根本上彻底驱除污染源,只能通过运用一些技术手段进行综合改善。首先,找到污染物排放最多的因子,再采用治理技术来限制污染物排放;其次,分析新疆城市空气污染的类型,新疆以北多是工业发达城市及寒冷地区,燃煤较多,所以燃煤造成的烟尘污染较多;新疆以南温度较高,荒漠地形所占面积较大,沙尘暴天气较多,影响居民正常生活。提高居住城市大气环境质量就要广泛使用清洁能源或者可替代资源。再次,大力开发新能源,减少不可再生资源的利用。现今我们使用的资源包括太阳能、水能和风能,使用起来比较干净,对环境污染较轻。最后,要与国家对城乡支持扶助的政策相符合,政府推行使用绿色交通出行方式,多使用公共交通工具,减少对大气质量的污染。

(2) 大力推广城市的生态环境建设以防城市环境污染

① 城市垃圾要进行分类后处理,尤其对可回收利用的资源进行妥善处理,再次展现其利用价值。工业活动中产生的大型不可搬卸的废弃物,农业生产的不可再次利用的垃圾都需要先进行选择摧毁,以此来减少对大气的污染。全世界都认为垃圾的综合开发利用非常重要,并研制出新的方法把这些废物二次利用,使之成为可利用资源。

② 工业污水和城市生活污水排放过量要从源头抓起,控制污染源,尤其是在最初的城市规划建设过程中就要考虑到对城市污染的关键因素。处理污水,倡导节约用水的观念深入人心。新疆本是缺水的城市,防止水质污染,改善生态环境并达到灌溉水要求,满足生活用水、工业用水、绿化用水同时使用也不缺少的状态,提高废水利用率。

(3) 要根据克拉玛依市和石河子市经济发展与环境形势,建立节约型城市。节约利用土地、水、能源、原材料,大力推行节约型、低碳型的经济增长方式,构建节约型产业结构,切实提高资源利用效率。加强环境管理,通过管理促进治理,重视生态环境保护措施的经济有效性分析,运用经济激励手段,将各种污染物的排污收费标准以及城市生活垃圾、污水处理收费标准提高到略高于处理成本的水平;加强环保宣传,强化法制建设。

4) 在社会生态环境保护监制下提高全民环境意识

在公民的思想上深化保护生态环境的意识,尊重自然规律,节约大自然的不可再生资源,坚持以人为本并与自然环境和谐相处的观念,为建设生态城市和保护自然环境而努力。首先,对学生群体开展环境教育,使学生从小就树立保护赖以生存的生态环境这样的意识。学习相关知识和理论,及时向公民普及新的环境保护的知识和措施,鼓励公民参加生态环境保护工作。其次,现今传媒方式很多,充分利用这些手段,向公众进行定期普及环保知识,加大宣传环境保护意识的力度,开展全民保护环境的活动。最后,运用政府具有征服性强制性的特点,环境保护监督部门可以提高公民参与度,提高人员素质和敬业精神,监督部门完善信访和举报制度,以保护共有的自然生态环境为目的和目标,充分激起广大公众的积极性,依靠全民力量保护环境。制定城市环境质量标准与"三废"排放标准,建立健全监督、检查、执法的机构和制度,同时还要大力宣传,强化对各类社会群体的环境教育,让人们清醒地看到当前的环境危机。

9.8　结论

本章以天山北坡典型绿洲城市为研究对象,建立了科学合理并有实际应用的评价城市化与生态环境是否和谐发展的指标体系,对实例克拉玛依市和石河子市进行分析,分析了二者的城市化与生态环境协调发展度,并通过计算获得了影响该体系的主要因素,基本形成以下研究结果:

(1)梳理了关于城市化与生态环境协调发展的相关研究领域方面的理论,二者的相互作用原理是今后实现城市长期可持续发展的基础理念,长期发展遵守可持续理念要以此为向导。可持续发展不是所有区域共同同步实现,是要循序渐进才能得到预期目标。所以,为了阻止城市化进程中出现环境污染的阻碍,提高环境质量,是很有必要的基础工作。

(2)结合实证研究,阐述了城市化与生态环境二者的互动性,这种关系由相互作用机制调节。城市化和生态环境的协调性急需解决的问题是建立良好的可持续利用的机制,强有力的内外力支撑着这个机制完善运行。所以,城市化与生态环境系统中的内外部因素起主导作用,加上天然条件的辅助作用,相互交叉、相互关联与制约的多种动力最后都会形成一个综合的动力系统,通过合理的组合方式、运行方式来一同促进城市化与生态环境的协调发展。

(3)通过有目的地选取典型绿洲城市的城市化与生态环境的具有强有力说服力的指标,包括 2000—2012 年的 13 年间克拉玛依市和石河子市城市化和生态环境的协调度以及主要影响因子的数据关系分析,最终结果得出城市化和生态环境之间在不同年份呈现的协调程度均不相同,并结合城市自身现状、城市的主体发展产业、存在的主要问题,通过计算得出两个城市的城市化与生态环境的主要影响因子,根据城市不同的协调度和主要影响因子,提出建设性和具有可操作性的建议与意见,为建设更完美的绿洲城市提供依据。

参考文献

［1］傅崇兰,白晨曦,曹文明,等.中国城市发展史［M］.北京:社会科学文献出版社,2009:
    661-662.

［2］李婕,胡滨.中国当代人口城市化、空间城市化与社会风险［J］.人文地理,2012,27(5):
    6-12.

［3］Cohen B. Urban growth in developing countries:A review of current trends and a caution
    regarding existing forecasts［J］. World Development,2004,32(1):23-51.

［4］陈波翀,郝寿义,杨兴宪.中国城市化快速发展的动力机制［J］.地理学报,2004,59(6):
    1068-1075.

［5］方创琳,黄金川,步伟娜.西北干旱区水资源约束下城市化过程及生态效应研究的理论探讨
    ［J］.干旱区地理,2004,27(1):1-7.

［6］赵晶.上海城市土地利用与景观格局的空间演变研究［D］.上海:华东师范大学,2004.

［7］杜宏茹,刘毅.我国干旱区绿洲城市研究进展［J］.地理科学进展,2005,24(2):69-79.

［8］韩德林.中国绿洲研究之进展［J］.地理科学,1999,19(4):313-319.

［9］罗格平,张百平.干旱区可持续土地利用模式分析:以天山北坡为例［J］.地理学报,2006,
    61(11):1160-1170.

［10］张豫芳,杨德刚,张小雷,等.天山北坡绿洲城市空间形态时空特征分析［J］.地理科学进
    展,2006,25(6):138-147.

［11］许学强,周一星,宁越敏.城市地理学［M］.2版.北京:高等教育出版社,2009.

［12］郭秀锐,杨居荣,毛显强.城市生态系统健康评价初探［J］.中国环境科学,2002,22(6):
    525-529.

［13］OECD. Organization for economic cooperation and development (OECD) corset of
    indicators for environmental performance reviews［R/OL］. Paris:OEC 6.

［14］Niemeijer D, de Groot R S. Framing environmental indicators:Moving from causal chains to causal networks［J］. Environment，Development and Sustainability，2008，10 (1)：89-106.

［15］陈洋波,李长兴,冯智瑶,等.深圳市水资源承载能力模糊综合评价[J].水力发电,2004,30 (3):10-14.

［16］李玉照,刘永,颜小品.基于 DPSIR 模型的流域生态安全评价指标体系研究[J].北京大学学报(自然科学版),2012,48(6):971-981.

［17］李向明.基于 DPSIR 概念模型的山地型旅游区生态健康诊断与调控研究[D].昆明：云南大学,2012.

［18］Atkins J P, Burdon D, Elliott M, et al. Management of the marine environment： Integrating ecosystem services and societal benefits with the DPSIR framework in a systems approach[J]. Marine Pollution Bulletin, 2011, 62(2)：215-226.

［19］EPA . Frame work for ecological risk assessment, report No. EPA (6302R-92/001)[R]. Washington, D. C. ：US Environmental Protection Agency, 1992.

［20］Simmons J. Environmental change and security project (ECSP) report 3[R]. Environ Heal Perspect, 2002.

［21］郭红莲,黄懿瑜,马蔚纯,等.战略环境评价(SEA)的指标体系研究[J].复旦大学学报(自然科学版),2003,42(3)：468-475.

［22］曹红军.浅评 DPSIR 模型[J].环境科学与技术,2005,28(B06)：110-111.

［23］高波.基于 DPSIR 模型的陕西水资源可持续利用评价研究[D].西安：西北工业大学,2007.

［24］Kohsaka R, Okumura S. Greening the cities with biodiversity indicators：Experience and challenges from Japanese cities with CBI[J]. Integrative Observations and Assessments, 2014：409-424.

［25］Borja Á, Galparsoro I, Solaun O, et al. The European water framework directive and the DPSIR, a methodological approach to assess the risk of failing to achieve good ecological status[J]. Estuarine, Coastal and Shelf Science, 2006, 66(1-2)：84-96.

［26］Jago-on K A B, Kaneko S, Fujikura R, et al. Urbanization and subsurface environmental issues：an attempt at DPSIR model application in Asian cities[J]. Science of the Total Environment, 2009, 407(9)：3089-3104.

［27］江勇,付梅臣,杜春艳,等.基于 DPSIR 模型的生态安全动态评价研究：以河北永清县为例[J].资源与产业,2011,13(1)：61-65.

［28］张小平,柳婧,方婷.基于 DPSIR 模型的兰州市低碳城市发展评价[J].西北师范大学学报(自然科学版),2012,48(1):112-115.

［29］安虎贲,杨帆,杨宝臣.基于 DPSIR 模型的林业资源型城市可持续发展评价研究：以伊春

为例[J]. 科技管理研究,2015,35(5):74-78.

[30] 秦志琴,张平宇,苏飞. 基于DPSIR模型的沈阳市可持续性态势评价[J]. 农业系统科学与综合研究,2011,21(1):60-65.

[31] 吴玟玟,张燕锋,林逢春. 基于社会结构视角的环境友好型社会评价(Ⅰ):指标体系构建[J]. 资源科学, 2010, 32(11):2100-2106.

[32] 唐弢,徐鹤,王喆,等. 基于生态系统服务功能价值评估的土地利用总体规划环境影响评价研究[J]. 中国人口·资源与环境,2007,17(3):45-49.

[33] 熊鸿斌,刘进. DPSIR模型在安徽省生态可持续发展评价中的应用[J]. 合肥工业大学学报(自然科学版), 2009,32(3):305-309.

[34] 邹君,吴顺山. 基于DPSIR模型的城市生态系统健康评价:以衡阳市为例[J]. 衡阳师范学院学报,2011,32(6):113-117.

[35] 邵超峰,鞠美庭. 基于DPSIR模型的低碳城市指标体系研究[J]. 生态经济,2010,26(10):95-99.

[36] 艾云璐. 基于DPSIR模型的旅游城市生态安全评价研究[D]. 大连:大连理工大学,2013.

[37] 邵超峰,鞠美庭,张裕芬,等. 基于DPSIR模型的天津滨海新区生态环境安全评价研究[J]. 安全与环境学报,2008,8(5):87-92.

[38] 曲长祥,刘莹,苏志国. 基于DPSIR模型的土地利用规划环境影响评价研究[J]. 东北农业大学学报,2014,45(5):122-128.

[39] 徐美,朱翔,李静芝. 基于DPSIR-TOPSIS模型的湖南省土地生态安全评价[J]. 冰川冻土,2012,34(5):1265-1272.

[40] 卞正富,路云阁. 论土地规划的环境影响评价[J]. 中国土地科学,2004,18(2):21-28.

[41] 赖力,黄贤金,张晓玲. 土地利用规划的战略环境影响评价[J]. 中国土地科学,2003,17(6):56-60.

[42] 董四方,董增川,陈康宁. 基于DPSIR概念模型的水资源系统脆弱性分析[J]. 水资源保护,2010,26(4):1-3.

[43] 马慧敏. 基于DPSIR模型的山西省水资源可持续性评价[D]. 太原:太原理工大学,2015.

[44] 于伯华,吕昌河. 基于DPSIR概念模型的农业可持续发展宏观分析[J]. 中国人口·资源与环境,2004,14(5):68-72.

[45] 戴天兴. 城市环境生态学[M]. 北京:中国建材工业出版社,2002.

[46] 曾珠,袁兴中,颜文涛. 城市生态系统健康调控[M]. 重庆:重庆出版社,2007.

[47] 刘博. 西安城市生态系统综合评价研究[D]. 西安:西北大学,2008.

[48] 贾云. 城市生态与环境保护[M]. 北京:中国石化出版社,2009.

[49] 梁彦兰,阎利. 城市生态与城市环境保护[M]. 北京:北京大学出版社,2013.

[50] 王祥荣. 城市生态学[M]. 上海:复旦大学出版社,2011.

[51] 覃子建. 我国城市环境问题及其对策[J]. 中国人口·资源与环境,2000,10(52):55-56.

[52] 王恒. 中国城市人口安全问题研究[D]. 成都:西南财经大学,2013.

[53] 陈柳钦. 城市文化:城市发展的内驱力[J]. 西华大学学报(哲学社会科学版),2011,30(1):108-114.

[54] 张伟琴. 基于资源禀赋视角的经济增长与环境质量可持续发展研究[D]. 西安:陕西师范大学,2008.

[55] 孟立君. 中国的经济增长和周期性变化:从GDP增长率切入分析经济现状和前景[J]. 宏观经济,2015(24):93-94.

[56] Burak S, Dogvan E, Gaziog L. Impact of urbanization and tourism on coastal environment [J]. Ocean&Coastal Management, 2004, 47(9-10):515-527.

[57] 孙磊. 胶州湾海岸带生态系统健康评价与预测研究[D]. 青岛:中国海洋大学,2008.

[58] 严伟. 城市化进程中的土地资源与城市人口密度问题[J]. 科学社会主义,2009(2):113-115.

[59] 马杰. 促进我国清洁能源发展的财税政策研究[D]. 北京:中国地质大学,2015.

[60] 陈志霞. 城市幸福指数及其测评指标体系[J]. 城市问题,2012(4):9-13.

[61] 张晓鸣. 旅游环境容量研究:从理论框架到管理工具[J]. 资源科学,2004,26(4):78-88.

[62] Thompson R, Oldfield F. Environmental magnetism[M]. Dordrecht:Springer Netherlands, 1986.

[63] 王良睦,王文卿,林鹏. 城市土壤与城市绿化[J]. 城市环境与城市生态,2003,16(6):180-181.

[64] 高晶,郝改枝,杨庆生. 城市水环境安全的影响因素及其维护对策[J]. 内蒙古水利,2009(1):46-47.

[65] 徐全,占安安. 南昌市水资源可持续利用的探讨[J]. 江西建材,2010(4):28-30.

[66] 苑清敏,崔东军. 基于DPSIR模型的天津可持续发展评价[J]. 商业研究,2013(3):27-32.

[67] 任保平,宋文月. 我国城市雾霾天气形成与治理的经济机制探讨[J]. 西北大学学报(哲学社会科学版),2014,44(2):77-84.

[68] 朱婧,汤争争,刘学敏,等. 基于DPSIR模型的低碳城市发展评价:以济源市为例[J]. 城市问题,2012(12):42-47.

[69] 朱艾莉,吕成文. 城市不透水面遥感提取方法研究进展[J]. 安徽师范大学学报(自然科学版),2010,33(5):485-489.

[70] Schueler T R. The importance of imperviousness[J]. Watershed Protection Techniques, 1994,1(3):100-111.

[71] Arnold C L, Gibbons C J. Impervious surface coverage:The emergence of a key environmental indicator [J]. Journal of the American Planning Association,1996,62(2):

243-258.

[72] 宋永昌. 城市生态学[M]. 上海：华东师范大学出版社,2000.

[73] 李玮娜,杨建生,李晓,等. 基于 TM 图像的城市不透水面信息提取[J]. 国土资源遥感, 2013,25(1):66-70.

[74] Weber C, Puissant A. Urbanization pressure and modeling of urban growth：Example of the Tunis metropolitan area[J]. Remote Sensing of Environment，2003，86(3)：341-352.

[75] Yuan F, Sawaya K E,Loeffelholz B C, et al. Land cover classification and change analysis of the Twin Cities (Minnesota) metropolitan area by multitemporal Landsat remote sensing [J]. Remote Sensing of Environment，2005，98(2-3)：317-328.

[76] 罗海江. 二十世纪上半叶北京和天津城市土地利用扩展的对比研究[J]. 人文地理，2000, 15(4):34-37.

[77] 李晓文,方精云,朴世龙. 上海城市用地扩展强度、模式及其空间分异特征[J]. 自然资源学报，2003，18(4):412-422.

[78] 刘盛和,吴传钧,沈洪泉. 基于 GIS 的北京城市土地利用扩展模式[J]. 地理学报，2000, 55(4):407-416.

[79] Slonecker E T, Jennings D B, Garofalo D. Remote sensing of impervious surface：A review [J]. Remote Sensing Reviews，2001,20(3):227-255.

[80] Ridd M K . Exploring a V‐I‐S(Vegetation-impervious Surface-soil) model for urban ecosystem analysis through remote sensing：Comparative anatomy for cities[J]. International Journal of Remote Sensing,1995,16(12):2165-2185.

[81] Ji M H, Jensen J R. Effectiveness of subpixel analysis in detecting and quantifying urban imperviousness from Landsat thematic mapper imagery[J]. Geocarto International, 1999, 14(4)：33-41.

[82] Wu C S, Murray A T. Estimating impervious surface distribution by spectral mixture analysis[J]. Remote Sensing of Environment，2003，84(4)：493-505.

[83] Bauer M, Loffelholz B, Wilson B. Estimating and mapping impervious surface area by regression analysis of landsat imagery[M]//Weng Q. Remote Sensing of Impervious Surfaces. Boca Raton,FL：CRC Press,2007.

[84] Sawaya K E, Olmanson L G, Heinert N J, et al. Extending satellite remote sensing to local scales：Land and water resource monitoring using high‐resolution imagery[J]. Remote Sensing of Environment，2003，88(1-2):144-156.

[85] Xian G. Mapping impervious surfaces using classification and regression tree algorithm [M]//Weng Q. Remote Sensing of Impervious Surfaces. Boca Raton, FL：CRC Press,2007.

[86] Rashed T, Weeka J R, Roberts D, et al. Measuring the physical composition of urban morphology using multiple endmember spectral mixture models [J]. Photogrammetric Engineering and Remote Sensing ,2003,69(9):1011-1020.

[87] Flanagan M, Civco D L. Subpixel impervious surface mapping proceedings of American society for potogrammetry and remote sensing annual convention [R]. St. Louis, MO,2001.

[88] Powell R L, Roberts D A, Dennison P E, et al. Sub-pixel mapping of urban land cover using multiple endmember spectral mixture analysis :Manaus, Brazil[J]. Remote Sensing of Environment,2007,106(2):253-267.

[89] Carlson T N, Traci Arthur S. The impact of land use: land cover changes due to urbanization on surface microclimate and hydrology: A satellite perspective[J]. Global and Planetary Change, 2000, 25(1): 49-65.

[90] Roy S S, Yuan F. Trends in extreme temperatures in relation to urbanization in the Twin Cities Metropolitan area, Minnesota[J]. Journal of Applied Meteorology and Climatology, 2009,48(3):669-679.

[91] Jantz P,Goetz S, Jantz C. Urbanization and the loss of resource lands in the chesapeake bay watershed [J]. Environmental Management,2005,36(6):808-825.

[92] Lu D S, Weng Q H. Use of impervious surface in urban land-use classification [J]. Remote Sensing of Environment ,2006,102(1-2): 146-160.

[93] Clapham W B. Quantitative classification as a tool to show change in an urbanizing watershed [J]. International Journal of Remote Sensing,2005,26(22):4923-4939.

[94] Davis C, Schaub T. A transboundary study of urban sprawl in the Pacific Coast region of North America: The benefits of multiple measurement methods[J]. International Journal of Applied Earth Observation and Geoinformation,2005,7(4):268-283.

[95] Conway T M. Impervious surface as an indicator of pH and specific conductance in the urbanizing coastal zone of New Jersey, USA[J]. Journal of Environmental Management, 2007,85(2):308-316.

[96] 岳文泽,吴次芳.基于混合光谱分解的城市不透水面分布估算[J].遥感学报,2007,11(6): 914-922.

[97] 李俊杰,何隆华,戴锦芳,等.基于不透水地表比例的城市扩展研究[J].遥感技术与应用, 2008,23(4):424-427.

[98] 岳文泽,吴次芳.基于混合光谱分解的城市不透水面分布估算[J].遥感学报,2007,11(6): 914-912.

[99] 江利明,廖明生,林珲,等.利用雷达干涉数据进行城市不透水层百分比估算[J].遥感学报,

2008,12(1):176-185.

[100] 潘竟虎,李晓雪,刘春雨.兰州市中心城区不透水面覆盖度的遥感估算[J].西北师范大学学报(自然科学版),2009,45(4):95-100.

[101] 王俊松,杨逢乐,贺彬,等.利用 QuickBird 影像提取城市不透水率的研究[J].遥感信息,2008,23(3):69-73.

[102] 牟凤云,张增祥,迟耀斌,等.基于多源遥感数据的北京市 1973—2005 年间城市建成区的动态监测与驱动力分析[J].遥感学报,2007,11(2):257-268.

[103] 黄粤,陈曦,包安明,等.近 15a 乌鲁木齐市城市用地扩展动态及其空间特征研究[J].冰川冻土,2006,28(3):364-370.

[104] 徐永明,刘勇洪.基于 TM 影像的北京市热环境及其与不透水面的关系研究[J].生态环境学报,2013,22(4):639-643.

[105] 孟宪磊.不透水面植被、水体与城市热岛关系的多尺度研究[D].上海:华东师范大学,2010.

[106] 匡文慧,刘纪远,陆灯盛.京津唐城市群不透水地表增长格局以及水环境效应[J].地理学报,2011,66(11):1486-1496.

[107] 邬明权,牛铮,王长耀.多源遥感数据时空融合模型应用分析[J].地球信息科学学报,2014,16(5):776-783.

[108] 李伟峰,欧阳志云,陈求稳,等.基于遥感信息的北京硬化地表格局特征研究[J].遥感学报,2008,12(4):603-612.

[109] 邱健壮,桑峰勇,高志宏.城市不透水面覆盖度与地面温度遥感估算与分析[J].测绘科学,2011,36(4):211-213.

[110] 赵英时.遥感应用分析原理与方法[M].北京:科学出版社,2003:330-331.

[111] Plumb A P,Rowe R C, York P, et al. Optimisation of the predictive ability of artificial neural network(ANN)models:a comparison of three ANN programs and four classes of training algorithm[J]. European Journal of Pharmaceutical Sciences, 2005, 25(4-5):395-405.

[112] 张学工.关于统计学习理论与支持向量机[J].自动化学报,2000,26(1):32-42.

[113] 刘珍环,李猷,彭建.城市不透水表面的水环境效应研究进展[J].地理科学进展,2011,30(3):275-281.

[114] 项宏亮,吕成文,刘晓舟,等.基于 SVM 和线性光谱混合模型的城市不透水面丰度提取[J].安徽师范大学学报(自然科学版),2013,36(1):64-68.

[115] 邹春城.基于不透水面百分比、景观指数与土地利用类型的福州市城市热环境分析[D].福州:福建师范大学,2014.

[116] 孙志英.城市化对土壤质量演变的影响研究:以郑州市为例[D].郑州:河南农业大

学,2004.

[117] Soils of Moscow and urban environment [M]. Moscow: Russian Federation Press ,1998.

[118] 张甘霖,朱永官,傅伯杰. 城市土壤质量演变及其生态环境效应[J]. 生态学报,2003,23(3):539-546.

[119] 李志国,张过师,刘毅,等. 湖北省主要城市园林绿地土壤养分评价[J]. 应用生态学报,2013,24(8):2159-2165.

[120] 李泽红,董锁成,李宇.绿洲城市化与生态环境互动作用关系研究进展[J].地理科学进展,2007,26(6):48-56.

[121] 罗格平,张百平.干旱区可持续土地利用模式分析:以天山北坡为例[J].地理学报,2006,61(11):1160-1170.

[122] 贝弗尔,加德纳,等.土壤物理学[M].周传槐,译.北京:农业出版社,1983.

[123] 陈学刚,魏疆,孙慧兰,等.乌鲁木齐市土壤环境磁学特征及其空间变化研究[J].干旱区地理,2014,37(2):265-273.

[124] 马建华,张丽,李亚丽.开封市城区土壤性质与污染的初步研究[J].土壤通报,1999(2): 93.

[125] Short J R, Fanning D S, McIntosh M S, et al. Soils of the mall in Washington, DC: I. statistical summary of properties1[J]. Soil Science Society of America Journal,1986,50(3):699-705.

[126] Jim C Y. Camping impacts on vegetation and soil in a Hong Kong country park[J]. Applied Geography,1987,7(4):317-332.

[127] 许文强,罗格平,陈曦,等.干旱区绿洲不同土地利用方式和强度对土壤粒度分布的影响[J].干旱区地理,2005,28(6):800-804.

[128] 张宏伟,魏忠义,王秋兵. 沈阳城市土壤 pH 和养分的空间变异性研究[J]. 江西农业学报, 2008,20(5):102-105.

[129] 岳建华.长株潭城市群土壤 pH 与重金属污染的研究[J].中国农学通报,2012,28(2):267-272.

[130] 王志刚,赵永存,廖启林,等.近 20 年来江苏省土壤 pH 值时空变化及其驱动力[J].生态学报,2008,28(2):720-727.

[131] Burghardt W, Bodenkunde A, Okologie I. Soils in urban and industrial environments[J]. Journal of Plant Nutrition & Soil Science, 2010,157(3):205-214.

[132] 郑浴,张艳丽,王琨,等.城市园林土壤板结机理及改良研究[J].农学学报,2011,1(4):25-29.

[133] 李立平,张佳宝,邢维芹,等.土壤速效氮磷钾测定进展[J].土壤通报,2003,34(5):483-488.

［134］Yost R S，Uehara G，Fox R L．Geostatistical analysis of soil chemical properties of large land areas．II．Kriging［J］．Soil Science Society of America Journal，1982，46（5）：1033-1037．

［135］Lin H S，Wheeler D，Bell J，et al．Assessment of soil spatial variability at multiple scales［J］．Ecological Modelling，2005，182(3-4)：271-290．

［136］卢瑛,龚子同,张甘霖.城市土壤的特性及其管理[J].土壤与环境,2002,11(2):206-209.

［137］Bullock P，Gregory P J．Soils in the Urban Environment［M］．Oxford，UK：Black well Publishing Ltd.，1991.

［138］刘玉燕,刘敏,刘浩峰.乌鲁木齐城市土壤中重金属分布[J].干旱区地理,2006,29(1)：120-123.

［139］沙塔尔·司马义.绿洲土壤养分特征研究[D].乌鲁木齐:新疆师范大学,2012.

［140］章明奎,符娟林,王美青.杭州市城市和郊区表土磷库及环境风险评价[J].生态环境学报,2003,12(1):29-32.

［141］Hooker P J，Nathanail C P．Risk-based characterisation of lead in urban soils［J］．Chemical Gedogy，2006，226(3-4)：340-351.

［142］李敏,林玉锁.城市环境铅污染及其对人体健康的影响[J].环境监测管理与技术,2006,18(5):6-10.

［143］史贵涛,陈振楼,李海雯,等.城市土壤重金属污染研究现状与趋势[J].环境监测管理与技术,2006,18(6):9-12.

［144］吴新民,李恋卿,潘根兴,等.南京市不同功能城区土壤中重金属 Cu、Zn、Pb 和 Cd 的污染特征[J].环境科学,2003,24(3):105-111.

［145］Manta D S，Angelone M，Bellanca A，et al．Heavy metals in urban soils：A case study from the city of Palermo (Sicily)，Italy［J］．Science of the Total Environment，2002，300（1）：229-243.

［146］黄昌勇,徐建明.土壤学[M].北京:中国农业出版社,2010.

［147］卢瑛,龚子同,张甘霖.城市土壤磷素特性及其与地下水磷浓度的关系[J].应用生态学报,2001,12(5):735-738.

［148］鲍士旦.土壤农化分析[M].北京:中国农业出版社,2000:65-67.

［149］Barnard J H，Rensburg L D V，Bennie A T P．Leaching irrigated saline sandy to sandy loam apedal soils with water of a constant salinity［J］．Irrigation Science，2010，28（2）：191-201.

［150］Merry R H，Spouncer L R，Fitzpatrick R W，et al．Regional prediction of soil profiles acidity and alkalinity［M］//Mcvicar T R，L；R，Walker J，et al．Regional water and soil assessment for manageing sustainable agriculture in China and Austrilia．ACIAR

Monograph, 2002：155-164.

[151] 姚荣江,杨劲松,姜龙,等.基于聚类分析的土壤盐渍剖面特征及其空间分布研究[J].土壤学报,2008,45(1)：56-65.

[152] 杨涵,熊黑钢,陈学刚.石河子市土壤环境磁学特征及空间分布研究[J].环境科学,2014,35(9)：3537-3545.

[153] 杨小华,陈学刚,孙慧兰,等.克拉玛依城市土壤的环境磁学特征研究[J].环境工程,2017,35(4)：169-173.

[154] 胡宏昌,田富强,胡和平.新疆膜下滴灌土壤粒径分布及与水盐含量的关系[J].中国科学：技术科学,2011,41(8)：1035-1042.

[155] 张彩云,庞奖励,常美蓉,等.农业耕作土壤与人工经济林地土壤磁化率和质地特征对比[J].农业系统科学与综合研究,2009,25(1)：91-94.

[156] 胡克林,李保国,林启美,等.农田土壤养分的空间变异性特征[J].农业工程学报,1999,15(3)：33-38.

[157] 赵庚星,李秀娟,李涛,等.耕地不同利用方式下的土壤养分状况分析[J].农业工程学报,2005,21(10)：55-58.

[158] 连纲,郭旭东,傅伯杰,等.黄土高原县域土壤养分空间变异特征及预测:以陕西省横山县为例[J].土壤学报,2008,45(4)：577-584.

[159] 王奇瑞,谭晓风,高峻.太行山山前坡地不同土地利用方式下土壤水分的时空变异特征[J].水土保持学报,2008,22(4)：100-103.

[160] 成都地质学院陕北队.沉积岩(物)粒度分析及其应用[M].北京:地质出版社,1978：31-65.

[161] 于婧,聂艳,周勇,等.江汉平原典型区农田土壤全氮空间变异的多尺度套合[J].土壤学报,2009,40(5)：938-944.

[162] 苑小勇,黄元仿,高如泰,等.北京市平谷区农用地土壤有机质空间变异特征[J].农业工程学报,2008,24(2)：70-76.

[163] 吴美榕,李志忠,靳建辉,等,新疆伊犁河谷新垦荒地土壤粒度特征[J].河北师范大学学报(自然科学版),2011,35(2)：211-216.

[164] 桂东伟,雷加强,曾凡江,等.绿洲农田土壤粒径分布特征及其影响因素分析:以策勒绿洲为例[J].土壤,2010,43(3)：411-417.

[165] 胡广录,樊立娟,王德金.荒漠-绿洲过渡带斑块植被表层土壤颗粒的空间异质性[J].兰州交通大学学报,2013,32(6)：159-165.

[166] 林啸,刘敏,侯立军,等.上海城市土壤和地表灰尘重金属污染现状及评价[J].中国环境科学,2007,27(5)：613-618.

[167] 王根绪,程国栋,等.西北干旱区土壤资源特征与可持续发展[J].地球科学进展,1999,14

(5):492-497.

[168] 刘涛,高晓飞.激光粒度仪与沉降-吸管法测定褐土颗粒组成的比较[J].水土保持研究,2012,19(1):16-18.

[169] 董树屏,刘涛,孙大勇,等.用扫描电镜技术识别广州市大气颗粒物主要种类[J].岩矿测试,2001,20(3):202-207.

[170] 杨德刚,李秀萍,韩剑萍,等.新疆城市化过程及机制分析[J].干旱区地理,2003,26(1):50-56.

[171] 张卫国,俞立中.长江口潮滩沉积物的磁学性质及其与粒度的关系[J].中国科学,2002,32(9):783-792.

[172] Folk R L, Ward W C. Brazos river bar: a study in the significance of grain size parameters[J]. Journal of Sedimentary Research, 1957, 27(1):3-26.

[173] 高亚军,王玉明,赫晓慧.黄河中游严重水土流失区土壤粒径分布规律研究[J].水土保持研究,2006,13(5):27-29.

[174] 端木合顺.西安市降尘粒度空间分布特征及环境意义[J].西安科技大学学报,2005,25(2):160-163.

[175] 祖皮艳木·买买提,海米提·依米提,麦麦提吐尔逊·艾则孜.伊犁河谷地下水及土壤盐分分布特征[J].干旱地区农业研究,2011,29(1):58-63.

[176] 张甘霖,龚子同.城市土壤与环境保护[J].科学新闻,2000(37):7.

[177] 卢瑛,龚子同,张甘霖.南京城市土壤的特性及其分类的初步研究[J].土壤,2001,33(1):47-51.

[178] 古丽格娜·哈力木拉提,木合塔尔·吐尔洪,于坤,等.喀什噶尔河流域盐渍化土壤盐分特征分析[J].干旱区资源与环境,2012,26(1):169-173.

[179] 麦麦提吐尔逊·艾则孜,海米提·依米提,古丽娜尔·托合提.西天山伊犁河灌区土壤盐分时空变异特征[J].干旱区资源与环境,2011,25(4):176-183.

[180] 莫治新,尹林克.塔里木河中下游不同植被群系下土壤盐分及地下水特征研究[J].干旱区资源与环境,2005,19(1):163-166.

[181] 王雪梅,塔西甫拉提·特依拜,柴仲平,等.新疆典型盐渍化区离子特征分析[J].干旱区资源与环境,2009,23(12):183-187.

[182] 周三,韩军丽,赵可夫.泌盐盐生植物研究进展[J].应用与环境生物学报,2001,7(5):496-501.

[183] 王勇辉,叶波,海米提·依米提.精河河下游河岸带土壤盐分特征及相关性分析[J].安徽农业科学,2012,40(25):12471-12472.

[184] 王勇辉,王艳丽,海米提·依米提.博尔塔拉河下游河岸带土壤盐分特征分析[J].水土保持研究,2012,19(5):139-142.

[185] 王勇辉,马蓓,海米提·依米提.艾比湖主要补给河流下游河岸带土壤盐分特征[J].干旱区研究,2013,30(2):196-202.

[186] 郭双双,王勇辉.艾比湖流域风沙土盐分特征分析[J].干旱地区农业研究,2013,31(5):196-199.

[187] 王勇辉,郭双双,海米提·依米提.精河河下游河岸带土壤养分与盐分特征分析[J].干旱地区农业研究,2013,31(3):133-138.

[188] 刘东伟,吉力力·阿不都外力,雷加强,等.盐尘暴及其生态效应[J].中国沙漠,2011,31(1):168-173.

[189] Prospero J M, Ginoux P, Torres O, et al. Environmental characterization of global sources of atmospheric soil dust identified with the nimbus 7 total ozone mapping spectrometer (TOMS) absorbing aerosol product[J]. Reviews of Geophysics, 2002, 40(1):1002.

[190] 中国科学院新疆地理研究所,哈萨克斯坦国家科学院地理研究所.亚洲中部湖泊水生态学概论[M].乌鲁木齐:新疆科技卫生出版社,1996:75-85.

[191] 毛任钊,田魁祥,松本聪,等.盐渍土盐分指标及其与化学组成的关系[J].土壤,1997,29(6):326-331.

[192] 国家环境保护总局.生态功能区划技术暂行规程[EB/OL].(2002-07-30)[2019-12-16].https://wenku.baidu.com/view/ded1289a9a89680203d8ce2foo66f5335a816794.html.

[193] 李培祥.城市与区域相互作用的理论与实践[M].北京:经济管理出版社,2006.

[194] Nodel de Nevers. Air pollution control engineering (Second Edition)[M]. Beijing: Qinghua University Press, 2000.

[195] 郝吉明,马广大.大气污染控制工程[M].北京:高等教育出版社,2002.

[196] 胡晏玲.乌鲁木齐市采暖期 SO_2 污染空间分布特征分析[J].干旱环境监测,2010,24(2):69-75.

[197] 魏疆.乌鲁木齐市大气污染特征及酸湿沉降的研究[D].乌鲁木齐:新疆大学,2012.

[198] 余广彬,朱茂杰.城市化过程中环境污染效应的研究进展[J].安徽农业科学,2015,43(29):280-282.

[199] 魏疆.2000—2009年乌鲁木齐市湿沉降变化特征[J].干旱区研究,2012,29(3):100-105.

[200] 梁伟棠,张德安,尹腾辉.大气污染现状及控制对策研究[J].化工设计通讯,2016,42(2):156-157.

[201] 伍燕珍,张金良,赵秀阁,等.我国大气污染与儿童呼吸系统疾病和症状的关系[J].环境与健康杂志,2009,26(6):471-477.

[202] 王秦,陈曦,何公理,等.北京市城区冬季雾霾天气 $PM_{2.5}$ 中元素特征研究[J].光谱学与

光谱分析，2013，33(6)：1441-1445.

[203] 李大秋，孙开争，马姗姗，等. 山东省城市化进程中大气环境问题分析[C]// 中国大气环境科学与技术大会，2011.

[204] 黄泽阔. 城市空气污染现状思考与对策[J]. 中国科技投资，2013(Z1)：6.

[205] 宋和平，沈军，向志勇，等.乌鲁木齐市活断层探测与地震危险性评价[M].北京：地震出版社，2009.

[206] 杨霞，赵逸舟，赵克明，等. 冬季变暖对乌鲁木齐市采暖气象条件的影响及气象节能潜力分析[J]. 干旱区研究，2010,27(1)：148-152.

[207] Urumqil environmental monitoring centre station. Urumqi environmental quality report [R]. (2001-005)，2006.

[208] 兰国栋.乌鲁木齐终端能源消费结构与采暖季 PM_{10} 污染相关性分析[J]. 干旱环境监测，2007,21(2)：87-91.

[209] 赵丽莉，魏疆，孙红叶.乌鲁木齐市大气污染物浓度与 GDP、耗煤量之间关系探讨[J]. 干旱环境监测，2011,25(1)：9-12.

[210] Li J, Zhuang G S, Huange K, et al. Characteristics and sources of air-borne particulate in Urumqi，China，the upstream area of Asia dust[J]. Atmospheric Environment，2008，42(4)：776-787.

[211] 古丽努，王勇.乌鲁木齐市大气硫酸盐化速率变化规律及治理措施[J]. 干旱区地理，2007，30(4)：531-535.

[212] 钱翌，巴雅尔塔. 乌鲁木齐市大气污染物时空分布特征研究[J].新疆农业大学学报，2004,27(4)：51-55.

[213] Wei J, Zhang H Z. Analysis of key factors for sulfation rate in Urumqi, NW, China[C]// 2012 International Conference on Biomedical Engineering and Biotechnology. Macao, China：IEEE，2012：1209-1212.

[214] 吴新敏，孙建国，石斌，等.乌鲁木齐市空气中氮氧化物的污染特征及来源分析[J].干旱环境监测，2002,16(3)：137-138.

[215] 李霞，任宜勇，吴彦，等.乌鲁木齐污染物浓度和大气气溶胶光学厚度的关系[J].高原气象，2007,26(3)：541-546.

[216] 李珂，王燕军，王涛，等.乌鲁木齐市机动车排放清单研究[J].环境科学研究，2010,23(4)：407-412.

[217] 魏疆.乌鲁木齐市大气污染物浓度空间格局变化[J].干旱区资源与环境，2012,26(1)：67-70.

[218] 贺克斌，杨复沫，段凤魁，等.大气颗粒物与区域复合污染[M].北京：科学出版社，2011：41-45.

[219] Yatin M, Tuncel S, Aras N K, et al. Atmospheric trace elements in Ankara, Turkey: 1. factors affecting chemical composition of fine particles[J]. Atmospheric Environment, 2000, 34(8):1305-1318.

[220] Wong C S C, Li X D, Zhang G, et al. Atmospheric deposition of heavy metals in the Pearl River Delta, China[J]. Atmopheric Environment, 2003, 37(6): 767-776.

[221] Chirenje T, Ma L Q, Lu L P. Retention of Cd, Cu, Pb and Zn by wood ash, lime and fume dust[J]. Water, Air and Soil Pollution, 2006, 171:301-314.

[222] 唐杨,徐志方,韩贵琳.北京及其北部地区大气降尘时空分布特征[J].环境科学与技术, 2011,34(2):115-119.

[223] Wei B G, Jiang F Q, Li X M. Spatial distribution and contamination assessment of heavy metals in urban road dusts from Urumqi, NW China[J]. Microchemical Journal, 2009, 93 (2): 147-152.

[224] Buat-Menard P, Chesselet R. Variable influence of the atmospheric' flux on the trace metal chemistry of oceanic sus-pended matter[J]. Earth and Planetary Science Letters, 1979, 42(3):398-411.

[225] Kowalezyk G S, Gordon G E, Rheingrover S W. Identification of atmospheric particulate sources in Washington, D. C., using chemical element balances[J]. Environmental Science & Technology,1982,16(2):79-90.

[226] 吴彦,王健,刘晖,等.乌鲁木齐大气污染物的空间分布及地面风场效应[J].中国沙漠, 2008, 28(5): 986-991.

[227] He B, Liang L N, Jiang G B. Distributions of arsenic and selenium in selected Chinese coal mines[J]. The Science of the Total Environment, 2002, 296(1-3): 19-26.

[228] Lewis J. Leand poisoning: A historical perspective[J]. EPA Journal,1985, 11:15-18.

[229] 魏毅.乌鲁木齐市大气污染成因及防治对策研究[J].干旱区资源与环境,2010(9): 72-75.

[230] 杨丽萍,陈发虎.兰州市大气降尘污染物来源研究[J].环境科学学报,2002, 22(4): 499-502.

[231] 王明星.冬季采暖对北京大气质量的影响[J].中国环境科学,1984, 4(3): 36-40.

[232] 冯宗炜,曹洪法,周修萍,等.酸沉降对生态环境的影响及其生态恢复[M].北京:中国环境科学出版社,1996.

[233] 金蕾,徐谦,林安国,等.北京市近二十年(1987—2004)湿沉降特征变化趋势分析[J].环境科学学报,2006,26(7):1195-1202.

[234] 王文兴,许鹏举.中国大气降水化学研究进展[J].化学进展,2009,21(Z1):266-281.

[235] 唐孝炎,张远航,邵敏.大气环境化学[M].北京:高等教育出版社,1992.

[236] 张海珍,任泉,魏疆,等.乌鲁木齐市不同区域大气降尘中重金属污染及来源分析[J].环境

污染与防治,2014,36(8):19-23.

[237] 佘峰.兰州地区大气颗粒物的化学特征及沙尘天气对其影响研究[D].兰州:兰州大学,2011.

[238] Pope C A, Hansen M L, Long R W, et al. Ambient particulate air pollution, heart rate variability, and blood markers of inflammation in a panel of elderly subjects[J]. Environmental Health Perspectives, 2004, 112(3): 339-345.

[239] 孟露露,单春艳,李洋阳,等.美国$PM_{2.5}$未达标区控制对策及对中国的启示[J].南开大学学报(自然科学版),2016,49(1):54-61.

[240] Hart, M. ,de Dear, R. , 2004. Weather sensitivity in household appliance energy end-use [J]. Energy and Buildings, 2004, 36(2): 161-174.

[241] Elminir H K. Relative influence of air pollutants and weather conditions on solar radiation-Part 1: Relationship of air pollutants with weather conditions[J]. Meteorology and Atmospheric Physics, 2007,96(3-4):245-256.

[242] 赵晨曦,王云琦,王玉杰,等.北京地区冬春$PM_{2.5}$和PM_{10}污染水平时空分布及其与气象条件的关系[J].环境科学,2014,35(2):418-427.

[243] 宋宇,唐孝炎,张远航,等.夏季持续高温天气对北京市大气细粒子($PM_{2.5}$)的影响[J].环境科学,2002,23(4):33-36.

[244] 魏疆,王国华,任泉,等.乌鲁木齐市大气污染物浓度计量模型研究[J].干旱区研究,2011, 28(5):896-900.

[245] 蔡仁,李霞,赵克明,等.乌鲁木齐大气污染特征及气象条件的影响[J].环境科学与技术,2014,37(S1):40-48.

[246] 魏疆.乌鲁木齐市硫酸盐化速率关键影响因子分析[J].中国环境监测,2012, 28(5):16-19.

[247] Dawson, J P, Adams P J, Pandis S N. Sensitivity of $PM_{2.5}$ to climate in the Eastern US: A modeling case study[J]. Atmospheric Chemistry and Physics, 2007, 7(16): 4295-4309.

[248] Delfino R J, Brummel S, Wu J, et al. The relationship of respiratory and cardiovascular hospital admissions to the southern California wildfres of 2003[J]. Occupational and Environmental Medicine, 2009, 66(3): 189-197.

[249] Donateo A, Contini D, Belosi F. Real time measurements of $PM_{2.5}$ concentrations and vertical turbulentfluxes using an optical detector[J]. Atmospheric Environment, 2006, 1346-1360.

[250] 符传博,唐家翔,丹利,等.1960—2013年我国霾污染的时空变化[J].环境科学,2016(9):3237-3248.

[251] 沈家芬,冯建军,谢春玲,等.广州市PM_{10}的时空变化特征分析[J].生态环境学报,2008,

17(2):553-559.

[252] 李霞. 乌鲁木齐气象要素对大气气溶胶光学特性的影响[J]. 干旱区研究, 2006, 23(3): 484-488.

[253] 程涛. 基于小波分析的上海市环境空气质量变化及与气象关系研究[D]. 上海: 华东师范大学, 2007.

[254] 毛恒青. 气象条件对大气污染物扩散的影响[J]. 山东气象, 1991, 11(4):9-13.

[255] 郑红, 郑凯, 张桂华, 等. 哈尔滨冬季大气污染及逆温对污染物扩散影响[J]. 自然灾害学报, 2005, 14(4):39-43.

[256] 李景林, 郑玉萍, 刘增强. 乌鲁木齐市低空温度层结与采暖期大气污染的关系[J]. 干旱区地理, 2007, 30(4):519-525.

[257] Johnson, R, Marsik, T, Lee, M, et al. Helping Fairbanks meet new air quality requirements: Developing ambient PM - 2. 5 management strategies. Transportation safety, security, and innovation in cold regions.

[258] Tran H N Q, Mölders N. Investigations on meteorological conditions for elevated $PM_{2.5}$ in Fairbanks, Alaska[J]. Atmospheric Research, 2011, 99(1):39-49.

[259] 段永红, 李曦, 杨名远. 我国城市污水处理市场化问题探讨[J]. 中国农村水利水电, 2003 (5):11-12.

[260] Blocken B, Derome D, Carmeliet J. Rainwater runoff from building facades: A review[J]. Building and Environment, 2013, 60: 339-361.

[261] Jin M G, Shepherd J M. Inclusion of urban landscape in a climate model: How can satellite data help? [J]. Bulletin of the American Meteorological Society, 2005, 86(5): 681-690.

[262] Dams J, Dujardin J, Reggers R, et al. Mapping impervious surface change from remote sensing for hydrological modeling[J]. Journal of Hydrology, 2013, 485: 84-95.

[263] Yang Y, Lerner D N, Barrett M H, et al. Quantification of groundwater recharge in the city of Nottingham, UK[J]. Environmental Geology, 1999, 38(3): 183-198.

[264] Leung C M, Jiao J J. Use of strontium isotopes to identify buried water main leakage into groundwater in a highly urbanized coastal area[J]. Environmental Science & Technology, 2006, 40(21): 6575-6579.

[265] 许有鹏. 城市水资源与水环境[M]. 贵阳: 贵州人民出版社, 2003.

[266] 万育生, 张继群. 我国城市水资源形势及对策[C]// 中国水利学会 2005 学术年会论文集, 2005: 17-22.

[267] Fletcher T D, Andrieu H, Hamel P. Understanding, management and modelling of urban hydrology and its consequences for receiving waters: A state of the art[J]. Advances in

Water Resources，2013，51：261-279.

[268] Srinivasan J T, Reddy V R. Impact of irrigation water quality on human health：A case study in India[J]. Ecological Economics，2009，68(11)：2800-2807.

[269] Wenger S J, Roy A H, Jackson C R, et al. Twenty six key research questions in urban stream ecology：An assessment of the state of the science[J]. Journal of the North American Benthological Society，2009，28(4)：1080-1098.

[270] 马世骏,王如松. 社会-经济-自然复合生态系统[J].生态学报,1984,4(1):1-9.

[271] 张新生,何建邦.城市可持续发展与空间决策支持[J].地理学报,1997,52(6):507-517.

[272] 周海丽,史培军,徐小黎.深圳城市化过程与水环境质量变化研究[J].北京师范大学学报（自然科学版）,2003,39(2)：273-279.

[273] 刘引鸽,宋军林.城市化对地表水质的影响研究:以宝鸡市为例[J].水文,2005(2):4-8.

[274] 欧阳婷萍.珠江三角洲城市化发展的环境影响评价研究[D].广州:中国科学院广州地球化学研究所,2005.

[275] 汪军英.上海快速城市化过程中地表水、大气和土壤环境质量的时空变迁研究[D].上海:华东师范大学,2007.

[276] 刘耀彬.城市化与资源环境相互关系的理论与实证研究[M].北京:中国财政经济出版社,2007.

[277] 杨柳,马克明,郭青海,等. 城市化对水体非点源污染的影响[J]. 环境科学，2004,25(6):32-39.

[278] Kauffman G J , Belden A C , Vonck K J , et al. Link between impervious cover and base flow in the white clay creek wild and scenic watershed in Delaware[J]. Journal of Hydrologic Engineering，2009,14(4):324-334.

[279] 袁艺,史培军. 土地利用对流域降雨-径流关系的影响:SCS模型在深圳市的应用[J]. 北京师范大学学报(自然科学版)，2001，37(1):131-136.

[280] White M D , Greer K A. The effects of watershed urbanization on the stream hydrology and riparian vegetation of Los Peñasquitos Creek, California[J]. Landscape and Urban Planning，2006，74(2):125-138.

[281] Wu Y P, Liu S G, Sohl T L, et al. Projecting the land cover change and its environmental impacts in the Cedar River Basin in the Midwestern United States[J]. Environmental Research Letters，2013，8(2)：024025.

[282] 秦莉俐,陈云霞,许有鹏.城镇化对径流的长期影响研究[J].南京大学学报(自然科学版),2005,41(3):279-285.

[283] Chelsea Nagy R, Graeme Lockaby B, Kalin L, et al. Effects of urbanization on stream hydrology and water quality：the Florida Gulf Coast[J]. Hydrological Processes, 2012, 26

(13)：2019-2030.

[284] Lee B，Park S，Paule M C，et al. Effects of impervious cover on the surface water quality and aquatic ecosystem of the kyeongan stream in South Korea[J]. Water Environment Research，2012，84(8):635-645.

[285] Behera P K，Adams B J，Li J Y. Runoff Quality Analysis of Urban Catchments with Analytical Probabilistic Models [J]. Journal of Water Resources Planning and Management. 2006，132(1):4-14.

[286] Kuss D，Laurain V，Garnier H，et al. Data-based mechanistic rainfall-runoff continuous-time modeling in urban context [J]. IFAC Proceedings Volumes，2009，42（10）：1780-1785.

[287] 王晓燕,王晓峰,汪清平,等.北京密云水库小流域非点源污染负荷估算[J].地理科学, 2004,24(2):227-231.

[288] 魏建兵,肖笃宁,解伏菊,等.人类活动对生态环境的影响评价与调控原则[J].地理科学进展,2006,25(2):36-45.

[289] 陈利顶,傅伯杰,徐建英,等.基于"源-汇"生态过程的景观格局识别方法：景观空间负荷对比指数[J].生态学报,2003,23(11):2406-2413.

[290] 郝芳华,李春晖,赵彦伟,等.流域水质模型与模拟[M].北京:北京师范大学出版社,2008.

[291] Stotz G. Investigations of the properties of the surface water run-off from federal highways in the FRG[J]. Science of the Total Environment，1987，59:329-337.

[292] Deletic A，Orr D W. Pollution buildup on road surfaces[J]. Journal of Environmental Engineering,2005,131(1):49-59.

[293] 张千千,李向全,王效科,等. 城市路面降雨径流污染特征及源解析的研究进展[J]. 生态环境学报,2014,23(2):352-358.

[294] 袁艳. 苏州城区路面降雨径流污染特征及控制措施研究[D]. 苏州:苏州科技学院，2015.

[295] Taebi A ，Droste R L. First flush pollution load of urban stormwater runoff[J]. Journal of Environmental Engineering and Science，2004，3(4):301-309.

[296] 孟莹莹,陈建刚,张书函,等.北京城区机动车道降雨径流水质调研及特性分析[J].净水技术,2011,30(4):59-65.

[297] 常静,刘敏,许世远,等. 上海城市降雨径流污染时空分布与初始冲刷效应[J]. 地理研究，2006，25(6):994-1002.

[298] 张亚东,车伍,刘燕,等. 北京城区道路雨水径流污染指标相关性分析[J]. 城市环境与城市生态，2003,16(6):182-184.

[299] Park R F，Burgess E W. An Introduction to the science of sociology[J]. American Journal of Sociology，1921(3)：393-394.

[300] UNESCO&FAO. Carrying capacity assessmentwith a pilot study of KenYa：A resource accounting methodology for exploringnational options for sustainable development[R]. Parisand Rome,1985.

[301] 崔凤军. 城市水环境承载力及其实证研究[J]. 自然资源学报, 1998, 13(1)：58-62.

[302] 夏军, 张永勇, 王中根, 等. 城市化地区水资源承载力研究[J]. 水利学报, 2006, 37(12)：1482-1488.

[303] 姜文来. 水资源价值论[M]. 北京：科学出版社, 1998.

[304] 陈俊, 王晓玭. 我国城市化对水环境的影响及生态化综合治理方法浅谈[J]. 江西化工, 2010(2)：20-22.

[305] 丁文峰, 张平仓, 陈杰. 城市化过程中的水环境问题研究综述[J]. 长江科学院院报, 2006, 23(2)：21-24.

[306] 陈莹, 许有鹏, 陈兴伟. 长江三角洲地区中小流域未来城镇化的水文效应[J]. 资源科学, 2011, 33(1)：64-69.

[307] 刘同僧, 季志恒, 何平. 城市化对水资源的影响分析及对策[J]. 河北工程技术高等专科学校学报, 2010(1)：1-3.

[308] 董林. 城市可持续发展与水资源约束研究[D]. 南京：河海大学, 2006.

[309] 马朝. 城市化进程对水文效应影响分析及水文环境改善策略研究[J]. 国土与自然资源研究, 2015(2)：31-33.

[310] 曾晓燕, 牟瑞芳, 许顺国. 城市化对区域水资源的影响[J]. 资源环境与工程, 2005, 19(4)：318-322.

[311] 王腊春, 史运良, 王栋, 等. 中国水问题[M]. 南京：东南大学出版社, 2007.

[312] 宋晓猛, 朱奎. 城市化对水文影响的研究[J]. 水电能源科学, 2008, 26(4)：33-35.

[313] 齐文启, 连军, 孙宗光. 《地表水和污水监测技术规范》(HJ/T91—2002)的相关技术说明[J]. 中国环境监测, 2006, 22(1)：54-57.

[314] 欧阳威, 王玮, 郝芳华, 等. 北京城区不同下垫面降雨径流产污特征分析[J]. 中国环境科学, 2010, 30(9)：99-106.

[315] 甘华阳, 卓慕宁, 李定强, 等. 公路路面径流重金属污染特征[J]. 城市环境与城市生态, 2007, 20(3)：34-37.

[316] Water Planning Division. Results of the nationwide urban runoff program[R]. Washington, D.C.：U.S. Environmental Protection Agency, 1983.

[317] 张千千, 王效科, 郝丽岭, 等. 重庆市路面降雨径流特征及污染源解析[J]. 环境科学, 2012, 33(1)：76-82.

[318] 田鹏, 杨志峰, 李迎霞. 公路地表灰尘及径流中颗粒物附着重金属对比研究[J]. 环境污染与防治, 2009, 31(6)：14-18.

[319] 卢升高.环境生态学[M].杭州:浙江大学出版社,2010.

[320] 伍光和,王乃昂,胡双熙,等.自然地理学[M].北京:高等教育出版社,2008.

[321] 康慕谊.城市生态学与城市环境[M].北京:中国计量出版社,1997.

[322] 田希武,胡德秀.城市植被在城市生态环境中的效应[J].陕西水力发电,2001,17(2):60-62.

[323] 肖旺新,严新平,张雪.现代城市"病"中的交通污染问题研究[J].交通运输工程与信息学报,2007,5(4):29-35.

[324] 杨巧艳,陈尚云,王正彬.我国城市交通污染分析及其对策研究[J].四川环境,2004,23(1):84-87.

[325] 康玲芬,李锋瑞,张爱胜,等.交通污染对城市土壤和植物的影响[J].环境科学,2006,27(3):3556-3560.

[326] 李隆芳.五种园林树木在不同环境下的光合生理响应[D].哈尔滨:东北林业大学,2009.

[327] 宋坤,秦俊,高凯,等.上海居住区植物多样性的均质化[J].应用生态学报,2009,20(7):1603-1607.

[328] 吴丽娟,周亮,王新杰,等.北京城市绿地系统景观多样性分析[J].北京林业大学学报,2007,29(2):88-93.

[329] 宋树龙,李贞.广州市城市植被景观多样性分析[J].热带地理,2000,20(2):121-124.

[330] 蒋高明.城市植被:特点、类型与功能[J].植物学通报,1993,28(3):21-27.

[331] 中国科学院植物研究所.京津地区生物生态学研究[M].北京:海洋出版社,1990.

[332] 尹林克,南伟疆,严成,等.乌鲁木齐城市植被类型及其特点[J].干旱区研究,2011,28(6):1011-1019.

[333] 徐文铎,何兴元,陈玮,等.沈阳市区植物区系与植被类型的研究[J].应用生态学报,2003,14(12):2095-2102.

[334] 张友静,樊恒通.城市植被尺度鉴别与分类研究[J].地理与地理信息科学,2007,23(6):54-57.

[335] 张友静,高云霄,黄浩,等.基于SVM决策支持树的城市植被类型遥感分类研究[J].遥感学报,2006,10(2):191-196.

[336] 潘灼坤,王芳,夏丽华,等.高光谱遥感城市植被胁迫监测研究[J].遥感技术与应用,2012,27(1):68-76.

[337] 王爱霞,张敏,方炎明,等.行道树对重金属污染的响应及其功能型分组[J].北京林业大学学报,2010,32(2):177-183.

[338] 韩贵锋,徐建华,袁兴中.城市化对长三角地区主要城市植被物候的影响[J].应用生态学报,2008,19(8):1803-1809.

[339] 陈崇.北京几个城市绿化树种生理生态特性的研究[D].北京:北京林业大学,2008.

[340] 李海梅,何兴元,陈玮.沈阳城市森林主要绿化树种:丁香的光合特性研究[J].应用生态学报,2004,15(12):2245-2249.

[341] 高艳,崔洪霞,石雷,等.丁香属植物叶片表皮形态特征与环境适应及系统学关联[J].西北植物学报,2008,28(3):475-484.

[342] 汤智慧.干旱地区暴马丁香的育苗技术[J].防护林科技,2014(6):118.

[343] 严俊鑫,刘晓东,张晓娇,等.6种丁香的光合特性[J].东北林业大学学报,2008,36(7):78-82.

[344] 王静,方锋,尉元明,等.大气CO_2浓度增加对植物生长的影响[J].干旱地区农业研究,2005,23(4):229-233.

[345] 杨金艳,杨万勤,王开运.[CO_2]和温度增加的相互作用对植物生长的影响[J].应用与环境生物学报,2002,3(8):319-324.

[346] 吴永波,薛建辉.城市行道树的研究现状及展望[J].中国城市林业,2005,3(2):54-56.

[347] 陶晓,吴泽民,郝焰平,等.合肥市行道树生态效益研究[J].中国农学通报,2009,25(3):75-82.

[348] 张建强,白石清,渡边泉.城市道路粉尘、土壤及行道树的重金属污染特征[J].西南交通大学学报,2006,41(1):68-73.

[349] 肖松江,孙振元,杨中艺,等.3种爬山虎属植物23个生态型的耐荫性研究[J].中山大学学报(自然科学版),2006,45(3):73-77.

[350] 刘光立.垂直绿化及其生态效益研究[D].雅安:四川农业大学,2002.

[351] 郑元,陈诗,王大玮,等.爬山虎叶片的光合生理特征对光合有效辐射与CO_2浓度的响应研究[J].西部林业科学,2013,42(4):20-26.

[352] 卞景阳.CO_2浓度对寒地粳稻生育特性及产量生理影响的研究[D].沈阳:沈阳农业大学,2013.

[353] 梁霞,张利权,赵广琦.芦苇与外来植物互花米草在不同CO_2浓度下的光合特性比较[J].生态学报,2006,26(3):842-848.

[354] 谭凯炎,周广胜,任三学.冬小麦叶片暗呼吸对CO_2浓度和温度协同作用的响应[J].科学通报,2013,58(12):1158-1163.

[355] 李荣华,Bjorn Martin.CO_2浓度对番茄光合特性的影响[J].安徽农学通报,2007,13(14):23-24.

[356] 许大全.光合作用效率[M].上海:上海科学技术出版社,2002.

[357] 孙猛,吕德国,刘威生.瞬时CO_2浓度变化对杏属植物光合生理影响研究[J].中国农学通报,2014,30(16):108-112.

[358] 韩婷婷.大型海藻对不同CO_2浓度的光合生理响应及其生态效应[D].青岛:中国科学院研究生院(海洋研究所),2013.

[359] 张启昌,赵影,其其格,等.东北红豆杉枝叶对不同 CO_2 浓度的光合生理响应[J].北华大学学报(自然科学版),2006,7(1):66-70.

[360] 杨金艳,范晶.红松光合特性对 CO_2 浓度升高的响应[J].东北林业大学学报,2004,32(6):16-18.

[361] 施建敏,郭起荣,杨光耀. CO_2 浓度倍增下毛竹光合作用对光照强度的季节响应[J].江西农业大学学报,2007,29(2):215-219.

[362] 樊良新,刘国彬,薛萐,等. CO_2 浓度倍增及干旱胁迫对紫花苜蓿光合生理特性的协同影响[J].草地学报,2014,22(1):85-93。

[363] 侯碧清,张正佳,易仕林.城市绿地景观与生态园林城市建设[M].长沙:湖南大学出版社,2005.

[364] 李锋,王如松.城市绿色空间服务功效评价与生态规划[M].北京:气象出版社,2006.

[365] 王为民,王晨,李春俭,等.大气二氧化碳浓度升高对植物生长的影响[J].西北植物学报,2000,20(4):676-683.

[366] 俞满源,黄占斌,山仑.不同水分条件下 CO_2 浓度升高对植物生长及水分利用效率的影响[J].中国生态农业学报,2003,11(3):110-112.

[367] 王建林,于贵瑞,王伯伦,等.北方粳稻光合速率、气孔导度对光强和 CO_2 浓度的响应[J].植物生态学报,2005,29(1):16-25.

[368] 王建林.燕麦叶片光合速率、气孔导度对光强和 CO_2 的响应与模拟[J].华北农学报,2009,24(3):134-137.

[369] 蒋跃林,张庆国,张仕定,等.小麦光合特性、气孔导度和蒸腾速率对大气 CO_2 浓度升高的响应[J].安徽农业大学学报,2005,32(2):169-173.

[370] 于国华,张国树,战淑敏,等. CO_2 浓度对黄瓜叶片光合速率、RubisCO 活性及呼吸速率的影响[J].华北农学报,1997,12(4):101-106.

[371] 叶子飘,于强.冬小麦旗叶光合速率对光强度和 CO_2 浓度的响应[J].扬州大学学报(农业与生命科学版),2008,29(3):33-37.

[372] 李清明,刘彬彬,邹志荣. CO_2 浓度倍增对干旱胁迫下黄瓜幼苗光合特性的影响[J].中国农业科学,2011,44(5):963-971.

[373] 王建林,温学发,赵风华,等. CO_2 浓度倍增对 8 种作物叶片光合作用、蒸腾作用和水分利用效率的影响[J].植物生态学报,2012,36(5):438-446.

[374] 姜云,王连元,苗日民.城市生态与城市环境[M].哈尔滨:东北林业大学出版社,2005.

[375] 孙慧宗.中国城市化与生态环境协调发展研究[D].长春:吉林大学,2011.

[376] 张理茜,蔡建明,王妍.城市化与生态环境响应研究综述[J].生态环境学报,2010,19(1):244-252.

[377] 刘耀彬,李仁东,宋学锋.城市化与城市生态环境关系研究综述与评价[J].中国人口·资

源与环境，2005，15(3):55-60.

[378] 帕克,伯吉斯,麦肯齐.城市社会学:芝加哥学派城市研究文集[M].宋俊岭,吴建华,王登斌,译.北京:华夏出版社,1987.

[379] 沈清基.城市生态与城市环境[M].上海:同济大学出版社,1992.

[380] Pouraghniaei M J, 2012. Effects of Urbanization on Quality and Quantity of Water in the Watershed. Available at:www. enpc. fr/cereve/HomePages/thevenot/www-jes-2002/

[381] 杨小波,吴庆书.城市生态学[M].2版.北京:科学出版社,2010.

[382] 杨俊.城市化与城市生态安全耦合研究[D].大连:辽宁师范大学,2009.

[383] 乔标,方创琳,李铭.干旱区城市化与生态环境交互胁迫过程研究进展及展望[J].地理科学进展,2005,24(6):31-41.

[384] Fodha M, Zaghdoud O. Economic growth and pollutant emissions in Tunisia: An empirical analysis of the environmental Kuznets curve[J]. Energy Policy, 2010, 38(2): 1150-1156.

[385] Ren W W, Zhong Y, Meligrana J, et al. Urbanization, land use, and water quality in Shanghai: 1947-1996[J]. Environment International, 2003, 29(5): 649-659.

[386] 李剑.关中地区城市化与资源环境耦合机制及其协调发展研究[D].西安:西北大学,2011.

[387] Grossman G M, Krueger A B. EconoMic Growth and the EnvironMent[J]. The Quarterly Journal of EconoMics, 1995, 110(2): 353-377.

[388] Panayotou, T. Demystifying the environmental Kuznets Curve: Turning a black box into a policy tool. [J]. Environment and Development Economics, 1997, 2 (4):465-484.

[389] Al-Kharabsheh A, Ta'Any R. Influence of urbanization on water quality deterioration during drought periods at South Jordan[J]. Journal of Arid EnvironMents, 2003, 53(4): 619-630.

[390] Kim D S, Mizuno K, Kobayashi S. Analysis of urbanization characteristics causing farMland loss in a rapid growth area using GIS and RS[J]. Paddy and Water Environment, 2003, 1(4):189-199.

[391] Kline J D, Moses A, Alig R J. Integrating urbanization into landscape-level ecological assessMents[J]. Ecosystem, 2001, 4(1): 3-18.

[392] Maclaren V M. Urban sustainability reporting[J]. Journal of the AMerican Planning Association, 1996, 62(2):184-202.

[393] 满强.长春市城市化与生态环境协调发展研究[D].长春:东北师范大学,2007.

[394] 鲁敏,李英杰,李萍.城市生态学研究进展[J].山东建筑工程学院学报,2002,17(4): 42-48.

[395] 顾朝林. 论中国城市持续发展研究方向[J]. 城市问题, 1994(6):1-9.

[396] 胡滨. 人与自然平等的价值观及社会的持续发展[J]. 西北第二民族学院学报(哲学社会科学版), 1999(2):78-79.

[397] 姜乃力. 城市化对大气环境的负面影响及其对策[J]. 辽宁城乡环境科技, 1999, 19(2): 63-66.

[398] 马传栋. 中国城市可持续发展的对策[J]. 生态经济, 2000, 16(10):4-7.

[399] 盛学良, 董雅文, John Toon. 城市化对生态环境的影响与对策[J]. 环境导报, 2001(6): 8-9.

[400] 吴玉萍, 董锁成, 宋键峰. 北京市经济增长与环境污染水平计量模型研究[J]. 地理研究, 2002, 21 (2):239-246.

[401] 周海丽, 史培军, 徐小黎. 深圳城市化过程与水环境质量变化研究[J]. 北京师范大学学报(自然科学版), 2003, 39(2):273-279.

[402] 黄金川, 方创琳. 城市化与生态环境交互耦合机制与规律性分析[J]. 地理研究, 2003, 22 (2):211-220.

[403] 侯笠夫, 李广臣, 陈忠亮, 等. 城市与地区间生态环境和经济社会协调发展浅议[J]. 生态经济, 1990, 6(3):21-24.

[404] 张妍, 尚金城, 于相毅. 城市经济与环境发展耦合机制的研究[J]. 环境科学学报, 2003, 23 (1):107-112.

[405] 冯兰刚, 都沁军. 试论城市化发展对水资源的胁迫作用——以河北省为例[J]. 湖南财经高等专科学校学报, 2009, 25(2):93-95.

[406] 陈晓红, 万鲁河, 周嘉. 城市化与生态环境协调发展的调控机制研究[J]. 经济地理, 2011, 31(3):489-492.

[407] 陈磊山. 连云港市快速城市化引起的生态环境效应研究[J]. 安徽农业科学, 2011, 39 (23):14468-14470.

[408] 张一平. 城市化与城市水环境[J]. 城市环境与城市生态, 1998, 11(2):20-22.

[409] 刘耀彬. 江西省城市化与生态环境关系的动态计量分析[J]. 资源科学, 2008, 30(6): 829-836.

[410] 宋建波, 武春友. 城市化与生态环境协调发展评价研究:以长江三角洲城市群为例[J]. 中国软科学, 2010(2):78-87.

[411] 张落成, 刘燕鹏. 中国城市化过程与城乡土地利用的特殊性[J]. 现代城市研究, 2000, 15 (3):41-43.

[412] 郑宇, 冯德显. 城市化进程中水土资源可持续利用分析. 地理科学进展, 2002, 21(3): 223-229

[413] 张小雷, 雷军. 水土资源的约束下的新疆城镇体系结构演进[J]. 科学通报, 2006, 51

(S1):148-155.

[414] 邵桂荣，陈彤，柴军. 新疆天山北坡经济带社会经济发展的比较分析[J]. 农业技术经济，
　　　2004(2):71-74.

[415] 温江，熊黑钢，常春华. 新疆主要城市城市化水平及其发展对策[J]. 干旱区资源与环境，
　　　2006,20(4):102-107.

[416] 马秋香. 湖南省城市化与生态环境关系实证研究[D]. 长沙:湖南大学，2009:20-21.